J. Buchmann B. Bülow

Asymmetrische frühkindliche Kopfgelenksbeweglichkeit

Bedingungen und Folgen

Untersuchungen zur Bewegungs- und Entwicklungssymmetrie von Kopf, Rumpf und Becken

Mit 15 Abbildungen und 121 Tabellen

Springer-Verlag
Berlin Heidelberg New York London Paris Tokyo

Dr. sc. med. Joachim Buchmann
Dr. sc. med. Barbara Bülow

Klinik für Orthopädie
Bereich Medizin der Wilhelm-Pieck-Universität
Fiete-Schulze-Str. 45, DDR-2500 Rostock

Mathematische Beratung:

Prof. Dr. sc. med. Joachim Töwe
Abteilung für medizinische Dokumentation und Statistik
Bereich Medizin der Wilhelm-Pieck-Universität
Rembrandtstr. 16-17, DDR-2500 Rostock

CIP-Titelaufnahme der Deutschen Bibliothek

Buchmann, Joachim:
Asymmetrische frühkindliche Kopfgelenksbeweglichkeit: Bedingungen u. Folgen; Unters. zur Bewegungs- u. Entwicklungssymmetrie von Kopf, Rumpf u. Becken / J. Buchmann; B. Bülow. - Berlin; Heidelberg; New York; London; Paris; Tokyo: Springer, 1989
ISBN-13: 978-3-540-19458-3   e-ISBN-13: 978-3-642-73854-8
DOI: 10.1007/978-3-642-73854-8

NE: Bülow, Barbara

Dieses Werk ist urheberrechtlich geschützt. Die dadurch begründeten Rechte, insbesondere die der Übersetzung, des Nachdrucks, des Vortrags, der Entnahme von Abbildungen und Tabellen, der Funksendung, der Mikroverfilmung oder der Vervielfältigung auf anderen Wegen und der Speicherung in Datenverarbeitungsanlagen, bleiben, auch bei nur auszugsweiser Verwertung, vorbehalten. Eine Vervielfältigung dieses Werkes oder von Teilen dieses Werkes ist auch im Einzelfall nur in den Grenzen der gesetzlichen Bestimmungen des Urheberrechtsgesetzes der Bundesrepublik Deutschland vom 9. September 1965 in der Fassung vom 24. Juni 1985 zulässig. Sie ist grundsätzlich vergütungspflichtig. Zuwiderhandlungen unterliegen den Strafbestimmungen des Urheberrechtsgesetzes.

© Springer-Verlag Berlin Heidelberg 1989

Die Wiedergabe von Gebrauchsnamen, Handelsnamen, Warenbezeichnungen usw. in diesem Werk berechtigt auch ohne besondere Kennzeichnung nicht zu der Annahme, daß solche Namen im Sinne der Warenzeichen- und Markenschutz-Gesetzgebung als frei zu betrachten wären und daher von jedermann benutzt werden dürften.

2119/3140-543210 - Gedruckt auf säurefreiem Papier

Vorwort

Dieses Buch ist das Ergebnis einer Auswertung eigener Untersuchungsdaten. Sie stammen von offensichtlich gesunden, in ihrer wesentlichen Entwicklung unauffälligen Kindern.

Mitteilungen über und eigene Beobachtungen von funktionellen und morphologischen statomotorischen Asymmetrien bei Kleinkindern hatten uns zum Versuch einer derartigen Longitudinalstudie veranlaßt. Mit ihr wollten wir herausfinden, ob solche frühen Asymmetrien zufällig sind oder ob sie bestimmbaren Verteilungsregeln folgen und ob sie auf zu erwartende Erkrankungen des Halte- und Bewegungssystems hinweisen, vielleicht sogar deren Initialstadien darstellen.

Gefunden haben wir eine statistisch belegbare Musterverteilung von Symmetrieabweichungen, welche die Normalentwicklung von Kopf, Wirbelsäule und Becken bei Kleinkindern kennzeichnen. Diesen Asymmetriekombinationen kommt jeweiliger Individualcharakter, nicht aber notwendiger gegenwärtiger oder künftiger Krankheitswert zu.

Wir glauben, damit die gelegentlich überbetonte Behandlungsbedürftigkeit frühkindlicher motorischer Asymmetrieerscheinungen entscheidend eingeengt zu haben.

Je nach Interesse findet der Leser praktisch nutzbare oder theoretische und diskussionswürdige Informationen. Einige Hinweise seien gestattet:

Alle Einzelheiten zu Untersuchungsbedingungen und zur Untersuchungstechnik werden im Abschnitt 4 dargestellt. Eine zusammenfassende Erörterung der Entwicklung von Wirbelsäule, Becken und Schädel findet sich in den Abschnitten 2.3.3.1. bis 2.3.3.3. Das passive Bewegungsverhalten der Wirbelsäule wird in den Abschnitten 5.2.5. bis 5.2.10. und in den Abschnitten 6.1. sowie 6.2. aufgezeigt. Die Bewegungsausmaße des Hüftgelenkes schildern die Abschnitte 5.2.1. bis 5.2.3. und 6.5.; Abschnitt 5.2.11. und Abschnitt 6.6. erläutern Einzelheiten der röntgenologischen Beckendarstellung. An dieser Stelle muß angemerkt werden, daß uns im Untersuchungszeitraum in diesem Zusammenhang aussagefähige Ultraschalldarstellungen des knöchernen Beckens nicht möglich waren.

In den Abschnitten 5.2.4. und 6.4. werden Beobachtungen der Gesichts- und Hirnschädelentwicklung erörtert. Vorstellungen über die propriozeptive Bedeutung der Wirbelsäule und über die Ursache von Funktionsasymmetrien am Bewegungssystem erläutern die Abschnitte 2.3.4. bis 2.3.6. Die Abschnitte 2.1. bis 2.3.3. schließlich geben eine

Übersicht über allgemeine Symmetrie- und Asymmetrieprobleme und über deren Bedeutung für die menschliche Entwicklung.

Abschließend möchten wir unserer Hoffnung Ausdruck verleihen, daß unsere Beobachtungen und deren Interpretation als Basis für eine praxisrelevante Bewegungs- und Entwicklungsdokumentation, für kritische und polemische Standortdiskussionen, aber auch für vertiefende und weiterführende Untersuchungen verstanden werden.

Rostock, September 1988   Joachim Buchmann
                                                Barbara Bülow

Inhaltsverzeichnis

1	Einleitung	1
2	Symmetrie und Asymmetrie bei Entwicklung, Funktion und Form des menschlichen Halte- und Bewegungssystems ...	3
2.1	Allgemeine und formale Aspekte von Symmetrie und Asymmetrie belebter Strukturen	3
2.2	Symmetrie und Asymmetrie belebter Strukturen in der stammesgeschichtlichen Entwicklung	4
2.3	Allgemeine Symmetrie und Asymmetrie in Funktion und Form des menschlichen Halte- und Bewegungssystems ..	7
2.3.1	Die Seitigkeit des Menschen	8
2.3.2	Beziehungen zwischen Funktion und Form des Halte- und Bewegungssystems beim Säugling und Kleinkind	10
2.3.3	Symmetrie und Asymmetrie in Funktion und Form des Halte- und Bewegungssystems beim Säugling und Kleinkind	13
2.3.4	Die propriozeptive Rolle der menschlichen Wirbelsäule .	22
2.3.5	Ursachen für Funktionsasymmetrien an der menschlichen Wirbelsäule	26
2.3.6	Übergänge von funktionellen zu morphologisch fixierten Asymmetrien am Halte- und Bewegungssystem beim Säugling und Kleinkind	29
3	Aufgabenstellung	41
4	Material und Methodik	43
4.1	Untersuchungsgut	43
4.2	Untersuchungszeitraum	43
4.3	Untersuchungsort	44
4.4	Untersuchungsbedingungen	44
4.5	Untersuchungsprogramm	44
4.6	Befunddokumentation	45

4.7	Untersuchungsschritte	45
4.7.1	Erstuntersuchung (1.-4. Lebenstag)	46
4.7.2	Zweite Untersuchung im Alter von 1 Monat	49
4.7.3	Dritte Untersuchung im Alter von 2 Monaten	49
4.7.4	Vierte Untersuchung im Alter von 3 Monaten	50
4.7.5	Fünfte Untersuchung im Alter von 4 Monaten	50
4.7.6	Sechste Untersuchung im Alter von 9 Monaten	54
4.7.7	Siebente Untersuchung im Alter von 18 Monaten (Abschlußuntersuchung)	55
4.8	Modelluntersuchungen zur röntgenologischen Beckenprojektion	55
4.9	Bearbeitung und rechnerische Auswertung der Untersuchungsdaten	56
5	**Ergebnisse**	**57**
5.1	Allgemeine Angaben zum Untersuchungsgut	57
5.2	Ergebnisse der einzelnen Untersuchungen	58
5.2.1	Passive Hüftgelenksabduktion	59
5.2.2	Passive Hüftgelenksaußenrotation	60
5.2.3	Passive Hüftgelenksinnenrotation	61
5.2.4	Beurteilung der Hirnschädelform	62
5.2.5	Beurteilung des Wirbelsäulenverlaufes in passiver Vorbeuge	62
5.2.6	Beurteilung der passiven Seitneigung in der oberen Halswirbelsäule	63
5.2.7	Beurteilung der Glutealfalten	64
5.2.8	Beurteilung der passiven Seitneigung der gesamten Wirbelsäule	65
5.2.9	Beurteilung des Wirbelsäulenverlaufes im Vertikalhang	65
5.2.10	Beurteilung des Wirbelsäulenverlaufes in gehaltener Horizontallage	66
5.2.11	Röntgenuntersuchung des Beckens im anterior-posterioren Strahlengang	67
5.2.12	Beurteilung des lokomotorischen Entwicklungsstandes	75
5.2.13	Beurteilung der Händigkeit	75
5.2.14	Beurteilung der Gesichtsform	76
5.3	Beziehungen zwischen den einzelnen Untersuchungsergebnissen	77
5.3.1	Beziehungen zwischen der passiven Seitneigung in der oberen Halswirbelsäule und anderen Untersuchungsbefunden	77
5.3.2	Beziehungen zwischen dem Wirbelsäulenverlauf in passiver Vorbeuge und anderen Untersuchungsbefunden	84

5.3.3	Beziehungen zwischen der Form des Gesichtes und anderen Untersuchungsbefunden	90
5.3.4	Beziehungen zwischen Röntgenbefunden am Becken und anderen Untersuchungsergebnissen	91
5.4	Ergebnisse der Modelluntersuchungen zur röntgenologischen Beckenprojektion	100
6	**Diskussion**	101
6.1	Funktionelles Symmetrie- und Asymmetrieverhalten der oberen Halswirbelsäule	101
6.2	Funktionelles Symmetrie- und Asymmetrieverhalten der Gesamtwirbelsäule	105
6.3	Symmetrie- und Asymmetrieverhalten der Glutealfalten	110
6.4	Symmetrie und Asymmetrie an Hirn- und Gesichtsschädel	111
6.5	Funktionelles Symmetrie- und Asymmetrieverhalten der Hüftgelenke	114
6.6	Röntgenologisch dokumentiertes Symmetrie- und Asymmetrieverhalten des Beckens	119
6.6.1	Unabhängig von der Projektion gefundene Pfannenparameter	119
6.6.2	Beurteilung der Beckenprojektion	120
6.6.3	Beckenprojektion und Pfannendachparameter	122
6.6.4	Beckenprojektion und klinische Befunde	123
6.7	Lokomotorische Entwicklung	125
6.8	Händigkeitsentwicklung	125
7	**Schlußfolgerungen**	127
8	**Zusammenfassung**	129
9	**Literaturverzeichnis**	135
10	**Tabellarischer Anhang**	159
11	**Sachverzeichnis**	167

1 Einleitung

Im Laufe des ersten Lebensjahres erlernt der Mensch den Einsatz seines Halte- und Bewegungssystems, den zielgerichteten Gebrauch wesentlicher körperlicher Ausdrucks- und Handlungsfähigkeiten. Er entwickelt artspezifisches Halte- und Bewegungsvermögen in engem Wechselspiel von neurophysiologischen Reifungsvorgängen auf der Basis genetisch verankerter Grundmuster in Anpassung an vielfältige Umwelteinflüsse. Dabei sorgen genetischer Code auf der einen und die Summe aller Umweltreize auf der anderen Seite für eine die Persönlichkeit charakterisierende Modifikation des menschentypischen Grundprinzips: Jeder Mensch verfügt über seine nur ihm eigene körperliche Gestalt, über seine nur ihm eigene Haltungs- und Bewegungsprägung.

Äußerer Bau und Gebrauch des menschlichen Körpers folgen dem weite Gebiete der belebten Natur beherrschenden ‚Rechts-Links-Prinzip'. Es ist gekennzeichnet durch Spiegelbildlichkeit einer rechten und einer linken Körperhälfte, durch sog. bilaterale Symmetrie. Alle wesentlichen Formelemente am menschlichen Halte- und Bewegungssystem sind rechts und links gleich, verhalten sich spiegelbildlich symmetrisch. Die im Dienste von Haltung und Bewegung stehenden Funktionen beider Körperhälften unterliegen der gleichen Grundkonzeption.

Diese allgemeine Symmetrie ist allerdings nicht mehr als eine mit Einschränkung geltende Regel: Jedes Individuum zeigt im Kindesalter geringfügig erscheinende, im Erwachsenenalter deutlichere Abweichungen von diesem Prinzip. Solche Abweichungen äußern sich als Asymmetrien von Funktionen und von Formen.

Einige Asymmetrien gelten als genetisch bedingt. Die den Menschen von allen anderen Säugern unterscheidende, populationsbeherrschende Rechtshändigkeit mit allen Bedingungen und Konsequenzen ist hier einzuordnen. Bei anderen Asymmetrien scheinen Umweltfaktoren eine Rolle zu spielen. Angenommen werden solche Einflüsse auf die Ausbildung bestimmter Seitenungleichheiten am Gesichtsschädel, an der Wirbelsäule, am Becken.

Hier nun verläuft eine Grenze des Bereiches ausschließlich anthropometrisch interessanter Erörterungen. Seitenungleichheiten von Haltung und Stellung der Wirbelsäule und des Beckens können nämlich überleiten zu Formabweichungen, denen Krankheitscharakter zukommt.

Der die körperliche und funktionelle Ausformung von Kindern verfolgende Arzt steht vor einer Problemkonstellation, die er mit gezielten Fragen eingrenzen sollte:

Wo und wann im frühkindlichen Alter prägen sich Asymmetrien am Halte- und Bewegungssystem aus?

Wo und wann überschreiten solche Asymmetrien den als physiologisch geltenden Normbereich?

Wo und wann im frühkindlichen Alter müssen Assymmetrien am Halte- und Bewegungssystem als Vorstufen von Gestaltsänderungen mit Krankheitswert gelten?

Wo bestehen und wann zeigen sich Zusammenhänge, vielleicht sogar Abhängigkeitsverhältnisse zwischen Asymmetrien einzelner Abschnitte des Halte- und Bewegungssystems?

Letztlich sind diese Fragen auf einen gemeinsamen Kern gerichtet. Dessen Formulierung lautet:

Zu welchem frühkindlichen Entwicklungszeitpunkt können welche Asymmetrien am Halte- und Bewegungssystem Krankheitswert gewinnen, somit erhöhte ärztliche Aufmerksamkeit erfordern, vielleicht sogar zu therapeutischem Handeln zwingen?

Mögliche Antworten auf diese Fragen zu finden ist Ziel und Inhalt der vorgelegten Untersuchungen.

2 Symmetrie und Asymmetrie bei Entwicklung, Funktion und Form des menschlichen Halte- und Bewegungssystems

2.1 Allgemeine und formale Aspekte von Symmetrie und Asymmetrie belebter Strukturen

Übersetzt bedeutet das aus dem Altgriechischen stammende Wort Symmetrie Ebenmaß, und zwar im Sinne einer raum-zeitlichen Wiederholung gleicher Elemente (v. Engelhardt 1949; Niggli 1949; Troll 1949). Der Begriff Asymmetrie wird in antonymer Bedeutung gebraucht. In Anwendung der Hegelschen Dialektik von Identität und Unterschied verkörpert Symmetrie das Identitätsprinzip, während Asymmetrie dem Unterschiedsbegriff zuzuordnen ist (Mielke 1974). Symmetrie steht allgemein-philosophisch für Gleichgewicht und Unveränderlichkeit eines Systems, Asymmetrie bezeichnet Veränderung. Als Ausdruck der dialektischen Einheit von Erhaltung und Veränderung belebter Strukturen repräsentieren Symmetrie und Asymmetrie eine allgemeine Gesetzmäßigkeit (Mielke 1974; Bragina u. Dobrochotova 1984).

Im biologischen Bereich der Materie ist auf Grund theoretischer Überlegungen und nach bisheriger Erfahrung die volle Identität zweier Lebewesen äußerst unwahrscheinlich. Auf das Bewegungssystem bezogen bedeutet das: Bei Wahrung des symmetrischen Körpergrundplanes kennzeichnet eine ‚geordnete', begrenzte Asymmetrie die Identität eines jeden Lebewesens unter gleichzeitiger Realisierung des Artprinzips.

Bei den Körperformen höherer Lebewesen bezeichnet der Begriff Symmetrie Spiegelbildlichkeit, „von einer Mittellinie oder -ebene aus nach rechts und links dieselben Verhältnisse" kennzeichnend (Kretzschmar 1882). Seit langem spricht man in diesem Zusammenhang von einer bilateralen Symmetrie (Gaupp 1909–1911c; Dahlberg 1930; Ludwig 1932; Rauber u. Kopsch 1954; Scheikov 1982).

Es ist notwendig, an Merkmalen, die bilateral-symmetrische Körperformen kennzeichnen, zwei unterschiedliche Asymmetriearten zu unterscheiden, nämlich fluktuierende und kollektive Asymmetrien (Ludwig 1932).

Fluktuierende Asymmetrien sind solche, die nicht regelmäßig auftreten, dann aber eine im Mittel gleiche Rechts- und Linksverteilung aufweisen. Sie gelten als Ausdruck individueller Variationsbreite von Einzelmerkmalen. Ihnen stehen kollektive Asymmetrien gegenüber: Lassen bei einer größeren Anzahl vergleichbarer Individuen Asymmetrien eine zufallsunabhängige Seitenbevorzugung erkennen, so sind sie am Einzelobjekt Äußerung individueller Umgestaltung. Bezogen auf die statistische Gesamtheit dokumentieren sie das Vorliegen einer Kollektivasymmetrie.

Ohne Kenntnis einer kollektiv-spezifischen Tendenz ist es am zu untersuchenden Individuum nicht möglich, die jeweilige Asymmetrie als fluktuierend oder kollektiv zu klassifizieren. Für die Deutung einer bestimmten Asymmetrie heißt das: Erst die Beurteilung einer genügend großen Anzahl von Einzelwesen berechtigt dazu, dieser Asymmetrie gegebenenfalls kollektiven Charakter zuzubilligen.

Scheinbar gleiche Begriffe haben in unterschiedlichen Wissenschaftsbereichen oft differierende, manchmal divergierende Bedeutung (Mollenhauer 1970). Definitionen ad hoc sind somit nicht überflüssig, sondern dienen der Vermeidung von Mißverständnissen (Bethe 1949; Hassenstein 1949). Deshalb muß auf Uneinheitlichkeiten im Inhalt einiger von uns gebrauchter Begriffsbildungen hingewiesen werden:

Allgemeinphilosophisch finden als Gegensatz zur Symmetrie die Kategorien Disymmetrie, Asymmetrie und Antisymmetrie Verwendung. Diese Begriffe dienen der Verdeutlichung verschiedener Grade asymmetrischer Abweichung. Disymmetrie bedeutet den Verlust eines oder einiger Symmetrieelemente, Asymmetrie das Verlorengehen vieler solcher Elemente und Antisymmetrie die völlige Umkehr aller Symmetriekennzeichen (Mielke 1974).

Ein solcher Sprachgebrauch befindet sich im Widerspruch zum biologisch-zoologischen Kontext. In diesem bedeutet Disymmetrie „sekundäre Asymmetrie an primär bilateral-symmetrischen Körpern infolge Ungleichwerden primär spiegelbildlich gleicher Teile" (Ludwig 1932). Asymmetrien „im besonderen" werden definiert als „gestaltliche Abweichungen von (der) symmetrischen Gestalt, die keine Disymmetrien sind" (Ludwig 1932). Unter „physiologischen Asymmetrien" versteht Ludwig (1932) Bewegungen, Verrichtungen, Gewohnheiten der Lage, also im weitesten Sinne einseitig bevorzugte Funktionen „und durch sie bedingte körperliche Asymmetrien".

Da unsere Untersuchungen ausschließlich dem Halte- und Bewegungssystem des Menschen gelten, steht im nachfolgenden Text der Begriff Asymmetrie stets für funktionell oder morphologisch bzw. für funktionell und morphologisch faßbare Abweichungen vom bilateral-symmetrischen Grundmuster.

2.2 Symmetrie und Asymmetrie belebter Strukturen in der stammesgeschichtlichen Entwicklung

Leben jeglicher Art äußert sich als materielle Formung in Beziehung zur Zeit. Die „Struktur der lebenden Materie als raum-zeitlich organisierte Hierarchie von materiellen Systemen verschiedener Ordnung" (Löther 1974) verwirklicht sich in Abhängigkeit von ihrer jeweiligen Entwicklungsstufe. Dabei ist eine Tendenz vom Einfachen zum Komplizierten unverkennbar: „Jede Form bewegt sich in ihrer Geschichte" (Goerttler 1958). Evolution als „geschichtliche Entwicklung des Lebens" (Löther 1974) vollzieht sich als Vorgang, der „sowohl allmähliche, quantitative als auch sprunghafte, qualitative Veränderungen einschließt" (Kröber 1974).

Es scheint selbstverständlich, daß eine solche Gesetzmäßigkeit auch für das Formungsprinzip der Symmetrie an lebender Materie Wirksamkeit besitzt. Die Entwicklung des Lebens vom Einfachen zum weniger Einfachen bedeutet neben anderem eine spezialisierende Einengung des formalen Symmetriegrundsatzes.

Diese ist im Sinne der Darwinschen Abstammungslehre auf jeder Entwicklungsstufe als Anpassung von notwendiger Leistungsfähigkeit an zu bewältigende Anforderungen aufzufassen, ein Prozeß, der die Grundvoraussetzung für individuelles und kollektives Reproduktionsvermögen bildet.

Die am Anfang der stammesgeschichtlichen Reihe stehenden, im Wasser lebenden Einzeller schweben in ihrem Lebensraum. Sie besitzen keine Fähigkeit der Eigenbewegung, so daß für ihre Existenz auch keine Notwendigkeit einer differenzierenden Raumorientierung besteht. Ihr Verhalten im Raum ist „durch das Verhältnis des Schwerpunktes des Körpers zu dem Schwerpunkt der verdrängten ... Wassermasse ..." (Magnus 1924) bestimmt. Die Kugelform genügt ihren Lebensbedürfnissen in idealer Weise. Den Bauplan solcher Lebewesen kennzeichnet sphärische Symmetrie (Ludwig 1949; Scheikov 1982).

Der Übergang zur Bodenständigkeit erschließt neue Quellen, um das energetische „Fließgleichgewicht" (Ostwald 1926), als das Leben gedeutet werden kann, aufrechtzuerhalten und zu erweitern. Am Boden verankerte Organismen entwickeln eine ventrale Achse. So entsteht Kegelsymmetrie, auch radiäre Symmetrie genannt. Diese ist als Folge und als Ausdruck der Wechselwirkung von Gravitation und Sonnenlicht anzusehen, wobei sich eine Orientierung in ‚Oben-unten-Richtung' entwickelt. Der Aufbau fast aller Pflanzen weist dieses Konstruktionsprinzip auf.

Eine höhere Qualität wird verwirklicht, sobald lebende Materie Eigenbewegungsmöglichkeit gewinnt. Diese neue Existenzform erfordert Orientierung nach oben und unten, nach vorn und hinten sowie nach rechts und links (Frey 1949; Scheikov 1982). Organismen von spiegelbildlicher oder bilateraler, also zweiseitig-symmetrischer Bauart entsprechen dieser Anforderung. Bis auf wenige Ausnahmen zeigen alle sich auf der Grundlage von Reiz und Reaktion selbständig bewegenden Tiere einen derartigen Körperbau (Dahlberg 1930). Für Bewegung „aber ist kompakte Körperform von Vorteil, und sie läßt sich wegen der schwachen Bindung an das Sonnenlicht auch verwirklichen. Anstelle der energiegewinnenden Außenflächen der Pflanzen treten Innenflächen: der Darm sowie die meist innen liegenden Atmungsorgane ..." (Ludwig 1949).

Dieser Entwicklungslinie kommt Leitcharakter zu. Damit ist die Existenz asymmetrischer Organismen denkbar und möglich: Auf allen Entwicklungsstufen kann der Körperbau von Lebewesen dem Prinzip der Spirale, der Schraubenlinie oder der Schneckenlinie folgen (Ludwig 1932). Selbst scheinbar regellos asymmetrische Körperformen sind auf niedrigen Entwicklungsstufen bekannt. Der Aufstieg der Arten in der stammesgeschichtlichen Reihe jedoch ist verbunden mit Herausbildung von symmetrischen, auf höherer und höchster Stufe von bilateral-symmetrischen Körperformen. Dieses Bauprinzip kennzeichnet die evolutionäre Reihe von den Würmern bis zu den Primaten, bis zum Menschen (Ludwig 1949).

Eine solche Tatsache darf nicht zu spekulativer Deutung veranlassen: Sie bedeutet nicht das Wirken eines „gestaltenden, irgendwie ‚übermateriellen' Faktors" – Symmetrie ist anzusehen als ein „Körpermerkmal wie jedes andere" (Ludwig 1949).

Zu Beginn unserer Betrachtungen hatten wir die Begriffe Symmetrie und Asymmetrie in das Wechselspiel von Identität und Unterschied gebracht. Das bilateral-symmetrische Formungsprinzip höherer Lebewesen wird nämlich geradezu gesetzmäßig von begrenzten Asymmetrien begleitet. Diese Asymmetrien stören das Wirken symmetrischer Formungsprinzipien keineswegs, im Gegenteil, sie scheinen deren grundsätzliche Gültigkeit zu unterstreichen (Hasse 1887; Gaupp 1909-1911c; v. Engelhardt 1949; Frey 1949). Offensichtlich besitzt die Verwirklichung des ökonomisch zweckvollen Grundmusters bilateraler Symmetrie die Möglichkeit begrenzter natürlicher Schwankungen, so daß „zumindest an einzelnen Individuen die feineren prinzipiell spiegelbildlichen Strukturen jeder Seite durch individuelle Variationen überdeckt" werden können (Ludwig 1932). Rauber u. Kopsch (1954) formulierten, daß an spiegelbildlich gebauten Lebewesen beide Körperhälften zwar „symmetrisch gleich", aber „nicht kongruent" seien.

Für jede Art höherer Lebewesen ist ein definierbares bilateral-symmetrisches körperliches Ausformungsbild typisch. Das Einzelwesen dokumentiert seine Artzugehörigkeit durch spezifischen, bilateral-symmetrischen Körperbau, unterscheidet sich aber gleichzeitig von anderen Artvertretern durch asymmetrische Abweichungen. Bei grundsätzlicher Symmetrie bewirken somit begrenzte Asymmetrien der Körperform wesentliche Teile der Individualität. So gesehen faßt man diese Asymmetrien „immer mehr als gesetzmäßige Bildungen" auf, „während sie früher mehr als Zufälligkeiten, als Abweichungen von der Regel" angesehen worden waren (Gaupp 1909-1911b).

Es steht außer Zweifel, daß die artspezifischen Eigenheiten des bilateral-symmetrischen Körperbaues erbbiologisch determiniert sind. Die Frage ist, ob das auch für individualtypische Asymmetrien gilt oder ob diese als Ausdruck reaktiver Anpassung an Umwelteinflüsse angesehen werden müssen.

Die Tierreihe zeigt Muster asymmetrischer Körperform, die als genotypisch bewertet werden. Klassische Beispiele sind Körpergestalt und Augenanordnung bestimmter Plattfische, Besonderheiten, die sich erst während der ontogenetischen Entwicklung ausformen. Auch die sog. Heterochelie höherer Krebse ist zu nennen. Darunter versteht man die seitenunterschiedliche Größe und Gestalt deren mit Scheren ausgestatteten ersten Beinpaares.

Gemäß unserer Begriffsbestimmung handelt es sich dabei um sekundäre Asymmetrien, also Umformungen primär spiegelbildlich angelegter Körperteile und um typische Beispiele kollektiven Asymmetrieverhaltens.

Die offensichtliche Nützlichkeit dieser Asymmetrien im Lebenskampf nach Darwin hat zu ihrer genotypischen Verankerung geführt. Im Sinne der Evolution bedeuten sie Fortschritt, besseres Bestehen gegenüber der Umwelt. Die Frage, inwieweit Seitigkeit des Menschen mit ihren Erscheinungsformen ähnlich einzuordnen und zu bewerten ist, wird Erörterung finden.

Die Vielzahl kleiner, funktionell unerheblicher Abweichungen vom bilateralsymmetrischen Bauprinzip höherer Lebewesen dürfte als Ausdruck jeweils spezifischer Individualerfahrungen des Einzelwesens zu bewerten sein, die in der Zeit morphologischer Plastizität gesammelt werden und in ihrer Gesamtheit wesentliche äußere Merkmale der Individualität prägen.

Zusammenfassend läßt sich also sagen: Symmetrie als „Körpermerkmal" (Ludwig 1949) ist einer klaren evolutionären Entwicklungstendenz unterworfen. Jedes dadurch eingeordnete Lebewesen verwirklicht gleichzeitig funktionell geformte Gestaltsasymmetrien seines Halte- und Bewegungssystems. Entwicklungsgeschichtlich betrachtet bedeuten diese Variationen eines einheitlichen Artschemas den Ausdruck spezifizierender Weiterentwicklung und gleichzeitig Identitätswahrung durch Unterschied in der Menge von Individuen jeder einzelnen Spezies.

2.3 Allgemeine Symmetrie und Asymmetrie in Funktion und Form des menschlichen Halte- und Bewegungssystems

„Struktur und Funktion eines jeden Systems bilden eine dialektische Einheit" (Klaus 1974). Diese Aussage, auch in der oft gebrauchten Begriffsbeziehung Form und Inhalt (Kröber u. Warnke 1974), besitzt im biologischen Bereich reale Gültigkeit, verbindet Gestalt und Funktion des menschlichen Organismus (Debrunner, H. 1942; Goerttler 1958). In dem von uns untersuchten Zusammenhang interessiert „die Funktionsbezogenheit der Form" als „Wirkung der Funktionen auf die Ausprägung der Formen" und durch „Bedeutung der Formen als Funktionsträger" (Büchner 1941). Beide Begriffe kennzeichnen unterschiedliche Aspekte der gleichen Erscheinung (v. Bergmann 1949; Goerttler 1958, Rössler 1966; Mollenhauer 1970), „stellen nichts voneinander Trennbares dar" (Hofer 1961).

Seit langem wird eine sog. ‚Quasi-Identität' von Form und Funktion diskutiert (Benninghoff 1938, 1949), wobei Struktur als ‚Langsam-fließendes', Funktion als ‚Schnell-fließendes' im Strukturzusammenhalt aufzufassen seien (nach Jordan 1984). Dubois (1925) schrieb: „Morphologie ist dreidimensional, bei der Funktion tritt der Zeitfaktor ausschlaggebend" hinzu. Die geschilderte ‚Quasi-Identität' von Struktur und Funktion bewirkt, „daß funktionelle Änderungen immer auch Strukturänderungen bedingen und diese wiederum die funktionellen Änderungen erzeugen im Sinne einer progressiv gekoppelten Dynamik" (Jordan 1984).

Isolierte Betrachtung nur eines Anteiles dieses Begriffspaares, also entweder der Form oder der Funktion des Halte- und Bewegungssystems, birgt Gefahren in sich (Hassenstein 1949). Analog der 1927 von Heisenberg für Bedingungen der Quantenphysik formulierten Unschärferelation kann eine solche Einseitigkeit ausschließlicher Formbetrachtung oder ausschließlicher Funktionsuntersuchung zur definitorischen Verwischung des jeweils anderen Begriffspartners führen, der ja einen bestimmten korrespondierenden Ausschnitt der konkreten materiellen Gegebenheit darstellt. In Anlehnung an eine Äußerung von Bohr (1936) sind die beiden Begriffen innewohnenden scheinbaren Widersprüche „nur unter dem Gesichtspunkt der Komplementarität vermeidbar".

Der nach Möglichkeiten therapeutischer Einflußnahme suchende Arzt fragt nach dem Maß genetischer Determiniertheit morphologischer Strukturen als Träger der durch sie verwirklichten Funktionen. Dahinter steht die Frage nach den Grenzen äußerer, medizinisch gesehen therapeutischer Einwirkungsmöglichkeit auf ein genetisch programmiertes funktionell-strukturelles Geschehen.

Weniger an Funktion bewirkt Strukturdefizit, Hypotrophie, Atrophie, am wachsenden Organismus mindere strukturelle Ausbildung. Mehr an Funktion erzeugt das Gegenteil: Strukturzunahme, Hypertrophie (Roux 1905). Allerdings scheinen Grenzen gesetzt (Lippert 1966): Über das genetisch festgelegte morphologische Optimum hinaus ist ohne biologischen Kunstgriff formender Einfluß unmöglich. Somit steht Formentwicklung in zweifacher Abhängigkeit: Von der Vererbung eines Merkmals und von seiner Ausbildungsmöglichkeit (Scheier 1967; Gerlach 1968; Köster u. Mierzwa 1984). Dabei gilt die Funktion als „Moderator der Erbanlage" (Bahnemann 1979).

Nichts spricht dagegen, diese Überlegungen auf die bilaterale Symmetrie als Bauprinzip des menschlichen Stütz- und Bewegungssystems zu übertragen. Arme und Beine, sensomotorisch-neurale Wirbelsäulensegmente, Kopf- und Gesichtsausbildung – alle diese Formausprägungen folgen dem Bilateralitätsschema. Gaupp (1909–1911 b) sieht in dieser besonderen, bilateral-symmetrischen Strukturformung die Vorbedingung für eine „leichte und gleichmäßige Lokomotion". Doch auch an allen Teilen des menschlichen Halte- und Bewegungssystems sind einzelne, manchmal generelle Symmetrieabweichungen in Funktion und Form die Regel (Romich 1928; Ludwig 1932; Bragina u. Dobrochotova 1984). Das veranlaßte Gaupp (1909–1911 b) zu dem Satz: „Der normale Mensch ist asymmetrisch gebaut".

Einige menschliche Asymmetrien werden als unmittelbare oder mittelbare Folge der vom Darmrohr induzierten Asymmetrie innerer Organe aufgefaßt. Im Verlaufe seiner phylogenetischen Längenzunahme sei das Darmrohr zur Aufgabe des Symmetrieprinzips gezwungen worden. Abhängig davon wäre es zur asymmetrischen Anordnung der Verdauungsdrüsen und damit zum Verlust des Symmetrieplanes für Teilbereiche des Nerven- und des Gefäßsystems gekommen (Ludwig 1932).

Am Stütz- und Bewegungssystem beschäftigt uns jedoch die Gruppe sog. sekundärer Asymmetrien, die als Ausdruck jenes „einheitlichen Erscheinungskomplexes" (Ludwig 1932) angesehen werden, den man Seitigkeit oder Lateralität des Menschen nennt. Es stellt sich nämlich das Problem, welchen dieser sekundären Asymmetrien eine einheitliche Ursache zugrunde liegt und wie deren Entstehungsmechanismus aussieht. Sind sie direkt genetisch bedingt – was Dahlberg (1930) annimmt, Busse (1936) ablehnt –, und wenn schon nicht als Einzelerscheinung, so doch als Ausdruck einer Einflußnahme des gleichen Grundprinzips, welches unterschiedliche morphologische Strukturen in ähnlicher Weise zu formen vermag? Spielen dabei vielleicht zwischengeschaltete, aber seitigkeitsbeeinflußte Mechanismen eine Rolle?

Somit lautet die Frage, auf welche Weise das menschliche Lateralitätsprinzip funktionelle und morphologische Asymmetrien am Stütz- und Bewegungssystem hervorbringen kann, welche dieser Asymmetrien unmittelbare und welche mittelbare Seitigkeitsfolge sind.

2.3.1 Die Seitigkeit des Menschen

Zeugnisse menschlicher Händigkeit, besser, des Gebrauchs der rechten Hand als „Führungshand" (Suchenwirth 1969), lassen sich bis in die Bronzezeit (Ludwig 1932), vielleicht sogar bis in die Steinzeit (Peiper 1949) zurückverfolgen. Einige Untersucher glaubten, Anzeichen für Rechtshändigkeit bereits bei hochentwikkelten Affenarten gefunden zu haben (Mollison 1908; v. Bardeleben 1909). Demgegenüber gilt schon seit langem die Auffassung, Händigkeit sei menschenspezifisch, somit Ausdruck evolutionärer Höchstentwicklung (Gaupp 1909-1911a; Stier 1911; Steiner 1913). Der entwicklungsgeschichtliche Fortschritt dieser Seitenbevorzugung wird in der besseren feinmotorischen Koordination und Geschicklichkeit der Führungshand, in ihrer geringeren Ermüdbarkeit und ihrer höheren Handlungsgeschwindigkeit gesehen (Steiner 1913; Obholzer 1966).

Die der menschlichen Rechtshändigkeit gewidmete Aufmerksamkeit hat über lange Zeit hinweg andere Erscheinungen der Seitigkeit übersehen lassen, nämlich Seitenbevorzugungen an den Beinen, am Gesichtssinn, am Gehör, um nur einige zu nennen (Ludwig 1932; Landgraf u. Steinbach 1963; Müller, D. 1968; Bragina u. Dobrochotova 1984).

Rund 100 Jahre alt sind erste Einsichten zur Lokalisation des motorischen Sprachzentrums im Hirn (Eccles 1979). Man kam zu der Erkenntnis, daß Händigkeit als Teil menschlicher Lateralität „der periphere Ausdruck zentraler Organisation" (Martinius 1977) und damit Erscheinungsbild einer Aufgabendifferenzierung von rechter und linker Hirnhemisphäre ist. Schrittweise wurde offenbar, daß für bestimmte Leistungen der Feinmotorik an der Hand und der äußerst komplizierten für die Sprache mit vielschichtigen Prozessen von Informationsaufnahme und Informationsverarbeitung eine Hirnhemisphäre als führend, als dominierend genetisch programmiert ist. Damit scheint diese für bestimmte sensomotorische Aufgaben gültige Führungsrolle einer Hirnhälfte einschließlich der damit verbundenen, noch nicht voll erforschten Folgen vererbt zu sein (v. Bardeleben 1909; Bethe 1925; v. Verschuer 1930; Peiper 1949; Bragina u. Dobrochotova 1984). Allerdings wird diese Meinung durchaus nicht einhellig vertreten. Busse (1936) zum Beispiel lehnt sie ab. Eine Mittelstellung nehmen Autoren ein, die soziologische und kulturelle Einflüsse als wesentliche Faktoren für die ontogenetische Ausprägung von Seitenbevorzugung feinmotorischer Leistungen betrachten (Bethe 1925; Elze 1926; Suchenwirth 1969; Martinius 1977; Scheikov 1982). Bemerkenswert ist in diesem Zusammenhang eine Äußerung von v. Verschuer (1930): Je später die ontogenetische Determinationszeit eines Merkmals läge, desto größer sei die Wahrscheinlichkeit einer nicht genetischen, sondern entwicklungsmechanischen Asymmetrieausbildung.

Die Literatur über Händigkeit und deren Hintergründe war bereits vor 50 Jahren unübersehbar (Ludwig 1932); sie ist weiter angewachsen. In früheren Jahrzehnten wurde diskutiert, ob seitendifferente Hirnorganisation eine Handpräferenz erzeugt oder ob umgekehrt Handpräferenz eine seitenungleiche Hirnstrukturierung zur Folge hat (v. Bardeleben 1909).

Die Zusammenhangsbeziehung wird heute vom dialektischen Standpunkt aus betrachtet (Müller, D. 1968). Obwohl eine Vielzahl unterschiedlicher, auch eindeutig spekulativer Vermutungen über diesen Punkt angestellt worden sind (Literatur bei Ludwig 1932; Müller, D. 1968), kann man Bragina u. Dobrochotova (1984) nur beipflichten, wenn sie bemerken, daß unbekannt ist, warum rund 80% aller Menschen Rechtshänder sind.

Seitigkeitsprobleme fanden in der Vergangenheit, unter dem Eindruck der Händigkeit, nahezu ausschließlich motorisch orientierte Darstellung. Über den Aspekt der Händigkeit weit hinausgehend hatte aber der Orthopäde Romich bereits 1928 eine Liste wahrscheinlich dominanzabhängiger Asymmetrien am Stütz- und Bewegungssystem aufgestellt, die erweitert und auf andere Gebiete ausgedehnt werden konnte (Süssová et al. 1975). Martinius (1977) definierte Dominanz als „Hemisphärenspezialisierung für bestimmte Funktionen". Dabei bedeutet Seitigkeit in der Orientierung auf Motorik nicht unbedingt Einseitigkeit: Seit langem werden, auf Extremitäten und Stamm bezogen, gekreuzte Asymmetrien beschrieben (v. Bardeleben 1909; Busse 1936; Landgraf u. Steinbach 1963). Nicht alle Untersucher sehen eine Beziehung der einzelnen Skelettasymmetrien zueinander (Busse 1936). Romich (1928) jedoch vermutet einen „kausalen Zusammenhang zwischen den einzelnen Asymmetrien". Manche dehnen den Dominanzbegriff dahin aus, daß sie auf eine größere „Krankheitsbereitschaft" (Dubois 1925; Aberle-Horstenegg 1929) der nichtdominanten Körperseite bzw. nichtmotorisch dominanter Körperabschnitte (Romich 1928) schließen. Churchill u. Rodin (1968) gehen soweit, mögliche Zusammenhänge zu geburtslageabhängigen Hemisphären-"Depressionen" unter der Geburt anzudeuten, die ihren Niederschlag in spezifischen EEG-Kriterien fänden.

Analytische Beschäftigung mit Dominanzerscheinungen ließ langsam offenbar werden, daß davon nicht nur die einfache Motorik betroffen ist (Eccles 1979). Bedeutungsvoll ist die Erkenntnis von deren Wirkung auf das System der tonischen Nackenreflexe (Gesell 1950), vor allem in Form der frühkindlichen Bevorzugung einer bestimmten einseitigen Körperlage (Lübbe 1971; Müller, H. 1972; Michel 1981). Es stehen aber auch sensorische Leistungen, Sinneswahrnehmungen wie das Sehen, Hören oder Tasten, unter Einfluß zerebraler Dominanz (Eccles 1979; Bragina u. Dobrochotová 1984).

Auswirkungen der seitendifferenten Hirnhälftenfunktion sind also vielfältig in die Persönlichkeitsstruktur jedes Menschen eingebaut und bestimmen diese weitgehend im Sinne individueller Identität (Jung 1976; Scheikov 1982; Bragina u. Dobrochotova 1984). In die heutigen Vorstellungen über spezialisierte Hirnhemisphärenleistungen und die damit verbundene Erscheinungsvielfalt haben Bragina u. Dobrochotova (1984) eine neue Qualität eingebracht: Sie unterscheiden zwischen Asymmetrien auf motorischem, sensorischem und psychischem Gebiet, wobei sie deren wechselseitige Beziehungen und Abhängigkeiten betonen. Bemerkenswert sind dabei Erkenntnisse über die raumzeitliche Organisation, welche den Schluß zulassen, daß für die rechtshändige Mehrheit der Menschen „eine Verknüpfung der rechten Hemisphäre (des rechtsseitigen Raumes des Menschen) mit der vergangenen Zeit und der linken Hemisphäre (des linksseitigen Raumes) mit der künftigen Zeit" (Bragina u. Dobrochotova 1984) vorliegt. (Weitere Litertur bei Ebert 1986.)

2.3.2 Beziehungen zwischen Funktion und Form des Halte- und Bewegungssystems beim Säugling und Kleinkind

Die Verknüpfung von Funktion und Form am menschlichen Stütz- und Bewegungssystem gilt für jede Lebensperiode. Der Zeitabschnitt am Anfang menschlichen Lebens unterliegt jedoch Bedingungen, die einer gesonderten Betrachtung wert sind.

Nachdem Darwin den Grundgedanken einer phylogenetischen Reihenfolge in der belebten Welt formuliert hatte (Darwin 1876) und Haeckel die ontogenetische Wiederholung wichtiger Ausbildungsstufen in der Formung des Einzelwesens nachweisen konnte (Haeckel 1924), ist das Wissen von der Entwicklung als Lebensprinzip Allgemeingut geworden.

Im biologischen Kontext werden dem Begriff Entwicklung die Komponenten Wachstum und Reifung untergeordnet (Müller, D. 1968). Wachstum bedeutet Größenzunahme organisierter Substanz (Lippert 1963; Müller, D. 1968). Diese grundsätzliche Aussage hat auf den verschiedenen Ebenen organischen Lebens und auf dem jeweiligen Niveau hierarchischer Organismusgliederung (Scharf 1974b) unterschiedliche Bedeutung (Scharf 1970, 1974a). So steht fest, daß beim Wachstumsvorgang „aus ähnlichen Teilen, mit Aufnahme der speziellen Funktion oder chromosomal gesteuert, zunehmend unähnliche" werden (Müller, D. 1968). Damit hat „Wachstum eine qualitative und eine quantitative Seite" (Bertolini 1976) und stellt einen „energieabhängigen Vorgang" (Hecht 1979) dar.

Betrachtet man an wachsender Substanz bestimmte Parameter in der Zeiteinheit, ergibt sich eine Bewertung der absoluten Wachstumsgeschwindigkeit. Wachstumsparameter können Längen, Flächen, Volumen, Gewichte (Lippert 1963) sein.

Bedeutungsvoller ist eine relative Wachstumsbetrachtung. Dazu wird die Wachstumsgeschwindigkeit von Organen oder Körperabschnitten in definierten Lebensperioden untersucht, und zwar jeweils in Relation zum Gesamtorganismus. Wachsen untersuchtes Organ und Gesamtkörper gleich schnell, liegt isometrisches Wachstum vor. Wächst das Organ schneller als der Gesamtkörper, spricht man von dessen positiv-allometrischem Wachstum. Das Gegenteil ist negativ-allometrisches Wachstum: Das zu untersuchende Organ, der zu untersuchende Körperabschnitt wächst langsamer als der Gesamtkörper (Tanner 1962; Lippert 1963; Röhrs 1959; Scharf 1974b). Die bereits zu Anfang unseres Jahrhunderts schematisch erfaßten Proportionsverschiebungen eines sich entwickelnden menschlichen Körpers (Stratz 1923) sind Ausdruck des Wechselspiels positiven und negativen allometrischen Wachstums der einzelnen Körperteile (Vogel 1979).

Größenzunahme organisierter Substanz und gesetzmäßig ablaufende Proportionsverschiebungen als Wachstum ändern die Form des Halte- und Bewegungssystems während der frühen Kindheit. Hinzu kommen Prozesse der Reifung, nach Müller, D. (1968) zu verstehen als „gestufte Funktionsübernahme" durch schon ausdifferenzierte oder gleichzeitig in der Funktion wachsende Organe. „Wachstum allein besagt noch nichts über Funktionsfähigkeit oder Zeitpunkt der Funktionsaufnahme; diese werden erst im Begriff der Reifung ausgedrückt" (Müller, D. 1968).

Reifungsvorgänge am frühkindlichen Halte- und Bewegungssystem sind untrennbar verbunden mit der Reifung des zentralen Nervensystems und seiner Funktionen, beides nicht nur genetisch bedingt, sondern auch unter zunehmendem sozialen Einfluß (Portmann 1964). Diese Reifung vollzieht sich in drei Abschnitten (Müller, D. 1968): Als *orale* Organisation, also als Geschmack, Geruch und orale Haptik samt dazugehöriger Reflexe. Diese wird während der Fetalzeit aufgebaut und bestimmt die ersten Lebenswochen des Neugeborenen. Weiter als *optische* Organisation mit Aufbau aktiver Handlungsfähigkeit und der damit verbundenen motorischen Ausformung der Hände und Arme, des Rumpfes und der Beine; dieser Vorgang beherrscht das 1. Lebensjahr. Letztlich als *akustische* Organisation mit Entwicklung der Motorik des Sprechapparates, die zu Beginn des 2. Lebensjahres einsetzt.

Gerichtet auf ein Zielobjekt entwickelt sich Motorik in der Weise, „daß zunächst der Gegenstand mit dem Auge ‚erfaßt' und ‚festgehalten' wird, dann kann anfangs die Hand, später der Rumpf, schließlich der ganze Körper unter Benutzung der unteren Extremitäten an ihn herangebracht werden" (Müller, D. 1968). Die Folge der statomotorischen Entwicklungsschritte ist für jedes gesunde Kind die gleiche; in Grenzen variieren kann das Entwicklungstempo (Fyouzat u. Trebes 1967). Enge Zusammenhänge bestehen zu der in kranio-kaudaler Richtung verlaufenden Markscheidenreifung des Pyramidenbahnsystems (Müller, D. 1976). Durch diesen Vorgang wird Willkürmotorik fortschreitend möglich (Peiper 1949; Krause 1969; Müller, H. 1970), direkt-reflektorisch bedingte Motorik verschwindet (Peiper u. Isbert 1927; Janda 1967; Müller, D. 1968). Damit verbunden ist der Prozeß menschlicher Aufrichtung, der statische Momente in das Stütz- und Bewegungssystem einbringt (Fanghänel u. Timm 1976).

Betrachtet man zu einem beliebigen Zeitpunkt Wachstumsstand und Reifegrad eines Kindes, so gelingt es, die aktuellen Form- und Funktionsbeziehungen seines Halte- und Bewegungssystems als jeweilige Entwicklungsstufe zu kennzeichnen. Auf diese Weise wird ‚Entwicklungsdiagnostik' (Müller, D. 1968) möglich. Solche Entwicklungsstufen sind an empirisch gewonnenen Normen orientiert, über die weitgehend einheitliche Angaben vorliegen (Gesell 1926; Peiper 1949; Müller, D. 1968; Müller, H. 1970; Bobath, B. 1976; Flehmig 1983; Vojta 1984; Frühauf 1986).

Derartige Normative bilden die Summe von Beobachtungen und Erfahrungen zahlreicher Menschen. Jegliche Wirklichkeitsbetrachtung, auch die biologisch-medizinische, ist an den Vergleich mit der Erfahrung (v. Uexküll 1949) geknüpft. Diese besteht nach Bopp (1970) „darin, daß wir bei zielstrebigem Handeln die Erwartung mit dem Erfolg vergleichen". Das Element der Empirie beherrscht somit weite Teile unseres medizinischen Denkens und Arbeitens. Empirische Erkenntnisse lassen sich mit Wahrscheinlichkeitsgesetzen fassen, die für Massenerscheinungen verbindlich sind, wie sie sich beispielsweise in Form biologischer Zusammenhänge äußern (Reichenbach 1932).

Mit dem Begriff des ‚Normalen' sollte allerdings nicht leichtfertig umgegangen werden: Obwohl sich „Normen aus der statistischen Analyse" (Israel 1972) ableiten lassen, müssen sie mehr beinhalten als einfaches ‚mittleres' Form- und Funktionsverhalten (Jordan 1984).

Biologische Erscheinungen sind durch Vielfachbezüge, Wirkungsketten mit Regelkreischarakter gekennzeichnet (Jordan 1984), und damit ausschließlich einer kybernetischen Betrachtungsweise zugänglich (Vester 1984a). Sie lassen „nur innerhalb kleiner Strecken dieses Gefüges" (Vester 1984b) direkte und überschaubare kausale, also Ursache-Wirkungs-Beziehungen erkennen (Debrunner, H. 1942; Holle 1967; Vester 1984a).

Israel (1972) gebrauchte den anschaulichen Begriff der „Vorhersagemedizin". Benutzt man in diesem Sinne Normen zur Einschätzung des Entwicklungsstandes von Form und Funktion am frühkindlichen Stütz- und Bewegungssystem, sollte eine systemorientierte, Einzelheiten nicht überbewertende Betrachtungsweise angestrebt werden.

2.3.3 Symmetrie und Asymmetrie in Funktion und Form des Halte- und Bewegungssystems beim Säugling und Kleinkind

Der bilateral-symmetrische Aufbau des menschlichen Stütz- und Bewegungssystems ist Grundregel auch der frühkindlichen Entwicklungsperiode. Obwohl sich z. B. bei Ludwig (1932) und bei Busse (1936) Hinweise auf Beobachtungen von Längen- und Dickenunterschieden embryonaler Extremitäten finden, kann man davon ausgehen, daß das Skelettsystem nichtmißgebildeter Kinder in der embryonalen, peri- und postnatalen Zeit keine größeren Symmetrieabweichungen aufweist. Den erwachsenen Menschen jedoch kennzeichnen Abweichungen vom allgemeinen Symmetrieplan. Irgendwann also zwischen Geburt und Erwachsenenalter entwickeln sich Asymmetrien. Es sollte daher möglich sein, deren Ausprägungszeitraum einigermaßen sicher zu bestimmen (v. Bardeleben 1909; Busse 1936) und ihren Entwicklungsgang zu verfolgen.

Die Anteile des Bewegungssystems zeigen in der frühkindlichen Periode ein ungleiches, allometrisches Wachstum (Lippert 1963). Aus dieser Tatsache lassen sich Zeitabschnitte besonderer Formbeeinflussung für bestimmte Körperregionen ableiten (Gerlach 1968).

Formende Beeinflussung unter natürlichen Bedingungen stellt der funktionelle Gebrauch dar. Verläuft dieser Gebrauch nicht gleichmäßig und seitengleich, fordert er nicht beide Teile der Bilateralität in gleicher Weise, muß strukturelle Asymmetrie mit Hypotrophie auf der Seite des Mindergebrauches die Folge sein (Dahan 1968). Bereits einfache „Schonung der von der Struktur getragenen Funktion" (Büchner 1959) kann unter Einseitigkeitsbedingungen Ursache dafür sein.

In die Zeit frühkindlicher Entwicklung fällt das Deutlichwerden der Hemisphärendifferenzierung des Hirnes. Am Stütz- und Bewegungssystem äußert sich diese in der Ausbildung einer funktionell-morphologischen Seitigkeit oder Lateralität des Menschen.

Die Anlage zu sensomotorischer Differenzierung mit evolutionär positivem Charakter gilt weitgehend einheitlich als genetisch determiniertes Merkmalsverhalten mit individuell unterschiedlicher Penetranz (Lit. bei Bragina u. Dobrochotova 1984). Welche Konsequenzen sich daraus für den einzelnen Menschen ergeben, wird allmählich, im Verlaufe seiner Ontogenese sichtbar.

In diesem Zusammenhang bedeutungsvoll ist ein typisches Lageverhalten von Säuglingen, das heute als Ausdruck der Hemisphärendifferenzierung angesehen wird. Seit langem weiß man, daß in Rückenlage aufgezogene Säuglinge eine ‚Lieblingsstellung' (Flehmig 1983) ihres Kopfes zeigen (Weiss 1926; Jentschura 1956a; Swoboda 1956; Gladel 1963, 1969, 1977, 1978; Lübbe 1963a, 1967, 1971; Tönnis 1969; Pikler 1985). Auf dem Rücken liegend weist die Mehrzahl der Kinder etwa ab dem 2. Lebensmonat, manche schon als Neugeborene (Fyouzat u. Trebes 1967), eine Rechtsrotationslage des Kopfes auf; eine kleine Zahl von Kindern zeigt ebenso konsequent eine Linksrotationsstellung. Eine solche Haltungsasymmetrie wird beim passiven Bewegen des Kindes durchbrochen, stellt sich aber wieder ein, wenn dieses „nicht mehr anderweitig abgelenkt wird" (Flehmig 1983). Sie verschwindet beim gesunden Kind spontan, gewöhnlich um den 4. bis 5. Lebensmonat (Jentschura 1956b; Flehmig 1983). Gesell (1950) vermutet, daß diese ‚Gewohnheitshaltung' (Jentschura 1956b) oder ‚Gewohnheitslage' (Gladel 1969) einen frühzeitigen Rückschluß auf die zu erwartende sensomotorische Dominanz zuläßt. Eine gleichsinnige Lagebevorzugung des Kopfes wird von Kindern berichtet, die vorwiegend in Bauchlage aufwachsen (Gladel 1978).

Diese Haltungsasymmetrie bewirkt, daß sich schon sehr früh der Augenkontakt des Kindes zu seiner Führungshand einstellt (Müller, D. 1968). Augenkontakt zur sich feinmotorisch differenzierenden Hand hat Kontrollfunktion und entspricht der zentralnervösen Organisationsstufe in den ersten Monaten des Lebens (Müller, D. 1968). Ob das ebenfalls häufig bei Säuglingen zu beobachtende Lutschen an den Fingern einer Hand bedeutungsvoll ist und eine Dominanzbestimmung zuläßt (Lübbe 1963a, 1971) oder nur eine Verhaltensform mit Lustgewinn darstellt, bleibt offen.

Allerdings ist bei derartigen Zweckmäßigkeitsbetrachtungen in der Biologie Vorsicht am Platze, weil die Gefahr besteht, einer teleologischen, am Endzweck orientierten, also idealistisch-finalen Betrachtungsweise zu verfallen (Goerttler 1958; Kröber u. Schramm 1974).

Aus der einseitigen Gewohnheitshaltung des Kopfes bei Säuglingen ergeben sich Zusammenhänge zum Wirken des Systems tonischer Nackenreflexe (Gesell u. Ames 1947; Gesell 1950). Tonische Nackenreflexe beherrschen in den ersten Lebensmonaten die Bewegungsschablonen von Rumpf und Extremitäten jedes Menschen (Bobath, B. 1976; Flehmig 1983; Vojta 1984). Seitdrehung des kindlichen Kopfes löst einen Teil dieses reflektorischen Geschehens aus: Es besteht aus einseitiger Ruhespannungsvermehrung umschriebener Muskelgruppen und damit verbundenen Stellungs- und Lageautomatismen an Armen und Beinen sowie am Rumpf. Verbleibt der kindliche Kopf über Wochen und Monate in einer bevorzugten Seitenlage, so lassen die von den asymmetrischen tonischen Nackenreflexen ausgelösten funktionellen Erscheinungen an der nachgeordneten Muskulatur Einseitigkeitscharakter erkennen.

Es ist zu vermuten, daß wir hier vor einem die Orthopädie seit Jahrzehnten beschäftigenden Problem stehen: Vom Normalen abweichende *Haltung* an bewegbaren und formbaren Strukturen, also am Stütz- und Bewegungssystem, kann fließend übergehen in eine von der Norm abweichende *Stellung*. Diese wird dadurch gekennzeichnet, daß Zurückführen zur Norm nicht mehr aktiv möglich ist, sondern äußerer Kräfte bedarf. Daraus ergibt sich der prinzipielle Weg in die *Form*abweichung, aus der weder auf aktive noch auf passive Weise eine Rückführung zum Normverhalten möglich ist.

2.3.3.1 Entwicklung, Funktion und Form der Wirbelsäule beim Säugling und Kleinkind

Im System Wirbelsäule bilden strukturell unterschiedliche Einzelteile eine funktionelle Einheit. Die komplexe Betrachtung dieses Funktionssystems ist daher unumgänglich, um die Aufgabenvielfalt des Achsenskelettes zu erfassen (Stofft 1970).

Haltefunktion der Wirbelsäule erfordert Formkonstanz, Bewegungsfunktion Forminkonstanz (Erdmann 1967; Stofft 1970), also scheinbar entgegengesetzte Anforderungen. Statische und dynamische Wirbelsäulenfunktionen sind dabei „normalerweise Simultan- und keine Alternativaufgaben" (Dihlmann 1973). Die Komplexität dieser beiden mechanischen Funktionen hat wiederholt zu Technikvergleichen geführt (Pusch 1924; Koch 1964).

Mit Haltung und Bewegung sind die Aufgaben nicht erschöpft: Schutzfunktion für das Rückenmark und neurophysiologisch-sensomotorische Leistungen (Wolff 1983b) rechtfertigen es, von der Wirbelsäule als dem ‚Achsenorgan' (Jentschura 1956b; Müller,D. 1964; Erdmann 1967; Stofft 1970) zu sprechen. Hinzu kommen Aufgaben im hämatopoetischen System und Speicherfunktionen im Mineralstoffwechsel.

In der 4. Embryonalwoche entstehen unter Einfluß der Chorda dorsalis aus den ursprünglichen Somiten spezialisierte Zellverbände, die als Sklerotom, Myotom und Dermatom den Wirbelsäulenaufbau einleiten (Starck 1965). Früh geschieht etwas für die spätere Funktion Entscheidendes: Jede Sklerotomanlage teilt sich durch eine in der Mitte liegende Intrasegmentalspalte in einen kranialen und einen kaudalen Anteil (Clara 1955; Starck 1965; Schumacher 1983). Die kaudale Hälfte eines Sklerotoms verwächst mit der kranialen Hälfte des nächstfolgenden zu einem Wirbelkörper. „Diese intersegmentale Position" der Wirbel „ist auf den ersten Blick überraschend" (Grmek 1979), zumal sie vom Myotom nicht mitgemacht wird (Clara 1955; Starck 1965; Schumacher 1983). So bleibt die ursprüngliche segmentale Gliederung der tiefen Rückenmuskeln erhalten, wodurch diese „immer an zwei verschiedenen Wirbeln ansetzen" (Schumacher 1983). Das ermöglicht Wirbelbewegung gegeneinander.

Nach einheitlichem Plan (Hooker 1983) durchlaufen alle Wirbelkörper die Entwicklungsstufen der Mesenchymphase, der Knorpelphase und der Knochenphase, und zwar in kraniokaudaler Richtung (Starck 1965; Loeweneck 1977). Zu Abweichungen kommt es nur im kraniozervikalen Übergangsgebiet (Went 1961; Kemény u. Köteles 1962; Klaus,E. 1969; Fielding 1981a; Verbout 1981): Die kraniale Hälfte des ersten Halssomiten verschmilzt mit dem Hinterhaupt (Schumacher 1983); dann verwächst die Wirbelkörperanlage des Atlas mit dem Axiskörper zum Dens (Clara 1955). Durch Zwischenschaltung des körperlosen Atlas als eine Art Meniskus (Knese 1949/50) oder Diskus (Putz 1981) zwischen Kopf und Halswirbelsäule kommt es zu einer spezifisch menschlichen anatomischen Konfiguration im sog. Kopfgelenksbereich. Diese ermöglicht die für Wirbeltiere ungewöhnliche Bewegungsfreiheit des Kopfes gegen den Rumpf.

Dem Axis wird Übergangswirbelcharakter zugesprochen: die kranialen Gelenkfacetten liegen horizontal, die kaudalen schräg (Fielding 1981b). An dieser Stelle allein kann „die mittlere Kopfstellung zur Horizontalen" ausgeglichen werden (Decking u. Ramisch 1975). Die ausgeprägte Entwicklungsspezialisierung der Kopfgelenksregion ist zwangsläufig mit einer großen Störpotenz verbunden, weswegen dieses Gebiet als ‚Unruheherd' angesehen wird (Rausch 1956; Schmidt u. Fischer 1962; Cramer u. Ladendorf 1963; Dihlmann 1973; Stofft 1978). Ähnliches gilt für die lumbosakrale Übergangsregion (Krämer

1978). Analog zu den Verhältnissen im Kopfgelenksbereich sind auch letzter Hals-, Brust- und Lendenwirbel als funktionelle Übergangsgebilde anzusprechen (Jentschura 1956b; Kummer 1981; Lewit 1983).

Parallel zur Entwicklung der Wirbelkörper verläuft die der Zwischenwirbelscheiben (Töndury 1958; Zukschwerdt et al. 1960; Krämer 1978). Interessant ist, daß deren „Differenzierung zu einer funktionellen Struktur abgeschlossen ist, lange bevor die typische funktionelle Beanspruchung nachweisbar wird" (Starck 1965).

Wirbelkörper und Bandscheibe wachsen mit unterschiedlicher Geschwindigkeit. Bei Neugeborenen beträgt die Höhenrelation Wirbel zu Bandscheibe 2:1, beim Erwachsenen rund 3:1 (Drexler 1962).

Die Wirbelsäule des Erwachsenen ist durch typische Krümmungen in der Sagittalebene gekennzeichnet, deren Lordose-Kyphose-Wechsel als Ausdruck funktioneller Anpassung betrachtet wird.

Diese Krümmungsfolge entwickelt sich im Verlaufe der Ontogenese. Die bereits differenzierte Wirbelsäule am Ende der Embryonalzeit ist dorsalkonvex gebogen (Jentschura 1956b; Hooker 1983). Beim Neugeborenen verläuft sie als Ganzes in leichter dorsaler Kyphosierung (Mau, C. 1925; Rössler u. Thomas 1969) oder gerade (Loeweneck 1977). Bei beginnender aktiver Kopfhebung, also mit 3–4 Monaten, stellt sich die Lordosierung der Halswirbelsäule ein (Kamieth 1958; Schumacher 1983). Die Lordosierung der Lendenwirbelsäule ist an die Phase der Aufrichtung gekoppelt und mit der ventral gerichteten Beckenkippung verbunden. Sie beginnt am Ende des 1. Lebensjahres. Die „volle Ausbildung der physiologischen Krümmungen der Wirbelsäule" wird mit 12 Jahren erreicht (Erlacher 1959). Gleichzeitig vollziehen sich Gleichgewichtsverschiebungen der gesamten Rumpfmuskulatur (Schildt 1975).

Offensichtlich formen sich Wirbelsäulenschwingungen aus prinzipieller Erbanlage (Jaster 1986) unter modifizierendem Gravitations- und Umwelteinfluß. Sie werden aufgefaßt als Situationsausdruck tonusregulierter Muskelleistung (Cramer 1956; Drexler 1962), in die von biomechanischen über protektive bis zu affektinduzierten Einflüssen eine Vielzahl von Regelkreiskomponenten eingreifen (Bahnemann 1979). Was resultiert, wird Haltung genannt. Sie ist statisch-dynamische Gesamtleistung des knöchern-bindegewebigen Achsenskeletts und der zum System gehörenden Muskulatur.

Wirbelsäulenhaltung stellt einen weitgehend individual-charakteristischen motorischen Stereotyp dar (Müller-Stephann 1964; Erdmann 1967; Bahnemann 1979). Dieser Haltungsstereotyp gilt als „Vorbereitung und Stütze der Bewegung" (Jung 1976, 1984) und Stützmotorik insgesamt als unabdingbare Grundlage für jegliche Zielmotorik (Schmidt 1985).

Die einzelnen Anteile der Wirbelsäule sind als segmentale Folgestücke (Troll 1949) in segmentaler Metamerie aneinandergereiht (Clara 1953). Dabei bleiben alle die Anteile des knöchern-gelenkigen Achsenskelettes, der Muskulatur und der Haut reflektorisch untereinander über den Spinalnerven verbunden, unter dessen Einfluß sie in der fetalen Entwicklung entstanden sind (Bertolini 1976; Polster 1976; Grmek 1979).

Segmentale Metamerie und enge biomechanische Kopplung der Einzelsegmente bringen es mit sich, daß die Wirbelsäule in Bewegungsfunktion immer als geschlossene Einheit reagiert (Albers 1954; Gutmann 1970; Stofft 1970; Lewit

1983). Junghanns (1974) prägte den Begriff des ‚Bewegungssegmentes'. Darunter versteht er alle um einen Zwischenwirbelabschnitt herum gruppierten Gewebe einschließlich Spinalnerv, also alle Strukturen, die sich in gleicher Höhe im Wirbelkanal, im Foramen intervertebrale und an den Wirbelkörperfortsätzen finden. Obwohl diesem Begriff Theoretisch-Konstruktives anhaftet, erweist er sich für das Verständnis von Normal- und Störungsvorgängen am Achsenorgan als nützlich.

Über die Bewegungsmöglichkeiten der Wirbelsäule als Ganzes, mehr noch über die Bewegungen in Einzelabschnitten, ist in den letzten Jahrzehnten Vieles, durchaus nicht immer Einheitliches geschrieben worden (Fick 1904, 1910; Lovett 1905; Dittmar 1931; Knese 1949/50; Schmorl u. Junghanns 1953; Zukschwerdt et al. 1960; Lewit u. Krausová 1962, 1963, 1964, 1967; White u. Panjabi 1978; Putz 1981; Frisch 1983; Lewit 1983). Fest steht, daß in der Hals-, Brust- und Lendenwirbelsäule, wenn auch in sehr unterschiedlichem Maße, jeweils sämtliche Wirbelsäulenbewegungsmöglichkeiten realisiert werden können: Drehung, Seitneigung, Vor- und Rückbeuge. Dabei wird die vergleichsweise starke Rotationsfähigkeit für „eine spezifisch menschliche Erwerbung" gehalten (Lippert 1966): Sie dient der Orientierung im Raum, eine Aufgabe, die vom Vierfüßler durch Wirbelsäulenseitneigung gelöst wird.

Den biomechanisch kompliziertesten Teil der Wirbelsäule stellen die Kopfgelenke dar (Wolff 1981). Die so bezeichneten Gelenke zwischen Okziput, Atlas und Axis gelten als Funktionseinheit (Knese 1949/50; Brocher 1955; Werne 1957, 1960; Jirout 1967, 1968, 1969, 1985; Putz u. Pomaroli 1972; Wolff 1976; Brade u. Koebke 1981; Hellige u. Tillmann 1981; Kummer 1981; Putz 1981; Dvořák u. Dvořák 1983), die ohne das ‚Halbgelenk Zwischenwirbelscheibe' (Junghanns 1979) auskommt. Im mechanischen Vergleich wird die Funktionseinheit Kopfgelenk als Kugel- oder Kardangelenk angesprochen (Fick 1910; Rausch 1956; Manner et al. 1981). Dabei wirkt der stark ausgeprägte Bandapparat dieses Gebietes einmal als Stabilisator der sich bewegenden Elemente, zum anderen als Bewegungsbegrenzer (Rizzi u. Covelli 1975; Dvořák u. Dvořák 1983).

Bis heute konnte keine endgültige, einheitliche Anschauung über Art und Ausmaß der Bewegungsfähigkeit in beiden Etagen der Kopfgelenke erreicht werden. Als Hauptfunktion der oberen Kopfgelenke gilt eine limitierte Flexion und Extension; im unteren Kopfgelenk drehen Kopf und Atlas gemeinsam auf dem Axis um dessen Zahnfortsatz.

Ein Großteil der Kopfhaltung wird passiv durch den Knochen-Band-Apparat der Halswirbelsäule gesichert (Stofft 1970). Die Gleichgewichtslabilität des Kopfes (Rausch 1956; Louis 1985) ist so beschaffen, daß zur Stellungsänderung kleine Muskelkräfte genügen, wobei allerdings „der ganze Körper in den Dienst der Kopfhaltung" (Knese 1949/50) treten muß und sogar die Kieferknochenkonfiguration Auswirkungen auf die Atlasposition zeigt (v. Treuenfels 1981). Der den Kopf haltende und bewegende Muskelkegel besteht aus kräftigen Rotatoren und Dorsalflektoren (Königswieser 1928). Gegenspieler der Rückbeuger sind viele „bewegende Kräfte des Körpers" (Knese 1949/50); sie reichen von den Bauchmuskeln bis zu den Muskeln des Unterkiefers (Knese 1949/50; Bahnemann 1979).

Bei gerade noch zulässiger Vereinfachung kann man sagen, daß die menschliche *Hals*wirbelsäule vorwiegend zur Drehung, die *Brust*wirbelsäule hauptsächlich für die Seitneigung und die *Lenden*wirbelsäule vorrangig für die Vor- und Rückbeuge genutzt wird (Brocher 1955). Somit ändert sich an den Übergangsorten zwischen den Wirbelsäulenabschnitten die jeweilige Hauptbewegungsrichtung.

Während des Kindesalters nähern sich die das Achsenorgan tragenden und bewegenden Elemente allmählich ihrer Endform, und zwar unter dem Einfluß funktionell verarbeiteter Umweltfaktoren. Die Ausbildung der Wirbelsäulenkrümmungen geht einher mit einer Richtungsanpassung der kleinen Wirbelgelenke (Gelehrter 1963; Lutz 1968) und mit der langsamen keilförmigen Angleichung der Wirbelkörper und Bandscheiben an die physiologischen Krümmungen in der Sagittalebene (Fick 1904; Brade u. Koebke 1981).

Die frühkindliche Wirbelsäule ist in allen Bauteilen elastischer als die des Erwachsenen. Dadurch werden an der Halswirbelsäule gelenkmechanisch bedingte Begleitbewegungen relativ deutlich. Es sind dies der Zwangszusammenhang zwischen Seitneigung und Rotation (Jirout 1967; Gross 1984) und Ventralverschiebungen von Bewegungssegmenten gegeneinander bei Anteflexion. Sie gelten für dieses Alter als normal (Dunlap et al. 1958; Gelehrter 1963; Fielding 1981a; Manner et al. 1981). Die entwicklungsabhängige Verminderung des anfänglich hohen Relativgewichtes des Kopfes (Rauber u. Kopsch 1954; Müller, H. 1970) ist mit strukturellen und funktionellen Anpassungsmechanismen der kindlichen Halswirbelsäule verbunden (Klaus, E. 1969). Als Ausdruck dessen liegt das Bewegungsmaximum der Halswirbelsäule im frühen Kindesalter einige Etagen höher als beim Erwachsenen (Zeitler u. Markuske 1962; Gelehrter 1963). Die Wachstumsgeschwindigkeit der Wirbel ist in den einzelnen Wirbelsäulenabschnitten unterschiedlich groß. Höhen- und Breitenwachstum von Wirbeln nehmen nach kaudal hin zu (Schmorl u. Junghanns 1953). „Die Mitte der Wirbelsäulenlänge liegt beim Neugeborenen im 7. und beim Erwachsenen im 9. Brustwirbelkörper" (Schmorl u. Junghanns 1953). Die umfangreichen Bewegungsmöglichkeiten der Wirbelsäule werden im Zuge der kraniokaudalwärts voranschreitenden Pyramidenbahnreifung Schritt für Schritt in die Willkürmotorik des Kindes integriert. Kopfkontrolle, erste feinmotorische Handleistungen, schließlich der aufrechte Gang sind Marksteine dieser Entwicklung (Vojta 1984).

Neben ihren statomotorischen Aufgaben erbringt die Wirbelsäule umfassende neurophysiologische Leistungen. Auf diese werden wir in einem der Folgekapitel eingehen.

2.3.3.2 Entwicklung, Funktion und Form des Beckens beim Säugling und Kleinkind

Die Entwicklung von Schulter- und Beckengürtel bei Wirbeltieren ist Voraussetzung für deren Übergang von der Lebensweise im Wasser zu der auf dem Land. Beide Rumpf-Glieder-Verbindungen zeigen beim Vierfüßler weitgehend analoge Form und Funktion. Die Körperaufrichtung des Sohlengängers bewirkt im Zusammenhang mit fortschreitender Aufgabenspezialisierung der Gliedmaßen Änderungen in den Verbindungen zwischen Extremitäten und Rumpf (Tittel 1985).

Die phylogenetische Entwicklung der unteren Extremitäten ist dadurch geprägt, daß sie in den Dienst der Lokomotion treten, also den zur Fortbewegung notwendigen Schub leisten und die damit verbundenen Kräfte auf den Rumpf übermitteln (Schoberth 1962). Beim Menschen tragen sie die Körperlast (Fick 1910), müssen also mit dem Beckengürtel gemeinsam eine feste Standsäule bilden. Auf diese Weise wird das Becken zum statischen Zentrum (Kamieth 1958), was dessen zweite Aufgabe, die des Schutzes der Eingeweide, nicht beeinträchtigt (Schoberth 1962).

Die Gliedmaßenentwicklung beginnt am Ende der 4. Embryonalwoche mit der Armanlage vor der Beinanlage (Clara 1955). Die embryonale Ausformung des Beckens ist ein komplizierter Prozeß mit zahlreichen Zwischenstufen, von dem zusammenfassend nur auf die Entwicklung der Hüftgelenkspfannen eingegangen werden soll.

Die anfänglich planparallel sagittal zur Wirbelsäule liegenden Beckenhälften bilden durch Vereinigung von Darm-, Sitz- und Schambein die ursprüngliche Pfannenanlage. Als Beckendrehungen bezeichnete Vorgänge bewirken eine längsovale Verziehung der Pfannenanlage, die aber mit weiteren Relativbewegungen der Beckenanteile gegeneinander bis zum Geburtszeitpunkt wieder zur Rundung zurückkehrt (Kaiser 1958a). Die runde Pfannenform ist endgültig, aber die Pfannentiefe nimmt nach der Geburt zu, am stärksten im frühen Kindesalter (Böhm 1935). Nicht nur Form und Stellung der Hüftgelenkspfanne im Beckengefüge erfahren entwicklungsabhängige Veränderungen. Im Bezug auf Wirbelsäule und Körperlängsachse wandert die Pfanne stetig nach dorsal, ein Vorgang, der bis weit in die Kindheit reicht (Böhm 1935) und abhängig ist vom Erlangen der endgültigen Kreuzbeinposition einschließlich definitiver Iliosakralgelenksausformung. Scholbach (1969) sieht die Ventralposition der Pfanne als Ursache für die scheinbare Streckhemmung der Hüftgelenke beim Neugeborenen an. Büschelberger (1964) macht ligamentäre Strukturen für diesen Befund verantwortlich.

Die das Becken bildenden Knochen erfüllen biomechanisch die Bedingungen einer Rahmenkonstruktion (Pauwels 1965), weswegen die Bezeichnung Beckenring zu Recht besteht. Dieser Ring ist nicht starr. Durch die dorsalen Verbindungen von Kreuzbein und Darmbeinen und die ventrale Symphysenkonstruktion ist eine gewisse innere Beweglichkeit gegeben, deren augenfälliges Merkmal ihre Begrenztheit darstellt (Lewit 1983). Die Funktion der Symphyse als einer Synchondrose wird einheitlich beurteilt. Anders ist das bei der Verbindung zwischen Kreuz- und Darmbeinen, über deren Zugehörigkeit zu den Gelenken unterschiedliche Ansichten bestehen (Fick 1910; Rauber u. Kobsch 1954; Maigne 1970; Kapandji 1974; Stofft 1979; Lewit 1983). Mit Gelenkkapsel, Gelenkknorpel und Gelenkflüssigkeit besitzt die sakroiliakale Verbindung nahezu alle Attribute eines Gelenkes. Auffällig ist die Inkongruenz der Gelenkflächen, sowohl hinsichtlich Größe als auch Oberfläche, die nicht glatt, sondern ungleichmäßig verläuft. Das kraniokaudal und ventrodorsal keilförmig gestaltete Kreuzbein fügt sich ähnlich einem Gewölbeschlußstein zwischen die Darmbeine (Solonen 1957). Ventral und dorsal sichert ein mächtiger Bandapparat die Kreuzbeinposition.

Die Tatsache, daß kein Muskel eine direkte Bewegung zwischen Kreuz- und Darmbein hervorruft (Fick 1910), ist Grund für die Debatten um die Zugehörigkeit der iliosakralen Verbindung zu den Gelenken. Bewegungen in den Kreuz-Darmbein-Gelenken als Begleitvorgang bei Stellungsänderungen des Körpers werden heute nicht mehr bezweifelt. Sie verlaufen als Rotation des Kreuzbeines, und zwar im Sinne einer Nickbewegung oder Nutation um eine frontale Querachse (Lewit 1983). Während des Gehens bewegt sich das Kreuzbein auf der Standbeinseite gegen das fixierte Darmbein nach vorn und unten (Cramer 1965). Dieser im Ausmaß geringen Bewegung scheint Bedeutung für die mechanische Pufferfunktion des Beckenringes zuzukommen.

Das bedeutendste Gelenk des Beckengürtels ist das Hüftgelenk. Nach Fick (1910) zeigt es von allen menschlichen Gelenken den bestimmtesten geometrisch-mechanischen Charakter. Das jeweilige Bewegungsausmaß als Beugung – Streckung, Abduktion – Adduktion und als Außen-Innen-Rotation ist von individuell-konstitutionellen Vorgaben abhängig und wird in diesen Grenzen von der Gelenkausgangsstellung variiert. Grund dafür ist der stellungsabhängige Spannungszustand des Kapsel-Band-Apparates und der Muskulatur als Resultat unterschiedlicher Gelenkpartnerstellung (Schneider 1943; Schumacher 1964; Mc Kibbin 1968). Daher ist die Definition der Untersuchungs-Ausgangsstellung für die Vergleichbarkeit von Bewegungsprüfungen unerläßlich. Eine detaillierte, an den Erfordernissen der Praxis orientierte Darstellung von Gelenkbewegungsprüfungen findet sich bei Debrunner (1971).

Unsere Untersuchungen betrafen am Hüftgelenk die Duktions- und Rotationsbewegungen. Übliche Angaben zu Bewegungsausmaßen am Hüftgelenk beziehen sich auf Verhältnisse beim Erwachsenen. Gleiche Angaben für Neugeborene und Kleinkinder sind selten (Bauer, P.M. 1948; Haas et al. 1973; Coon et al. 1975; Boone u. Azen 1979). Lediglich Aussagen zur Hüftgelenksabduktion im Säuglingsalter sind leichter zu finden, da der eingeschränkten Abduktion pathogenetische Bedeutung für die Luxationshüfte zugeschrieben wird. Eine Abduktionsfähigkeit von 80–90 Grad gilt als Normwert beim Neugeborenen, bestimmt am rechtwinklig gebeugten Hüftgelenk (Bauer, F. 1936; Haberle 1945; Bengert 1962; Büschelberger 1964; Dörr 1966; Anders 1982; Jaster 1986). Außer Blencke (1964) sind alle Autoren der Meinung, daß die Abduktionsfähigkeit kontinuierlich abnimmt (Büschelberger 1964; Dörr 1966; Bjerkreim 1974; Anders 1982), und etwa im Alter von 3 Monaten mit 60 Grad einen Normgrenzwert erreicht (Dörr 1966; Bjerkreim 1974; Visser 1984). Massie u. Howorth (1950) setzen diesen Normwert niedriger, nämlich mit 40 Grad, an.

Angaben zu einem Geschlechtsdimorphismus der frühkindlichen Hüftgelenksbeweglichkeit sind spärlich. Heusner (1902) fand das Hüftgelenk beim weiblichen Feten nach Entfernung aller Weichteile außer der Gelenkkapsel schlaffer und beweglicher als das beim männlichen. Haas et al. (1973) konnten keine Beweglichkeitsunterschiede am frühkindlichen Hüftgelenk von Jungen und Mädchen finden. Dieselben Autoren sahen auch keinen Beweglichkeitsunterschied zwischen linkem und rechtem Hüftgelenk.

Festzuhalten bleibt, daß die volle funktionelle und morphologische Ausformung des Beckens samt seiner Gelenke ein Prozeß ist, der enge Verbindung mit der menschlichen Aufrichtung aufweist. Erst allmählich stellen sich die endgültigen Beziehungen zwischen Wirbelsäule und Becken als deren Basis her, ein Vorgang, der mit der Beckenaufrichtung und der Ausprägung der endgültigen Wirbelsäulenschwingungen im Jugendalter seinen Abschluß findet.

2.3.3.3 Entwicklung, Funktion und Form des Hirn- und Gesichtsschädels beim Säugling und Kleinkind

Anders als der Rumpf entwickelt sich der Schädel nicht aus segmentalen Strukturen. Er läßt sich somit nicht in den metameren Bauplan des übrigen Körpers einordnen (Schumacher 1983). 29 einzelne Knochen bilden den Gesichtsschädel und den über diesem liegenden kugelförmigen Hirnschädel. Die ontogenetische Herausbildung des knöchernen Schädels stellt einen außerordentlich komplizierten Vorgang dar, der nur im phylogenetischen Vergleich verständlich wird (Clara 1955) und für jeden Knochen einzeln verfolgt werden muß. In stark verallgemeinernder Aussage ist es möglich, das Schädeldach und wesentliche Teile des Gesichtsschädels als bindegewebig vorgebildete, den Hauptteil der Schädelbasis als knorpelig angelegte Knochen zu kennzeichnen. An einigen Knochen sind beide Anlagen nebeneinander zu finden (Hahn v. Dorsche 1983).

Das Knochengerüst des Kopfes beinhaltet und schützt das Gehirn, welches seinerseits wesentlicher Grund für die Kugelgestalt des menschlichen Schädels ist (Knese 1949/50). Weiterhin trägt der Kopf fast alle menschlichen Sinnesorgane und bildet mit Mund- und Nasenhöhle die Anfänge des Verdauungs- und Respirationstraktes. Schließlich dient er als knöcherne Basis für die in „das Unterhautbinde- und -fettgewebe eingelassenen" (Schumacher 1985) mimischen Muskeln, die den entscheidenden Anteil emotionaler menschlicher Ausdrucksfähigkeit ausmachen.

Die knöcherne Kopfentwicklung ist zum Zeipunkt der Geburt keineswegs abgeschlossen. Beim Neugeborenen sind die das Hirn bedeckenden Schädelknochen „durch Nähte beweglich miteinander verbunden" (Clara 1955), was den Geburtswegen angepaßte Formveränderungen des Kopfes zuläßt. Solche Knochenverschiebungen gleichen sich in den ersten Lebenstagen aus (Abels 1927). Diese für die postnatale Periode weiterbestehende Verformbarkeitspotenz wird in einigen Kulturen zu einer gelenkten Kopfausformung genutzt (Abels 1927; Bernbeck 1976).

Für die einzelnen Anteile des knöchernen Kopfskelettes wirken in frühkindlicher Zeit erbbedingte, stark unterschiedliche positive bzw. negative allometrische Wachstumstendenzen. Als deren Resultat, durch den Einfluß von Gravitationskräften und als Folge der Kaumuskelwirkung (Starck 1965) bildet sich allmählich die endgültige Form von Gesichts- und Hirnschädel heraus (Thoma 1911; Fischer 1924; Schiffer u. Strubel 1960). Dabei wird die Einwirkungsmöglichkeit äußerer, nicht erbbedingter Kräfte auf den ursprünglich bindegewebig angelegten Gesichtsschädel (Baume 1962) als größer angenommen als auf die knorpelig vorgebildete Schädelbasis. Knorpelgewebe verwirklicht seine genetisch determinierte Ausformungstendenz trotz einwirkender Umweltkräfte (Baume 1962). Insgesamt gesehen wächst der Kopf nach der von Lippert (1963) formulierten Regel des kaudokranialen Wachstumsgradienten von allen Körperabschnitten am langsamsten.

Beim Neugeborenen macht das Hirngewicht rund 14%, beim Erwachsenen dagegen nur gut 2% des Gesamtkörpergewichtes aus (Rauber u. Kopsch 1954). Somit ist der Schädel des Erwachsenen nicht einfach eine Vergrößerung des kindlichen Kopfes (Rauber u. Kopsch 1954). Zum Erwachsenenalter hin, auch schon in der frühkindlichen Lebensperiode, scheint das Wachstum des Gesichtsschädels, besonders jedoch das des Oberkiefers (Weidenreich 1924; Clara 1955) durch positiv-allometrisches Wachstum gekennzeichnet zu sein. Auch auf diese Weise können Wirkungen aus der Umwelt auf die Formung des Gesichtsschädels stärker Einfluß nehmen als auf die des Hirnschädels. Die Schädelbasis hingegen erfährt bereits während der ersten Lebensjahre ihre weitgehend endgültige Ausprägung (Schiffer u. Strubel 1960).

Die erste postembryonale Wachstumsphase des Schädels reicht bis in das 7. Lebensjahr, die zweite beginnt mit der Pubertät und endet erst zwischen dem 20. und 30. Lebensjahr (Loeschcke u. Weinnoldt 1922).

2.3.4 Die propriozeptive Rolle der menschlichen Wirbelsäule

Lewit (1983) unterscheidet drei Grundfunktionen der Wirbelsäule. Die erste ist die eines Stütz- und Schutzinstrumentes. Zweite Aufgabe ist die einer variablen Bewegungsachse des Körpers und damit einer sicheren und trotzdem beweglichen Basis jeglicher Zielmotorik. Drittens dient die Wirbelsäule zur Aufrechterhaltung des Körpergleichgewichtes. Diese Funktion bedarf näherer Erläuterung.

Menschentypische aufrechte Körperhaltung bedingt, daß „beide Wirbelsäulenenden in ihrer Stellung nahezu konstant gehalten werden" (Lewit 1983): das Becken infolge gleicher Beinlänge, der Kopf mit Wirbelsäulenhilfe (Balters 1964; Gutmann 1970) reflektorisch gesichert, um die waagerechte Einstellung der Augen-Labyrinth-Ebene zu gewährleisten. Die als motorischer Stereotyp konzipierte Körper-Kopf-Haltung (Gutmann 1970) bedarf ständiger Kontrolle und Korrektur. Diese Aufgabe erfüllen zentrale Zentren, dabei wesentlich unterstützt durch eine Vielzahl von Rezeptoren, die auf Gelenke, Bänder, Muskulatur und Sehnen des Achsenorgans verteilt sind. Der Funktionelle Einzelbaustein der Wirbelsäule geht dabei über den Inhalt des von Junghanns (1974) geprägten Begriffes eines Bewegungssegmentes hinaus. Gutzeit (1956) spricht vom ‚Vertebron' und schließt damit neben der Bewegungsfunktion die der nervalen Steuerung und Rückkoppelung des Wirbelsäulensegmentes ein.

In ihrer Gesamtheit ergeben die auf die Wirbelsäule verteilten Propriozeptoren und Nozizeptoren die wesentliche Grundlage für den menschlichen Lagesinn. Dabei informieren „die Propriozeptoren ... über die physiologischen Abläufe ..., die Nozizeptoren ... über die Intaktheit des Systems" (Metz 1986).

Die an der Wirbelsäule für den Lagesinn tätigen Rezeptoren stehen im Dienste der Gleichgewichtserhaltung. Dafür notwendige Muskel- und Gelenkleistungen sind reflektorisch miteinander verbunden, bedingen und regeln einander (Janda 1970, 1975). Ausführungselement ist die postural-tonische, in ihren Elementarmechanismen spinal gesteuerte (Küchler 1983) und mit nur „geringer kortikaler Repräsentation" (Hufschmidt 1970) ausgestattete sog. autochthone Stammmuskulatur (Bayer 1956; Struppler 1972; Putz 1981). Ermöglicht wird die hohe spinale Autonomie zum Zwecke einer stabilen Körper-Raum-Beziehung auf der Basis des in der Phylogenese verfolgbaren ‚Segmenteffektes' (Strecker 1955/56; Müller, D. 1960, 1964) an der Wirbelsäule, also der oben beschriebenen ‚Phasenverschiebung' zwischen Wirbel- und Muskelanlage.

Zu Beginn unseres Jahrhunderts hatten Magnus u. de Kleijn (1912), später Magnus (1924) allein, grundlegende, tierexperimentell gewonnene Erkenntnisse über reflektorisch gesteuerte Kopf-Körper- und Körper-Körper-Beziehungen mitgeteilt. Dabei arbeiteten sie die zentrale Rolle des diese Vorgänge realisierenden, differenzierbaren Muskeltonus heraus. Vermittler dieser Beziehung ist die Motorik, und zwar vorrangig deren postural-tonische Anteile (Virchow, H. 1914; Portnoy u. Morin 1956; Véle 1970; Struppler 1972; Basmajian 1975). Diese Haltemuskeln werden in ihrer Ruhespannung nur gering zentral, dafür wesentlich durch alle im Körper vorhandenen Rezeptorentypen (Schaefer 1966; Tonak 1984) gesteuert, wobei Somatorezeptoren im Vordergrund stehen (Asmussen 1978).

Entscheidende Bedeutung kommt den Propriozeptoren der Wirbelsäule zu (Henatsch 1964; 1968; Gutmann 1967; Gutmann u. Véle 1970; Rumberger 1970; Polc 1971; Bobath, B. 1976; Schönbauer et al. 1979). Da sich Tonusqualitäten zusätzlich „in Abhängigkeit vom Beanspruchungsgrad der Muskulatur" ändern (Viol 1985), stehen wir hier vor den Variablen eines nur kybernetisch erfaßbaren Regelsystems. Sichtbares Ergebnis dieser Regelleistung ist an der Wirbelsäule ein ständig korrigierter Zustand, den Gocht schon 1932 als ‚Haltung' und für jeden Menschen typisches Charakteristikum beschrieben hat.

Die Erforschung des anatomischen Aufbaus und der Wirkungsweise der einzelnen Rezeptorentypen geht schon über lange Zeit. Während die „sensiblen Strukturen des Muskels" (Gutmann u. Biedermann 1984) als weitgehend bekannt anzusehen sind, fand die Rezeptorenbesetzung von Bändern nur „spärliche Erwähnung im Schrifttum" (Gutmann u. Biedermann 1984). Es besteht jedoch an der segmental-spinalen und zentralen Verarbeitung von Afferenzen aus dieser anatomischen Struktur kein Zweifel (Dvořák u. Dvořák 1982).

Das „Gelenk als sensorisches Organ" (Gutmann u. Biedermann 1984), als „Mittler zwischen dem peripheren Muskelsystem und den zentralen neuronalen Strukturen" (Langen 1970), beansprucht erst in den letzten Jahrzehnten größeres Interesse (Payr 1934; Hromada 1961; Derbolowsky 1963, 1975; Véle 1970, 1979; Richmond u. Abrahams 1979; Wolff 1983b). Auf Wyke und seinen Arbeitskreis (1967, 1979a,b) geht eine mit neurohistologischen Studien belegte Einteilung von Gelenkrezeptoren zurück, die von Dvořák u. Dvořák (1982, 1983) im deutschsprachigen Raum propagiert worden ist.

Im Zuge der Evolution errang der Mensch die Fähigkeit einer im Vergleich zu anderen Vertebraten ungewöhnlich freien Kopfbeweglichkeit (Knese 1949/50; Wolff 1981, 1982). Sie ist Voraussetzung für die menschentypische akustische und optische Zuwendung sowie für die örtliche Raumorientierung (Tilscher 1981). Diese Tatsache erklärt die hohe Anzahl propriozeptiver Rezeptoren in der Nackenregion (Voss 1958; Menegaz u. Fasoli 1970; Danbury 1971; Gerstenbrand et al. 1974), ein Umstand, dessen weitreichende Bedeutung für mehrere

Funktionssysteme des Körpers erst in letzter Zeit in das Bewußtsein einer breiteren medizinischen Öffentlichkeit trat.

Im einzelnen bestehen enge und unmittelbar afferente Verbindungen zur rhombo-mesenzephalen und dienzephalen Organisationsstufe des vegetativen Nervensystems (Becker, H. 1967; Stejskal 1972; Korr 1979; Mohr 1979; Hülse 1981, 1983; Gutmann u. Biedermann 1984), über den Mechanismus der tonischen Nackenreflexe zum statotonisch-posturalen System (Magnus u. de Kleijn 1912; Magnus 1924; Mc Couch et al. 1951; Hassenstein 1972; Stejskal 1972, 1975; Ruckelshausen 1978; Buchmann 1979; Mohr 1979; Afifi u. Bergman 1980; Stephani u. Hanefeld 1981; Stoboy 1982; Buchmann u. Bülow 1983; Wolff 1983a, b; Schmidt 1985) und zur zentralen Realisation der Orientierung im Raum und der Gleichgewichtserhaltung (Krausová 1970; Simon et al. 1975; Becker, F. 1978, Gestewitz et al. 1979; Konrád u. Gerencsér 1979; Hülse 1981; Schmidt 1985). Die letztere Tatsache veranlaßte Lewit (1983) dazu, die Wirbelsäule als ‚drittes Gleichgewichtsorgan' zu bezeichnen. Gleichgewicht bedarf seiner Meinung nach dreier Afferenzen: Der labyrinthären, der optischen und der propriozeptiven (Lewit 1984). Damit wird deutlich, daß das Baumuster bilateraler menschlicher Symmetrie eine „zur Umwelt konstante Körperhaltung" (Ludwig 1949) auf mehrfach gesicherte Weise und mit sehr feinen Abstufungsmöglichkeiten realisiert.

2.3.4.1 Die propriozeptive Sonderstellung der Kopfgelenke beim Säugling und Kleinkind

Das Neugeborene hat wesentliche Teile seiner Hirnentwicklung noch vor sich. Seine zentralnervöse Organisation wird in Hirnstamm-Mittelhirnhöhe realisiert (Clara 1955; Haike u. Schulze 1965; Lesný 1975). Dem entspricht das periphermotorische Leistungsvermögen: ungeordnete Massenbewegungen und reflexgebundene Bewegungsfolgen bestimmen das Bild. Für die ersten Lebenstage und -wochen ist das System der tonischen Nackenreflexe wichtigster Bewegungs- und Haltungsauslöser. Diese Reflexe regeln die Beziehung zwischen Kopfhaltung und Extremitätenstellung, da die Funktionskreise der labyrinthären und optischen Raumorientierung noch nicht voll arbeitsfähig sind. Im Zuge der motorischen Entwicklung wird dieses tonische Reflexsystem gehemmt, ein Vorgang, der die Körperaufrichtung aus der Horizontalen vorbereitet und ermöglicht. Diese Hemmung bedeutet nicht das Verschwinden reflektorischer Elementarleistungen, sondern deren Integration in höherentwickelte Formen der Bewegungskoordination. Ihre prinzipielle Wirksamkeit bleibt lebenslang erhalten, wie es Erfahrungen mit Apoplektikern lehren.

Die für die Auslösung der tonischen Nackenreflexe verantwortlichen Rezeptoren liegen in den Kapseln der oberen drei Zwischenwirbelgelenkpaare, in den Kopfgelenken (Mc Couch et al. 1951; Véle 1968, 1970; Gutmann u. Véle 1970; Stejskal 1972; Kalbe 1981). Das bedeutet, die frühkindliche altersspezifische Motorik, Grundlage jeglicher Weiterentwicklung, ist von der neurophysiologischen Integrität dieser Wirbelsäulengelenke, vom Entladungsmuster der in ihnen lokalisierten Rezeptoren abhängig.

Bewegungs- und haltungsprägend wirken tonische Nackenreflexe nur in der Anfangszeit menschlicher Entwicklung. Bis spätestens zum 6. Lebensmonat müssen sie erlöschen, d.h. in reifere Koordinationsformen aufgenommen werden (Müller, D. 1968; Bernbeck u. Sinios 1975; Hassler u. Bühler 1978; Flehmig 1983). Sind sie es zu dieser Zeit nicht, gelten sie als Zeichen für das Vorliegen einer „zentralen Koordinationsstörung" (Vojta 1984), Ausgangssituation für eine motorische Entwicklungsstörung beispielsweise vom Typ der spastischen Zerebralparese (Bernbeck u. Sinios 1975; Bobath u. Bobath 1977). Unter den Bedingungen dieser Erkrankung bleiben tonische Nackenreflexe überlange bestehen und beherrschen das motorische Ausdrucksvermögen der betroffenen Kinder für eine lange Zeit oder dauernd. Somit ist es möglich, die Wirkungsbreite dieser Reflexe zu studieren, besonders, wenn deren Wirkung eine asymmetrische ist (Buchmann 1979; Buchmann et al. 1981).

Auf Grund ihrer statotonischen, die Grundspannung der gesamten quergestreiften Muskulatur beeinflussenden Wirkung billigen Gutmann u. Biedermann (1984) den tonischen Nackenreflexen „für den gesamten motorischen Reifungsprozeß eine ausschlaggebende Rolle" zu; „Balance und Körperhaltung" seien von diesen Reflexen „in hohem Maße abhängig". Nach Flehmig (1983) bedarf der komplizierte, reflexgesteuerte Mechanismus menschlicher Aufrichtung der ‚Initialzündung' durch die tonischen Nackenreflexe, da sich jede motorische Ausdrucksform nur aus vorherbestehenden entwickeln kann (Bobath u. Bobath 1964). Darüber hinaus scheinen auch Abläufe der vegetativen Regelung im Kleinkindesalter von der Intaktheit und Seitensymmetrie tonischer Nackenreflexleistungen stark abhängig zu sein (Starý et al. 1964; Gutmann 1968, 1987; Mohr 1979; Gutmann u. Biedermann 1984).

2.3.4.2 Die propriozeptive Bedeutung von Funktionsasymmetrien an der menschlichen Wirbelsäule

Wie bereits erläutert, ist bei bilateral-symmetrischem menschlichem Grundbauplan von einer seitengleichen Funktionsweise des motorischen Systems auszugehen. Das gilt auch für jedes Bewegungssegment der Wirbelsäule (Dalseth 1974). Auf dieser Basis bilden sich im Zuge ontogenetischer Verwirklichung des Lateralitätsprinzips jedoch bestimmte sensomotorische Seitenunterschiede heraus, die letztlich genetisch geprägt sind.

Anders ist die Situation, wenn die oben dargestellten propriozeptiven Leistungen, besonders die von den Wirbelsäulengelenken beigesteuerten, asymmetrischen Charakter annehmen. Die daraus resultierenden Störmöglichkeiten können klinisch relevant werden. Sie betreffen dann vegetative Regulationssysteme, statotonisch-posturale Funktionskreise und Mechanismen der Gleichgewichtserhaltung (Lewit 1983; Gutmann u. Biedermann 1984). Als eingreifend gelten Störeffekte dieser Art im Säuglings- und Kindesalter (Gutmann u. Biedermann 1984).

Die Wirbelsäule ist in allen Funktionsbelangen, auch in ihren propriozeptiven Leistungen, als ein in den Einzelteilen aufeinander abgestimmtes, ineinandergreifendes, kybernetisch organisiertes System auffaßbar (Erdmann 1967; Rukkelshausen 1978; Bergsmann u. Eder 1979; Wolff 1983b; Neumann 1986). Störungen an einer Stelle, Funktionsasymmetrien in einem Segment, sind zunächst auf dieses lokalisiert. Sie bleiben aber nicht darauf beschränkt, sondern beeinträchtigen das Funktionsgefüge der Wirbelsäule so, daß auch an anderen Stellen funktionelle Störungen entstehen (Gutmann u. Véle 1970; Jirout 1978b; Caviezel 1979; Brügger 1980; Lewit 1983, 1987). Diese können sich biomechanisch als Bewegungseinschränkung und propriozeptiv als seitenungleiche Rezeptorentätigkeit bemerkbar machen. Werden solche Störungen zur Gefahr für die Intaktheit des Systems, kommen Nozizeptoren ins Spiel. Diese setzen drohenden Schaden mittels Schmerzempfindung kortikal um, lassen ihn bewußt werden.

Für diese Art pluri- und suprasegmentaler Störungsübertragung sind Prädilektionsstellen und Abhängigkeiten oft beschrieben worden (z.B. Maigne 1970; Eichler 1981; Lewit 1983, 1987; Gutmann u. Biedermann 1984). Sie betreffen hauptsächlich Übergangsgebiete, also Wirbelsäulenabschnitte, an denen sich die Hauptbewegungsrichtung ändert, besonders jedoch den Bereich der Kopfgelenke (Wolff 1981; Lewit 1983, 1987; Dvořák et al. 1984).

Häufigster Grund für die geschilderten funktionellen Asymmetrien an der Wirbelsäule sind Gelenkstörungen reversibler Art, wie sie als sog. ‚Blockierungen' im nächsten Abschnitt gekennzeichnet werden.

2.3.5 Ursachen für Funktionsasymmetrien an der menschlichen Wirbelsäule

Das Rezeptorensystem der Wirbelsäule war Gegenstand der Vorkapitel. Läßt man dabei alle anatomischen, physiologischen und neurophysiologischen Erwägungen außer Betracht, begnügt man sich mit der Wirkungsbeurteilung dieses Systems, dann ist eine Grundaussage möglich: Die statotonische und gleichgewichtserhaltende Aufgabe des Achsenorgans richtet sich aus auf einen *seitensymmetrischen* Impulseinstrom aus paarig in den Wirbelsäulensegmenten vorhandenen Rezeptoren. Diese bilden die Basis der Afferenzverarbeitung im Dienste des Lagesinns. Zentrale Aufarbeitung *seitenungleicher* Rezeptorenentladungen muß zu reaktiven Schlußfolgerungen führen, zumindest dann, wenn dieses Faktum kein funktionell-passageres Ereignis darstellt, sondern Zeitkonstanz aufweist. Solche Reaktionen beweisen unter seitenungleichen Afferenzbedingungen ebenfalls Asymmetriecharakter. Diese efferenten Auswirkungen sind hauptsächlich in bezug auf den Muskeltonus zu erwarten.

Asymmetrische segmentale und plurisegmentale Rezeptorenafferenz aus der Wirbelsäule ist bei knöchernen, muskulären oder gelenkspezifischen Normabweichungen vorstellbar.

Knöcherne Seitenunterschiede an der Wirbelsäule können primärer oder sekundärer Natur sein. Als seitendifferente Primäranlage betreffen sie angeborene Mißbildungen (Klaus, E. 1969; v.Torklus u. Gehle 1975) mit möglichen entwicklungsabhängigen Folgeerscheinungen, wie beispielsweise der Mißbildungsskoliose (James 1976; Mau 1982). Andererseits sind häufig diffizile anatomische Seitenunterschiede der Wirbelsäule, besonders im okzipitozervikalen Übergangsgebiet, beschrieben worden (Matzdorf 1956), die als sekundär entstanden, als nicht genetisch präformiert gedeutet werden (Lutz 1968; Gutmann 1972). Jirout (1980) hält sie, wie vor ihm bereits Strecker, C. (1887), für einen morphologisch fixierten Ausdruck sensomotorischer Lateralität.

Überhaupt gilt als fraglich, ob feinere oder gröbere knöchern-anatomische Seitendifferenzen mit asymmetrischer Funktion verbunden sein müssen. Lewit (1976) meint, daß „trotz anatomischer Gelenkasymmetrie Seitneigung und Rotation von Hals und Rumpf beim Gesunden weitgehend symmetrisch sind". "Für die Bewegungsabläufe ... sind weniger anatomische Variationen von Gelenken als die neuromuskuläre Steuerung verantwortlich."

Im Zusammenhang mit der individuell unterschiedlich ausgeprägten sensomotorischen Lateralität wird ein seitenunterschiedliches Ruhespannungsverhalten der Muskulatur, besonders der autochthonen Rückenmuskulatur, diskutiert. Jirout (1980) sieht darin die Ursache seitenunterschiedlicher Ausformung symmetrisch programmierter Knochenanlagen. Ob daraus dann asymmetrische Funktion und Rezeptorenleistung resultiert, muß nach Lewit (1976) fraglich bleiben.

Im Mittelpunkt neurophysiologischer Seitendifferenzen an der Wirbelsäule stehen reversible Funktionsstörungen in kleinen Wirbelsäulengelenken. In den letzten drei Jahrzehnten beanspruchen derartige Gelenkstörungen, sog. Blockierungen, zusammen mit ihren dialektisch miteinander verknüpften (Buchmann 1986) reflektorischen Ursachen und Folgen wachsendes Interesse (Stoddard 1961; Derbolowsky 1963, 1975; Strohal 1963; Maigne 1970; Nwuga 1976; Brügger 1980; Lewit 1983; Sachse 1983; Dvořák et al. 1984; Ivaničev u. Popeljanskij 1984; Vasileva 1984; Frisch 1985; Paterson u. Burn 1985, 1986; Neumann 1986; Savinych et al. 1986; Stevens 1986; Vyncke et al. 1986). Eine Blockierung ist gekennzeichnet durch Beeinträchtigung des ‚Gelenkspiels'. Dieser von Mennell (1964) als ‚joint play' formulierte Begriff steht für die Möglichkeit, Gelenkpartner durch Einwirkung von außen passiv gegeneinandergleiten zu lassen, ‚translatorisch' (Wolff 1978) in der Tangentialebene zu bewegen (Frisch 1983; Lewit 1983; Sachse 1983). Freie passive Gleitfähigkeit, unbehindertes Gelenkspiel gilt als Zeichen normaler Kapselspannung. Vermehrte Kapselspannung bedeutet Beeinträchtigung oder Verlust des Gelenkspiels, gleichzeitig veränderte Rezeptorentätigkeit bis hin zur Nozizeptorenreizung. Entsprechend der metameren Eingebundenheit von Zwischenwirbelgelenken bleibt eine solche Störung nicht auf da Gelenk begrenzt. Sie äußert sich ebenso als Irritation segmental zugeordneter kutaner, bindegewebiger, muskulärer und bedingt auch parenchymatöser Strukturen. Andererseits können alle diese Gewebe, wiederum im Zusammenhang mit ihrer metamerreflektorischen Verbindung, bei Störung Zustandsänderungen am zugehörigen Gelenk verursachen, die als Blockierung klinisch relevant werden (Brügger 1980; Lewit 1983; Wolff 1983b; Neumann 1986). Somit besteht eine Wechselbeziehung, die asymmetrische biomechanische Gelenkleistungen paarig angelegter Wirbelsäulengelenke einschließt. Dabei auftretende asymmetrische Rezeptorenafferenzen übersteigen in der Vielfalt ihrer Bedeutung weit die einfach gelenkmechanisch interpretierbare Ursache ihrer Entstehung (Lewit 1983, 1987; Wolff 1983b; Gutmann u. Biedermann 1984).

Für den pathomechanischen Hintergrund der Gelenkblockierung existiert keine umfassende Deutung. Lewit (1969) wies experimentell nach, daß die Störung im Gelenk selbst liegt. Zahlreiche Autoren äußerten zur Blockierung Meinungen, die von einer Subluxationsvorstellung über die Möglichkeit der mechanischen Einklemmung von Gelenkmeniskoiden, von Nerven- oder Bandscheibengewebe bis zur Gleitfähigkeitsbeeinträchtigung der Gelenkoberflächen reichen (nach Lewit 1983; Neumann 1986).

Besonders heftig diskutiert wurden Existenz (Gaupp 1908; Dörr 1958, 1962; Töndury 1958; Erdmann 1968; Lutz 1968; Bertolini 1976; Brügger 1980; Kummer 1981; Putz 1981; Lang 1983) und Einklemmunsmöglichkeit solcher meniskoider Strukturen als Blockierungskorrelat (Zukschwerdt et al. 1960; Keller 1962; Penning u. Töndury 1964; Wolff 1974; Brügger 1980; Bogduk u. Jull 1985; Serga 1985). Feststeht ihr Vorkommen in den Gelenken lordotischer Wirbelsäulenabschnitte (Töndury 1958; Putz 1981; Lang 1983), wobei ihnen gelenkstabilisierende Bedeutung zugeschrieben wird (Dörr 1958; Töndury 1958; Penning u. Töndury 1964; Putz 1981). Dem nach Veleanu (1972) kraniokaudal abnehmenden statischen Beanspruchungsgrad kleiner Wirbelgelenke entsprechend, wären Meniskoideinklemmungen in der oberen Halswirbelsäule am ehesten zu erwarten (Kos u. Wolf 1972). Wahrscheinlich jedoch ist Neumann (1986) zuzustimmen, der es für falsch hält, „die Grundursache einer Blockierung immer nur allein auf der knorpelig-knöchernen, muskulären oder nervös-reflektorischen Ebene zu suchen". Er hält die Blockierung für die „Störung eines Regelkreises", deren Ursache „von Fall zu Fall verschieden in jedem einzelnen seiner Bauteile liegen" kann, eine Ansicht, die Wolff (1968, 1974, 1983b) in ähnlicher Form vertritt.

Überlegungen ähnlicher Art brachten Brügger (1980) dazu, den Begriff Blokkierung durch die Bezeichnung „nozizeptiver somatomotorischer Blockierungseffekt" zu ersetzen; Kimberly (1980) spricht von einer „somatischen Dysfunktion", damit neben der Gelenkstörung „Veränderungen der myofaszialen Strukturen" meinend.

Wie auch immer die als Blockierung bezeichnete reversible Gelenkfunktionsstörung beschaffen sein mag, zumindest die Bewegungsbeeinträchtigung ist röntgenologisch erfaßbar, wie es Lewit (1971), Arlen (1978, 1979, 1981), Jirout (1980), Gutmann (1981) und Dvořák et al. (1987) nachweisen konnten.

Bei aller Vielschichtigkeit der formalen Entstehung von Gelenkblockierungen ist man sich über deren kausale Genese weitgehend einig. Es können direkte und indirekte mechanische Ursachen von indirekt-reflektorischen abgegrenzt werden, wobei Kombinationen dieser Ursachen, auch mit Summationseffekt, als möglich gelten (Lewit 1983; Buchmann 1986; Neumann 1986). Klinisch gesehen gehen in diese Vorstellungen Traumatisierungen von Gelenken, deren Nicht-, Fehl- oder Überbelastung und allgemeine segmentale Dysfunktionsvorgänge reflektorischer Art ein (Lewit 1983; Neumann 1986).

Die Bedeutung reversibler Gelenkblockierungen im Säuglings- und Kindesalter war Gegenstand zahlreicher Untersuchungen (Lewit u. Janda 1964; Gutmann 1968; Gutmann u. Véle 1970; Seifert 1974, 1975; Buchmann 1979, 1984; Mohr 1979; Riede u. Tomaschewski 1981; Buchmann u. Bülow 1983; Lewit 1983; Tomaschewski 1984). Die dabei gewonnenen Erfahrungen ergeben Verbindungen zu unterschiedlichsten Stör- und Krankheitserscheinungen, lassen aber einen zu verallgemeinernden Zusammenhang noch vermissen.

Relevanz für unsere Untersuchungskonzeption haben reversible Gelenkblokkierungen insofern, als sie Folge relativer Immobilisierung sein können, ein Zustand, wie er z. B. mit der geschilderten Kopfvorzugslage von Säuglingen für die Kopfgelenke gegeben zu sein scheint.

2.3.6 Übergänge von funktionellen zu morphologisch fixierten Asymmetrien am Halte- und Bewegungssystem beim Säugling und Kleinkind

Wir hatten auf die Tatsache verwiesen, daß am Stütz- und Bewegungssystem schon des Neugeborenen bestimmte funktionelle Seitenungleichheiten bestehen können. Beobachtungen solcher Funktionsasymmetrien wurden bereits vor Jahren mitgeteilt (Weiss 1924; Bauer, F. 1929; Mau 1963). Unabhängig von den Vorstellungen, die an solche Funktionsasymmetrien geknüpft werden, bestand jedoch immer die mehr oder weniger klar formulierte Überzeugung, daß diese den Anfang in einer Reihe darstellen können, welche von der klassischen Orthopädie mit den Begriffen ‚Haltungsfehler, Stellungsfehler, Formfehler' gekennzeichnet worden sind. Allerdings steht an dieser Stelle die von Erdmann (1968) formulierte Mahnung zu Recht: „Nie darf der erhebliche Unterschied vergessen werden, der zwischen Regelwidrigkeit und pathologischem Befund besteht".

So gesehen ist auch das Wort ‚Gewohnheitskontraktur' zu verstehen, welches Joachimsthal (1905–1907) bereits Anfang des Jahrhunderts gebrauchte und das er an den Beginn dieser nur bedingt reversiblen Entwicklungsreihe setzte.

Für die frühe Skolioseentwicklung sind die damit zusammenhängenden Fragen seit Jahrzehnten Gegenstand vielfältiger Überlegungen, aber auch von Vermutungen und Spekulationen (Schulthess 1905–1907, 1906; Chlumsky 1910; Jansen 1910, 1913; Heuer 1931; Schimmel 1956; Schede 1958; Reske 1961a; Perey u. Rydman 1962; Rippstein 1967; Dethloff 1971; Mau 1971a; Smola 1972; Polster 1976; Reichelt 1977).

Erwägungen zu Funktionsasymmetrien des Halte- und Bewegungssystems besitzen Gültigkeit für jedes Lebensalter. In der frühen Kindheit erscheint der damit zusammenhängende Form-Funktions-Bezug jedoch besonders evident, was Jansen (1929) bereits 1910, also lange vor der Kenntnis allometrischer Wachstumsgradienten, zu seiner Aussage über die gezielte Beeinflussungs- und Schädigungsmöglichkeit wachsender Zellverbände veranlaßt hatte. Gerade aber in dieser Lebensperiode gelten seitenungleiche Funktionen am Halte- und Bewegungssystem auch als mögliche Initialzeichen einer zentral gestörten neuromotorischen Entwicklung (Bobath, K. 1964; Bobath, B. 1976; Kressin 1971; Baumann 1975, 1976; Flehmig 1983; Vojta 1984). Das sollte dazu veranlassen, sie sorgfältig zu verfolgen (Prechtl u. Beintema 1968).

Die Erfahrungen einiger unabhängig voneinander tätiger Untersucher ließen vor gut 20 Jahren den Begriff der Schräglagedeformität entstehen (Beckmann 1963a,b; Gladel 1963; Lübbe 1963b; Mau 1963). An der sich daran entzündenden Diskussion über die Zweckmäßigkeit von Rücken- oder Bauchlage von Säuglingen (Spitzy u. Lange 1930; Lindemann 1958; Erlacher 1959; Hempel 1965; Mau 1965, 1969a; Reisetbauer 1968, 1971; Gleiss 1969; Müller, H. 1970, 1971, 1972; Bösch 1972, 1977; Reisetbauer u. Czermak 1972; Schulze, K.J. et al. 1972; Walch et al. 1972; Huber 1973; Lesigang u. Asperger 1974; Lübbe 1974; Bernbeck 1976; Siguda 1976; Gladel 1978; Stotz 1978; Javurek 1979; Aly 1985;

Pikler 1985) wurde die Funktions-Gestalt-Beziehung am kindlichen Skelett einer breiten ärztlichen Öffentlichkeit bewußt. Folgerichtig knüpften sich daran Überlegungen, die der Notwendigkeit therapeutischer Maßnahmen galten, welche die Funktion üben und damit lenken, um so Einfluß auf die Gestalt des Halte- und Bewegungssystems nehmen zu können (Kallabis 1964; Bernbeck 1976; Lübbe 1977; Rüppel et al. 1977a,b; Beyeler 1977; Bernbeck u. Dahmen 1983; Hoehne 1985; Aly 1985). Allerdings ist mittels der „Funktion nur eine begrenzte Modifizierung der durch innere Wachstumsgesetze festgelegten Entwicklungsrichtungen möglich ..." (Lippert 1966).

Den Orthopäden und den Pädiater interessieren am Halte- und Bewegungssystem Übergänge von funktionellen zu morphologisch fixierten Asymmetrien vorrangig an Wirbelsäule und Becken, weil diese in definierte, behandlungsbedürftige Krankheitsbilder überleiten. Dem gleichen Übergangsvorgang am Schädel kommt keine nosologische Potenz zu, wohl aber allgemeine Aufmerksamkeit.

2.3.6.1 Säuglingsskoliose

Der Begriff Skoliose steht für eine fixierte, mit Wirbelrotation verbundene seitliche Verkrümmung der Wirbelsäule (Jaster et al. 1984). Diese scheinbar eindeutige Beschreibung darf nicht darüber hinwegtäuschen, daß kaum ein anderes Krankheisbild durch „unscharfe Definitionen und vage Abgrenzungen" (Mau 1982) mit derart vielen Unsicherheiten verbunden ist.

Skoliose bedeutet mehr als den Verkrümmungszustand der menschlichen Wirbelsäule. Sie ist ein vordergründig die Wirbelsäule betreffendes Allgemeingeschehen mit individuell unterschiedlicher Ausprägungs- und Entwicklungspotenz. Sie kann nach Chlumsky (1924) nicht als ausschließlich menschentypisch gelten: er beobachtete sie bei Gänsen und Hühnern. Nach Lettow (1965) dürften Skoliosen bei Tieren jedoch selten sein. Heute gebräuchliche Einteilungsprinzipien der Skolioseformen verbinden ätiologische mit pathogenetischen Gegebenheiten (Kazmin et al. 1978; Mau u. Gabe 1981; Mau 1982; Jaster et al. 1984; Jaster 1986). Üblich ist eine Differenzierung in funktionelle und strukturelle Skolioseformen mit morphologisch faßbaren Begleit- und Folgeerscheinungen (Mau 1982; Jaster et al. 1984).

Funktionelle Skoliose bedeutet mobile, nichtfixierte, korrigierbare seitliche Wirbelsäulenfehlhaltung. Strukturelle Skoliose dagegen stellt eine fixierte, nichtkorrigierbare seitliche Wirbelsäulenverkrümmung (Dittmar 1931) dar, bei der Rotation (Cobb 1960; Schulze 1983) und Torsion (Reijs 1922; Heuer 1930; Roaf 1966; Jentschura 1958a; Mau 1971a; Delov 1974; Belenkij 1977) des Einzelwirbels und des gesamten Achsenorgans für die Rumpfumgestaltung bedeutungsvoll werden. Fließende Übergänge von funktionellen zu strukturellen Skoliosen sind möglich. Wesentliche Kennzeichnung erfährt die strukturelle Skoliose durch den Begriff des ‚Schiefwuchses', der auf Schede (1967a) zurückgeht und die Auswirkung dieses Krankheitsgeschehens auf den gesamten Organismus andeutet (Mau 1982).

Strukturelle Skolioseformen werden gegliedert in sog. idiopathische und in verschiedene Arten symptomatischer Skoliosen. Letztere lassen sich an der im pathogenetischen Zusammenhang führenden geweblichen Struktur unterscheiden. Daraus ergibt sich eine Klassifizierung in neuropathisch, myopathisch, osteopathisch und desmogen entstandene Formen.

Rund 90% aller Skoliosen gelten als idiopathisch. Üblich ist eine Einteilung nach Erkrankungsbeginn: Idiopathische Skoliosen heißen infantil beim Auftreten während der ersten 3 Lebensjahre, juvenil bei Beginn zwischen 4. und 9. Lebensjahr und Adoleszentenskoliose bei Beginn nach dem 10. Lebensjahr (James 1951, 1954, 1976; Tolo u. Gillespie 1978).

Nach zahlreichen vergeblichen Versuchen, ein einheitliches ätiologisches Moment für diesen potentiell progredienten Verkrümmungsvorgang der Wirbelsäule herauszuarbeiten, findet heute die Auffassung einer multifaktoriellen Entstehung allgemeine Anerkennung (Port 1914, 1928; Pusch 1933; Jentschura 1956b; Lindemann 1958; Risser 1964; Scheier 1967, 1975; James 1969, 1970; Mowschowitsch 1971; Pietrogrande 1971; Wynne-Davis 1975; Kitzinger 1978; Fiščenko 1984). Trotzdem sprechen Beobachtungen dafür, im Einzelfall führende Faktoren bestimmen zu können.

Familien- und Zwillingsuntersuchungen machen hereditäre Zusammenhänge wahrscheinlich (Aschner u. Engelmann 1928; Faber 1936; Kühne 1936; Berquet 1966; Wynne-Davis 1968, 1969; Abalmassova et al. 1970; Mac Ewen u. Cowell 1970; Meinecke 1971, 1972; Riseborough u. Wynne-Davis 1973; Hopper u. Lovell 1977; Mau 1979; Rompe 1980; Benson 1983).

Hormonelle Steuerung von Skolioseausprägung und -progredienz wird seit langem diskutiert, ist aber als Verallgemeinerung nicht zulässig (Edelmann u. Gupta 1974; Neugebauer 1976; Willner u. Johnell 1981).

Die früher postulierte, heute verlassene Vorstellung (Mau 1982) einer rachitischen Genese (Spitzy 1905; Engelmann 1914; Haglund 1923; Schede 1928, 1932, 1954; Rabl 1929; Spitzy u. Lange 1930; Lindemann 1952) lenkte die Aufmerksamkeit auf eine mechanische Belastbarkeitsminderung kollagener Substanzen im Wachstumsschub infolge von Stoffwechselstörungen. Untersuchungen in dieser Richtung erbrachten widersprüchliche Ergebnisse ohne Nachweis charakteristischer biochemischer Störmuster (Enneking u. Harrington 1969; James 1970; Böhmer u. Nolte 1972; Ponseti et al. 1972; Vogralik u. Čopovskij 1975; Grünberg 1976; Uden et al. 1980).

Immer wieder wird versucht, ein muskuläres Auslösemoment der Skoliose nachzuweisen (u.a. Lindahl u. Raeder 1962; Schmitt 1983). Elektromyographisch faßbare Aktivitätsunterschiede konvex- und konkavseitiger Muskulatur gelten jedoch, ebenso wie Aktivitätsunterschiede an der Bauchmuskulatur, weniger als Ursache, sondern eher als Folge der Wirbelsäulenverkrümmung (Bayer 1958; Friedebold 1958; Hertle u. Jentschura 1958; Böhmer u. Nolte 1972; Henssge 1965; Zuk 1965; Enneking u. Harrington 1969; Dickson 1983). Eine Besonderheit schildern Ackermann u. Runge (1971), wenn sie als Folge eines einseitig angeborenen Bauchmuskeldefektes Skolioseentwicklung beschreiben. Harrenstein (1932) gab ähnliches für einseitige, angeborene Zwerchfellähmung an. Zentralnervöse Störungen werden ebenfalls als Skolioseursache diskutiert (Debrunner, H. 1927; Farkas 1927, 1954; Alexander et al. 1972; Nordwall 1973; Schulze 1977; Alekseeva u. Černuchin 1978; Asaka et al. 1978; Trontelj et al. 1979; Ratner u. Pristupljuk 1984; Niethard 1986).

Seit rund 50 Jahren nimmt die Skoliose im Säuglingsalter eine Sonderstellung ein (Bauer, F. 1929; Mau u. Gabe 1981). Dafür gibt es zwei Gründe: In der Mehrzahl der Fälle gilt die Säuglingsskoliose als Prototyp nicht struktureller, also funktioneller Skolioseformen. Dieses Störungsbild entsteht zu einer Zeit ausgeprägter „passiver Verformbarkeit des noch plastischen Skeletts" (Mau u. Gabe 1981). Zum zweiten existiert keine einheitliche Meinung darüber, ob die Säuglingsskoliose einen üblichen Beginn späterer idiopathischr Skolioseformen darstellt (Harrenstein 1930; Radochay u. Radochay 1961; Lübbe 1967, 1970), gelegentlich in solche Skolioseformen übergehen kann (Browne 1956; Schede 1958; Idelberger 1959; Mattner 1961; Lettow 1965; Mau 1968; Bösch 1972; Beckmann 1973; Meznik u. Pflüger 1974; Bjerkreim 1977; Rompe u. Nitsch 1977; Figueiredo u. James 1981) oder nichts mit diesen späteren Skoliosen zu tun hat (Löwe 1967; Schulze et al. 1972).

Eine Betrachtung der Säuglingsskoliose ohne Berücksichtigung der Arbeiten von Mau (1963, 1965, 1968, 1969a-c, 1971a,b, 1975, 1977, 1979, 1981, 1982) sowie von Mau u. Gabe (1981) ist unmöglich. Das von beiden Autoren erarbeitete Klassifikationsschema umfaßt und ordnet sehr unterschiedlich gebrauchte Erkrankungsbezeichnungen.

Drei Formen frühkindlicher idiopathischer Skoliosen sollten unterschieden werden: als erste die der kongenitalen seitlichen Wirbelsäulenfehlstellung, im angloamerikanischen Sprachgebrauch als ‚congenital postural scoliosis' bezeichnet (Browne 1956, 1965; Scott 1956; Lloyd-Roberts u. Pilcher 1965). Angeblich kommt diese Fehlstellung über Druckeinwirkungen in utero zustande (Browne 1956, 1965).

Die zweite Gruppe bilden sog. ‚Schräglageskoliosen', die sich aus einer schräg-dorsalen Gewohnheitshaltung von Säuglingen entwickeln können (Bauer, F. 1929; Jentschura 1956a,b; Bobath u. Bobath 1964) und fast gesetzmäßig mit Verformungen am Becken, am Brustkorb und am Schädel verbunden sind (Beckmann 1963a,b; Gladel 1963, 1969; Lübbe 1963a). Diese Skolioseform deckt sich mit der ‚resolving scoliosis' der angloamerikanischen Autoren (James 1951; James et al. 1959) fast ebenso wie mit dem Begriff des ‚moulded babysyndrom' (Lloyd-Roberts u. Pilcher 1965), obwohl James (1970) einen Zusammenhang zwischen Gewohnheitshaltung eines Säuglings und Skolioseentwicklung ablehnt.

Die dritte Gruppe umfaßt Skoliosen, die als echte progrediente idiopathische infantile Formen gelten müssen. Ihre Progredienz verläuft, individuell unterschiedlich, mehr oder weniger stark ausgeprägt, weswegen Mau u. Gabe (1981) maligne von benignen Verlaufsformen trennen.

Der Vollständigkeit halber seien die von Mau u. Gabe (1981) aufgezählten Skoliosearten genannt, die differentialdiagnostische Bedeutung besitzen: strukturelle kongenitale Skoliosen auf der Basis von Wirbelmißbildungen, Lähmungsskoliosen, Skoliosen bei Systemerkrankungen und symptomatische Skoliosen.

Diese Klassifizierung von Säuglingsskoliosen mag kompliziert anmuten, stellt jedoch eine gebrauchsfähige Orientierungshilfe für die Einschätzung der Prognose und damit der Behandlungsnotwendigkeit dar. Allerdings folgen nicht alle Autoren diesen Einteilungsvorstellungen.

In unserem Zusammenhang interessiert die Säuglingsskoliose, auch die kongenitale seitliche Wirbelsäulenfehlstellung, im Hinblick auf eine mögliche Umwandlung in eine progrediente idiopathische infantile Skoliose, besonders hinsichtlich der Kriterien und des Zeitpunktes eines Umschlages.

Zur gleichen Zeit und anabhängig voneinander schilderten Gladel (1963), Lübbe (1963a,b), Mau (1963) und, mit Einschränkung, Beckmann (1963a,b) sehr ähnliche Asymmetriesyndrome, von Mau (1963) als Siebenersyndrom, von Lübbe (1963a,b, 1971) später als Schräglageschaden und von Gladel (1963) als Schräglagedeformität bezeichnet. Allen Beschreibern waren mit der Wirbelsäulenfehlhaltung zusammenhängende Asymmetrien des Schädels, des Brustkorbes und des Beckens aufgefallen.

Bereits vorher war und seitdem ist von Asymmetriebeobachtungen berichtet worden, die sich zwanglos in den Schräglageformenkreis einordnen lassen, ob es sich nun um die ‚Plagiozephalie' (Wynne-Davis 1968, 1975; Hay 1971; Watson 1971; Hopper u. Lovell 1977; Hooper 1980), um eine markante Thoraxdeformierung (Lübbe 1971) oder um eine Beckenasymmetrie (Kaiser 1958b; Komprda 1977) handelt. Dabei sind die Ansichten über das zeitliche Nacheinander der einzelnen Deformitäten und über ihre gegenseitige Bedingtheit uneinheitlich. Beckmann (1963a,b; 1973) und Baumann (1975) geben der lagerungsbedingten Schädelasymmetrie die Priorität, Gotzmann (1945) und Kaiser (1958b, 1961) hingegen messen der Beckenverformung führende Bedeutung bei. Lübbe (1963a, 1967, 1970, 1971) setzt die lagerungsausgelöste Thoraxumformung an den Anfang der Deformitätsentwicklung, eine Ansicht, die in bezug auf die Wirbelsäulenverkrümmung Gladel (1963, 1978) in ähnlicher Form vertritt.

Bei der Beschreibung seines Siebenersyndroms hatte Mau (1963) die für das Säuglingsalter charakteristische ungenügende „knöcherne Formsicherung" des Skeletts herausgearbeitet, das sich asymmetrischen Lagerungsbedingungen, asymmetrischer Motorik plastisch angleichen kann. Die von ihm im Skiosezusammenhang vermutete „Reifungsverzögerung des zentralen Nervensystems" (Mau 1963) wird heute interpretiert als Ausdruck einer zeitlich differenten Bewegungsentwicklung beider Körperhälften. Diese ist in engem Zusammenhang zu sehen mit einer Seitenbetonung extrapyramidalmotorischer Reflexe, hauptsächlich des asymmetrischen tonischen Nackenreflexes (Haike u. Schulze 1965; Krieghoff et al. 1969; Müller, H. 1971, 1972; Rauterberg u. Tönnis 1972, 1973; Baumann 1975, 1976, 1977; Buchmann 1979; Buchmann u. Bülow 1983).

Die Seitenbevorzugung einer Körperlage, sowohl bei normalen als auch bei entwicklungsgestörten Säuglingen seit langem bekannt und beschrieben (Schulthess 1905–1907, 1906; Weiss 1924, 1926; Bauer, F. 1929; Gesell 1950; Lindemann 1958; Bengert 1962; Lübbe 1963a; Rippstein 1967; Gladel 1969; Otte 1969; Bösch 1972; Rauterberg u. Tönnis 1973; Bobath, B. 1976; Feldkamp 1976; Bernbeck u. Dahmen 1983), ist keinesfalls als generelles Krankheitszeichen aufzufassen (Krause 1969). Gewöhnlich stellt sie die passagere Begleiterscheinung der früh einsetzenden Seitendifferenzierung menschlicher Feinmotorik dar. Vermutlich klärt sich so auch die hohe Rate von Spontanheilungen der in diesem Zusammenhang zu beobachtenden Skoliosen. Mit wachsender Beherrschung seiner Willkürmotorik lernt das Kleinkind, seine Körperhaltung und -stellung aktiv zu verändern. Es gleicht Einseitigkeiten in der Gravitationswirkung auf den

Körper aus, körperliche Entwicklungsasymmetrien können verschwinden (Krause 1969; Otte 1969; Gladel 1977).

Englische Autoren hatten als erste auf diese Spontanheilungstendenz von Säuglingsskoliosen hingewiesen (James 1951, 1954, 1970, 1976; Scott u. Morgan 1955; Scott 1956, 1959; James et al. 1959; Lloyd-Roberts u. Pilcher 1965), eine Beobachtung, welche inzwischen vielfältige Bestätigung fand (Mattner 1961; Walker 1965; Sommer 1968; Otte 1969; Siguda 1976; Baumgartner 1977; Scheier 1975; Mau 1977; Stotz 1977, 1978; Thompson u. Bentley 1980; Bernbeck u. Dahmen 1983). Allerdings sollte die hohe Selbstheilungstendenz nicht in Vergessenheit geraten lassen, daß echte Übergänge in progredient verlaufende Frühskoliosen beschrieben worden sind und zahlreiche Autoren Kausalzusammenhänge zwischen Säuglingsskoliose und Skoliosen des späteren Lebensalters annehmen (u.a. Lübbe 1967, 1970; Mau 1968; Bjerkreim 1977; Figueiredo u. James 1981).

Damit erhebt sich die Frage nach Kriterien der Prognoseeinschätzung einer Säuglingsskoliose. Die von Mehta (1972) propagierte Messung der Rippen-Neigungswinkel ist frühestens für das auslaufende Säuglingsalter geeignet (v. Andrian-Werburg 1977; Reichelt 1977; Dunoyer et al. 1979; Ceballus et al. 1980). Rüppell et al. (1977a, b) halten diese Methode bei der Säuglingsskoliose für ungeeignet. Deshalb wurde und wird versucht, Risikokriterien herauszuarbeiten (Cobb 1958; Conner 1969; Jörgens 1975; Mau 1977), die das frühzeitige Auffinden behandlungsbedürftiger Kinder zulassen (Schede 1954, 1967a; Sommer 1968; Schlegel 1971; Ferreira u. James 1972; Willner 1974; Prochorova 1975; Imhäuser u. Morscher 1976; Onimus u. Michel 1976; Hofmeier 1977; Mc Master u. Macnicol 1979; Schmelzer 1979).

2.3.6.2 Schräglagehüfte

Unbehandelt besteht für eine Luxationshüfte die Gefahr, aus dem Stadium der Dysplasie über das der Subluxation in das der Luxation zu verlaufen. Erst dann machen eindeutige klinische Befunde auf die Erkrankung aufmerksam: Beinverkürzung, Bewegungsbehinderung und Asymmetriezeichen in der Nachbarschaft des erkrankten Gelenkes.

Da Beinverkürzung und Bewegungsbehinderung erst spät auffällig werden, galten vor der Zeit allgemeiner Röntgendiagnostik Faltenasymmetrien als vermeintliches Hinweiszeichen auf das Vorliegen einer Luxationshüfte (Putti 1929; Hilgenreiner 1939).

In diesem Zusammenhang sind die Untersuchungen von Romich (1928) über die anatomischen Hintergründe der Glutealfalten zu verstehen. Er fand die anatomische Gesäßfalte gebildet von einem Faszienband, welches vom Kreuzbein aus quer über den unteren Teil des M. gluteaus maximus zieht. Die sichtbare Gesäßfalte entspricht dem medialen Anteil der anatomischen Glutealfalte. Romich (1928) sah die Faltenhöhe in Abhängigkeit von der Beinlänge und von der Hüftgelenksstellung in der Duktionsebene. Am aufrecht stehenden Kind und am Erwachsenen stellte er Faltensymmetrie nur im Ausnahmefall fest. Für Schneider (1960) liegt die Ursache asymmetrischer Glutealfalten in seitenunterschiedlicher Ursprungs-Ansatzbeziehung der Glutealmuskulatur. Für die Adduktorenfalten macht er den Grad der Femurrotation verantwortlich: Innenrotation verdeutlicht, Außenrotation verwischt diese Oberschenkelfalten. Seitendifferenzen ergäben sich durch unterschiedliche Torsionsgrade beider Femora. Für Klein (1965) sind asymmetrische Adduktorenfalten nicht muskelabhängig, sondern Ausdruck einer „nicht seitengleichen, subkutanen Bindegewebsasymmetrie". Bauer, F. (1935, 1936) wertet asymmetrische Adduktorenfalten in Zusammenhang mit der von ihm postulierten „fetalen Zwangshaltung" und der daraus ableitbaren Luxationshüfte als diagnostisches Hinweiszeichen, das allerdings nicht zwingend vorhanden sein müsse. Schon 1925 hatte Hilgenreiner vor einer diagnostischen Überbewertung von Faltenasymmetrien gewarnt.

Maneke (1961) unternahm Längsschnittuntersuchungen von Kindern und beurteilte die bunte Folge von wechselnden Symmetrie- und Asymmetriebefunden als „Augenblicks- und Übergangsbilder aus einem sich ständig wandelnden normalen Entwicklungsprozeß".

Reiter (1971) fand bei hüftgesunden Kindern Glutealfaltenasymmetrie in 14% der Fälle. Unter gleichen Bedingungen sah Komprda (1984) einen solchen Befund bei 54% der Fälle, dagegen bei 64% der Kinder mit dysplastischen Hüftgelenken. Nach Mau u. Michaelis (1983) zeigen rund 12% der hüftgesunden Neugeborenen Faltenasymmetrien, deren Häufigkeit während des 1. Trimenons noch zunähme. Ebenso wie Dörr (1966) und Anders (1982) messen sie diesem Befund nur geringe Bedeutung für die Diagnostik der Luxationshüfte zu. Keller (1975 a, b) allerdings hält die Faltenasymmetrie für ein Dysplasiezeichen.

Von Mau (1981) stammt die Interpretation der Faltenasymmetrie als „propagandistischem Zeichen", welches zwar vom Laien überbewertet würde, aber Anlaß zur Arztkonsultation gäbe.

Unabhängig voneinander beschrieben Beckmann (1963 a) und Gladel (1963) ebenfalls Glutealfaltenasymmetrien, jedoch unter anderem Aspekt. Beide faßten diese Asymmetrie auf als ein Symptom der Gewohnheitsschräglage von Säuglingen. Gladel (1963) prägte dafür die Bezeichnung Schräglagedeformität. Beckmann (1963 a) deutet die Asymmetrie als Höhertreten der Glutealfalte auf der Körperauflageseite, Gladel (1963) als Tiefertreten infolge Abflachung des Beckens auf der Gewohnheitslageseite. Mau u. Gabe (1981) meinen, diese Diskrepanz sei eine scheinbare und resultiere aus einer unterschiedlichen Betrachtungsweise: die isolierte Beobachtung des Beckens von dorsal-kaudal bei gebeugten Hüftgelenken zeige eine auf der Auflageseite tieferstehende Glutealfalte. Die Beckenuntersuchung in Bauchlage bei gestreckten Hüftgelenken ergäbe einen Beckenhochstand auf der Auflageseite und damit ein Höherstehen der Glutealfalte. Übrigens hat Mau (1963) die Beckenasymmetrie als Bestandteil seines Siebenersyndroms beschrieben.

Ein asymmetrisches Abduktionsverhalten beider Hüftgelenke gilt als weiteres Symptom der Schräglagehüfte. Die Mehrzahl der Autoren fand ein höheres Abduktionsvermögen auf der Körperauflageseite (Gladel 1963, 1982, 1983; Mau 1963, 1979; Lesigang 1971; Reisetbauer 1971; Komprda 1977). Bauer, F. (1935) und Gotzmann (1945) vertreten eine gegenteilige Meinung.

Die Bewertung einer Abduktionsasymmetrie war und ist uneinheitlich. Bauer, F. (1935; 1936) hält eine Abduktionshemmung für intrauterin entstanden und nicht nur für ein Symptom (Hilgenreiner 1925; Putti 1929), sondern für einen wesentlichen pathogenetischen Faktor der Luxationshüfte. Damit denkt er im Sinne von Francillon (1937), der den wechselseitig formativen Reiz von Hüftkopf und -pfanne heraustellte. Auch Büschelberger (1964) sieht in der Adduktionsstellung infolge mangelhafter Abduktion einen entscheidenden pathogenetischen Faktor der Luxationshüftenentstehung. Heute wird kaum noch bezweifelt, daß die Luxationshüfte Ausdruck einer endogenen Entwicklungsstörung ist, die in begrenztem Umfang von exogenen Einflüssen mitgestaltet wird (Jaster 1986).

Es ist fraglich, ob sich die Schräglagedeformität in das Bild der Luxationshüfte einfügen läßt. Zahlreiche Autoren sprechen sich für eine pathogenetisch einheitliche Betrachtung von Schräglage, Abduktionshemmung und Luxationshüfte aus (Mau 1963, 1979; Weissmann 1964; Lesigang 1971; Reisetbauer 1971; Reisetbauer u. Czermak 1972; Lesigang u. Schwägerl 1974; Komprda 1977; Gladel 1982; Aufschnaiter u. Frenkel 1986). Dagegen steht die Meinung von Sinios (1969), Bernbeck (1981), Manner u. Parsch (1981) sowie Palmen (1984), nach der die Schräglage das Vorliegen einer Luxationshüfte lediglich vortäuscht.

Unter solchen Bedingungen kommt der sicher reproduzierbaren Röntgenuntersuchung entscheidende Bedeutung zu. Schräglagerung des Beckens führt zu dessen asymmetrischer Röntgendarstellung, die praktisch einer Rotation entspricht. Auf der Auflageseite bilden sich die Darmbeinschaufel breiter, das Foramen obturatum kleiner ab. Auf der angehobenen Seite sind die Verhältnisse umgekehrt. Die Kreuzbeinspitze weicht entgegen der Drehrichtung von der Beckenmitte ab (Tönnis 1962; Crasselt 1964; Kressin 1964; Matles 1965; Hubenstorf 1966; Tönnis u. Brunken 1968; Ball 1979; Moll u. Leutheuser 1980).

Bei unkorrigierter Lagerung bildet sich die linke Darmbeinschaufel häufiger schmal ab als die rechte, was als vorrangige Beckendrehung nach rechts gedeutet wird und angeblich durch Lagerungskorrektur ausgleichbar sein soll (Tönnis 1962; Sinios 1969; Moll u. Leutheuser 1980; Palmen 1984). Von anderer Seite (Mau 1979; Komprda 1984) wird eingeräumt, daß nicht bei jedem Kind eine ausgeglichene Beckenlagerung gelingt. Crasselt (1964) machte die gleiche Beobachtung an Kinderleichen. Hooper (1980) vermutet deshalb, daß die Gewohnheitsschräglage von Säuglingen an deren Becken Veränderungen hervorruft, die denen am Schädel analog sind. Auf weitere Asymmetriemöglichkeiten weisen Edinger u. Biedermann (1957) hin, die eine seitenunterschiedliche Stellung in beiden Kreuz-Darmbeingelenken als Ursache für möglich halten. Batory (1982) postuliert für die Luxationshüfte nicht nur eine dysplastische Pfanne, sondern eine steile und mehr sagittal eingestellte Darmbeinschaufel, wodurch der Eindruck einer asymmetrischen Lagerung des Kindes entstünde. Glauner u. Marquart (1956) hingegen sehen die Beckenasymmetrie als Ausdruck eines „beim Säugling relativ häufigen Minderwuchses einer Beckenhälfte" an.

Einen Teil dieser Beobachtungen zusammenfassend, andere vorwegnehmend, kam Mau (1979) zu der Überzeugung, daß mit Hilfe der Röntgenuntersuchung eine sichere Abtrennung der Schräglagehüfte von der Hüftdysplasie nicht möglich sei.

2.3.6.3 Gesichts- und Schädelasymmetrie

„In der Ontogenese ändern sich mit zunehmender Körpergröße die Schädelproportionen" (Röhrs 1986). Die Änderungen verlaufen in den ersten Lebensmonaten am schnellsten (Brandt 1976) und in wesentlichen Zügen seitensymmetrisch. Im Laufe der Skelettentwicklung wird ein endgültiges Ausformungsstadium erreicht, welches für den Gesichtsschädel fast regelmäßig durch morphologische Seitendifferenzen gekennzeichnet ist. Diese stellen wesentliche Teile der Persönlichkeitsprägung jedes menschlichen Gesichtes dar (Liebreich 1908; Krauspe 1958; Dahan 1968; Lesigang u. Asperger 1974). Clara (1955) nennt sie eine „konstante und normale, für den Menschen bezeichnende Erscheinung", die „bei Europäern im Vergleich zu Asiaten und Negern wesentlich stärker ausgebildet" ist. Diese Ansicht teilt Karvé (1931) nicht. Sie sieht keine rassischen Unterschiede bei der Ausprägung von Seitenasymmetrien. Gerlach (1968) spricht in diesem Zusammenhang von „physiologischen Variationen der Symmetrie" des Menschen. Solche Asymmetrien finden sich bereits an Kunstwerken des klassischen Altertums (Hasse 1887), eine Tatsache, über deren ästhetische Einordnung vor 100 Jahren ein vielbeachteter Streit entbrannte (Henke 1886; Hasse 1887).

Gesichtsschädelasymmetrien werden seit Ende des vorigen Jahrhunderts in wissenschaftliche Überlegungen einbezogen (Gaupp 1909-1911b). Es fehlt nicht an Versuchen, die einzelnen Asymmetrieanteile zu klassifizieren und auf bestimmte Grundzüge zu reduzieren (Liebreich 1908; Walter 1929b; Karvé 1931; Busse 1936). Außerhalb wissenschaftlicher Überlegungen aber „erregt die Gesichtsasymmetrie als kollektive Erscheinung keine besondere Aufmerksamkeit" (Gerlach 1968).

Einheitliche Meinung herrscht darüber, daß Gesichtsschädelasymmetrien nur selten angeboren vorliegen. Wenn das der Fall ist, sind solche Asymmetrien Nebenerscheinungen gröberer Mißbildungen des gesamten Schädels (Gollmitz 1957).

Die ‚gewöhnlichen' Gesichtsasymmetrien entwickeln sich etwa ab 9. Lebensmonat, also mit Beginn der Vertikalisierung (Daubenspeck 1942). Das Ende dieses Individualisierungsprozesses ist frühestens mit dem Ende des Wachstums (Haike u. Wessels 1968), nach Loeschcke u. Weinnoldt (1922) viel später, zwischen 20. und 30. Lebensjahr, gegeben. Allerdings ist „die Grenze zwischen ‚normaler' und ‚pathologischer' Gesichtsasymmetrie ... nicht klar definierbar" (Bernau 1977), weil ein exaktes Maßsystem fehlt (Kraft et al. 1985).

Liebreich (1908) erarbeitete Schemata relativ gleichförmiger Rechts-Links-Prägung typischer Gesichtsmerkmale, die auch heute noch verwendungsfähig erscheinen. Dem widerspricht die Ansicht von G.H. Müller (1974), wonach die „unmittelbaren Gesichtsabmessungen keine nachweisbare Tendenz nach einer bestimmten Seite" zeigen.

Seit langem wird versucht, die für den muskulären Schiefhals charakteristischen Gesichtsasymmetrien in Analogie zu den ‚natürlichen' Asymmetrien zu setzen. Diese Gesichtsasymmetrien als Erscheinungsmerkmale des muskulären Schiefhalses waren Gegenstand zahlreicher Untersuchungen (Völcker 1902; Peters 1908; Bauer, A. 1913; Walter 1928, 1929a,b; Isigkeit 1931; Lange 1935; Francillon 1938; Kastendieck 1952; Coventry u. Harris 1959; Reske 1961b; Leuschner 1967; Imhäuser 1969; Hirschfelder et al. 1981; Steinbrück u. Rompe

1981). Ihr Verhalten nach Durchtrennung des M.sternocleidomastoideus wird uneinheitlich geschildert. Sie können sich zurückbilden, bestehenbleiben oder stärkere Ausprägung erfahren (Haike u. Wessels 1968; Koulalis 1969; Bernau 1977; Hirschfelder et al. 1981; Kraft et al. 1985). Ob dafür das Operationsalter bedeutungsvoll ist, findet keine einheitliche Beurteilung (Nussbaum 1926; Dennhardt u. Daum 1970; Bernau 1977; Canale et al. 1982; Kraft et al. 1985).

In der klassischen Vorstellung gilt seitenunterschiedlicher Muskelzug als Ursache seitendifferenter Gesichtsknochenentwicklung bei muskulärem Schiefhals (Joachimsthal 1905-1907; Aberle 1928; Lange 1935; Koulalis 1969; Hirschfelder et al. 1981). Parallel dazu wurden jedoch immer Erbfaktoren (Peters 1908; Isigkeit 1931; Francillon 1938), endogene Entwicklungsstörungen (Pooth 1939) und unphysiologische Druckeinwirkungen in utero (Völcker 1902; Kastendieck 1952; Leuschner 1967) als Entstehungsursachen für die Kontraktur des Kopfnickermuskels und für die Gesichtsasymmetrie diskutiert.

Als pathomechanisch wichtig stellte Walter (1929b) die Schrägstellung der Schädelbasis heraus. Darin sieht er den Auslösemechanismus für Asymmetrieentwicklungen am Schädel, seiner Meinung nach verursacht durch dessen gestörte Gleichgewichtslage (Walter 1928; 1929a,b). Die hierbei der Schädelbasis zugeordnete Bedeutung läßt sich bis auf R. Virchow (1857) zurückverfolgen. Die Ansicht Walters wird auch von Imhäuser (1969) und von Pitzen (1958), allerdings in modifizierter Form, vertreten.

Damit ergibt sich ein Übergang zu Gesichtsasymmetrien bei den verschiedenen Skolioseformen. Idelberger (1959) sowie Ceballos et al. (1980) verweisen auf mögliche Gesichtsskoliosen bei Säuglingsskoliose. Skoliosen des späteren Kindesalters, auch progrediente Formen, können, müssen aber nicht mit Gesichtsskoliose verbunden sein (Bauer, F. 1929; Pitzen 1958; Idelberger 1959; Rathke 1962).

Die Problematik asymmetrischer Entwicklung des Hirnschädels scheint weniger schwierig. Kongenitale Hirnschädelasymmetrie wird selten beobachtet (Weiss 1924, 1926; Bauer, F. 1931, 1936). Sie gilt als Ausdruck ungleichmäßiger Wirksamkeit von Druckkräften in utero (Bauer, F. 1936), eine Ansicht, die nicht unwidersprochen blieb (Weiss 1926; Gerlach 1968).

Abels (1927) leitet geringgradige Schädelasymmetrie im Neugeborenenalter aus der Geburtslage des Kindes in Beziehung zu einer von ihm postulierten Rechts-Torquierung des mütterlichen Uterus ab. Er sieht in diesen Asymmetrien den Grund für Lagebevorzugung von Säuglingen.

Wesentlich häufiger und durch zahlreiche Beobachtungsserien belegt ist die sekundäre Entwicklung einer Hirnschädelasymmetrie (Hopper u. Lovell 1977). Die Mehrzahl der Beobachtungen spricht dafür, daß diese Asymmetrieform Ausdruck und Folge einer seitenbevorzugenden Körperlage von Säuglingen darstellt (Jackson 1956; Jentschura 1956a; Svoboda 1956; Dietrich 1959; Thom 1961; Kluge 1963; Lübbe 1963a; Gutmann 1968; Robson 1968; Pilcher 1969; Hay 1971; Mau 1971a; Rauterberg u. Tönnis 1973).

Diese Schädelasymmetrie wird seit Gladel (1963) aufgefaßt als Parallelverschiebung der den Hirnschädel bildenden Knochen, ähnlich, wie sich ein Rechteck durch Parallelverschiebung von zwei Strecken zum Parallelogramm verschieben läßt. Beckmann (1963a) formulierte seine Auffassung dieses Vorganges in analoger Weise.

Solche Schieflagefolgen am Kopf besitzen offensichtlich intermediären Charakter. Hirnschädelasymmetrie verschwindet während der weiteren Entwicklung der Kinder weitgehend und spontan, und zwar im Zuge der Körperaufrichtung (Bauer, F. 1929; Beckmann 1963a; Bernbeck 1976). Damit steht sie im Gegensatz zur Schädelasymmetrie bei progredienter Skoliose, die gewöhnlich analog der Skolioseausprägung zuzunehmen pflegt (Joachimsthal 1905-1907; Haglund 1923; Bauer, F. 1929; Hirschfelder u. Hirschfelder 1983) und am Wachstumsende eine fixierte Schädelverformung darstellt.

Obwohl Gesichts- und Hirnschädelentwicklung nicht voneinander getrennt zu betrachten sind, wechselseitig über die Schädelbasis (Virchow, R. 1857; Beck 1928; Gerlach 1968) voneinander abhängen, gibt es keine einheitliche Meinung darüber, ob die ‚natürlichen' Asymmetrien beider Schädelanteile einander bedingen (Gerlach 1968), den Ausdruck einer gemeinsamen Ursache darstellen, wie sie extrem ausgeprägt beim fetalen Schiefhals anzutreffen ist (Batory 1984), oder zufällig nebeneinander bestehen.

Diese unterschiedlichen Anschauungen zusammenfassend läßt sich formulieren: Gesichtsschädelasymmetrien in ‚natürlicher' Ausprägung entwickeln sich aus ursprünglicher Symmetrie heraus allmählich und bleiben für das Leben bestehen (Güntz 1956). Hirnschädelasymmetrien in gleich-‚natürlichem' Ausmaß sind für die Entwicklungsperiode vor der Körperaufrichtung charakteristisch, um mit dieser gewöhnlich spontan zu verschwinden. Auf den Fließzustand zwischen ‚natürlichen' und ‚pathologischen' Asymmetrien wurde hingewiesen (Dahan 1968; Bernau 1977). Diese Feststellung hat Veranlassung gegeben, über mögliche gemeinsame Hintergründe bei Asymmetrien des Schädels nachzudenken, beispielsweise zwischen muskulärem Schiefhals und ‚normaler' Gesichtsskoliose (Francillon 1938; Pooth 1939) und zwischen Wirbelsäulenskoliose und ‚einfacher' Schädelasymmetrie (Pitzen 1958). Grundgedanke war dabei ein fiktives Auslösemoment mit unterschiedlich starker Asymmetrieausprägung im Individualfall. Ob dann Erbfaktoren (Peters 1908; Schreiner 1923; Isigkeit 1931; Benson 1963) oder Sekundäreinflüsse (Joachimsthal 1905-1907; Busse 1936; Idelberger 1959; Gerlach 1968) entscheidend sind bzw. beide Faktoren neben- und miteinander wirken (Liebreich 1908; Abels 1927), muß dahingestellt bleiben.

3 Aufgabenstellung

Die Grundaufgabe unserer Untersuchung ergibt sich aus der Notwendigkeit, für die frühe kindliche Entwicklungsperiode verbindliche Angaben zur Bewegungsfähigkeit der Wirbelsäule und der Hüftgelenke zu ermitteln, um sie für Untersuchungszeitpunkte zwischen Geburt und 18. Lebensmonat zu einem statistisch gesicherten Vertrauensbereich zusammenstellen zu können. Vergleichswerte dieses Umfangs existieren unseres Wissens bisher nicht.

Damit verbunden ist die Bestimmung von Referenz- und Beziehungspunkten auf im Alter von 4 Monaten angefertigten Röntgen-Beckenübersichtsaufnahmen. Wichtig dabei erscheint deren Einordnung in projektions- und stellungsbedingte Eigentümlichkeiten, die wir mit Hilfe von Modelluntersuchungen überschaubar zu machen suchten.

Einen weiteren Aufgabenabschnitt stellen Rechts-Links-Vergleiche der von uns ermittelten Kenndaten dar. Diese dienen dem Ziel, Ausmaß, Verteilungsverhältnisse und zeitliche Entwicklung funktioneller Seitendifferenzen aufzuzeichnen. Ein solcher Seitenvergleich wird auf morphologische Einzelheiten der Schädelausbildung und der Beckenkonfiguration ausgedehnt.

Die Gesamtheit der Untersuchungen orientiert sich an der Frage, ob ein statistisch zu sichernder innerer Zusammenhang zwischen einzelnen Asymmetrieausprägungen am Stütz- und Bewegungssystem besteht und ob sich dieser, wenn wahrscheinlich, dem allgemeinen menschlichen Lateralitätsprinzip zuordnen läßt. Daran anschließend erscheint uns wichtig, ob bestimmten asymmetrischen Verhaltensformen Prioritätscharakter für die Entwicklung anderer zuzusprechen ist.

Letztlich beabsichtigen wir, unter Zuhilfenahme möglicherweise vorhandener und von uns zu verdeutlichender Zusammenhänge Schlußfolgerungen für die Entwicklungsüberwachung von Säuglingen und Kleinkindern zu formulieren. Dieses Ziel bestimmte wesentlich den Untersuchungsgang und die Auswahl der in die Untersuchung einbezogenen Körperregionen und Funktionsbereiche: Unser Bestreben war, mit möglichst einfachen Mitteln, ohne apparativen Aufwand zu Ergebnissen zu gelangen, deren unkomplizierte Reproduktionsfähigkeit Grundvoraussetzung einer praktischen Nutzanwendung ist.

4 Material und Methodik

4.1 Untersuchungsgut

Alle in die Studie übernommenen Untersuchungsdaten stammen von Kindern, die während der Zeit vom 1. 1. 1983 bis zum 31. 5. 1984 in der Klinik für Geburtshilfe und Frauenheilkunde am Bereich Medizin der Wilhelm-Pieck-Universität Rostock geboren wurden. In dieser Klinik geborene Kinder werden einer allgemeinen orthopädischen Neugeborenenuntersuchung unterzogen. Für unsere Longitudinalstudie wählten wir alle die Kinder aus, deren Wohnsitz zum Einzugsgebiet einer im Stadtzentrum gelegenen Mütterberatungsstelle gehört. Damit erschien uns die Forderung nach Randomisierung des Untersuchungsgutes erfüllt.

Unter den geschilderten Bedingungen erfaßten wir 350 Kinder, deren körperliche und motorische Ausformung wir über jeweils 18 Monate verfolgten. Wir untersuchten diese Kinder nach einheitlichem Programm zu definierten Zeitpunkten und nach festgelegten Dokumentationsgrundsätzen.

4.2 Untersuchungszeitraum

Die Erstuntersuchung erfolgte während der Zeit vom 1. bis 4. Lebenstag in der Geburtsklinik. Wir untersuchten 40,9% der Kinder am ersten, je 23,1% am zweiten bzw. dritten und 12,9% am vierten Lebenstag.

Die für unsere Studie notwendigen Untersuchungsschritte wurden in das Programm der üblichen orthopädischen Neugeborenenuntersuchung eingebaut; einige sind obligater Bestandteil dieses Programms. Unserer Untersuchung war stets die des Neonatologen vorausgegangen.

Aus den Unterlagen der Geburtsklinik ermittelten wir an Daten:

Alter der Mutter zum Zeitpunkt der Geburt des untersuchten Kindes, Geburtslage des Kindes sowie die Rangfolge der Geburt, d.h. wieviele Geburten der des untersuchten Kindes vorausgegangen waren.

In Übereinstimmung mit dem gesetzlich geregelten Vorstellungsmodus der Mütterberatung sahen wir die Kinder unserer Studie im Alter von 1, 2 und 3 Monaten. Weitere Untersuchungen nahmen wir im Alter von 4, 9 und 18 Monaten vor.

4.3 Untersuchungsort

Die erste Untersuchung fand in Räumen der Geburtsklinik statt. Weitere Untersuchungen im Alter von 1, 2 und 3 Monaten erfolgten in den Räumen der Mütterberatungsstelle. Alle nachfolgenden Untersuchungen wurden in Räumen der Klinik für Orthopädie am Bereich Medizin der Wilhelm-Pieck-Universität Rostock vorgenommen.

4.4 Untersuchungsbedingungen

Die erste Untersuchung erfolgte immer in einem der Neugeborenenzimmer der Geburtsklinik. Konstante Raumtemperatur erlaubte ein völliges Entkleiden des Kindes. Aus organisatorischen Gründen wurden alle Kinder zwischen 8.00 und 9.00 Uhr untersucht, und zwar stets vom gleichen Untersucher.

Die Untersuchungen im Organisationsrahmen der Mütterberatung verliefen ebenfalls einheitlich. Die Kinder waren stets entkleidet. Unser Untersuchungsprogramm ging dem pädiatrischen voraus. Die Untersuchungsschritte wurden normiert nach Programmvorgabe des Untersuchungsbogens vollzogen. Tätig war jeweils nur einer der beiden Untersucher. Als Hilfspersonen wurden die Mütter der zu untersuchenden Kinder eingesetzt.

Die drei letzten Untersuchungen führten wir in einem Raum unserer Poliklinik durch. Dessen Größe erlaubte eine ungestörte Beobachtung des Fortbewegungsvermögens der Kinder. Diese konnten völlig entkleidet werden. An den Untersuchungen waren neben einer Physiotherapeutin als Hilfsperson immer beide Untersucher beteiligt.

Die Röntgen-Becken-Übersichtsaufnahme im Alter von 4 Monaten wurde im Anschluß an die klinische Untersuchung angefertigt.

4.5 Untersuchungsprogramm

Das Untersuchungsprogramm setzte sich zusammen aus einem Standardteil und aus Ergängzungsteilen, die altersgebunden angewandt wurden.

Das Standardprogramm beinhaltete die Prüfung der passiven Hüftgelenksbeweglichkeit, den Seitenvergleich der Glutealfalten, die Beurteilung der Hirnschädelform, die Beurteilung des Wirbelsäulenverlaufes sowie die Überprüfung der passiven Seitneigung in der oberen Halswirbelsäule. Die Abwicklung dieses Programmteiles erfolgte immer in der geschilderten Reihenfolge.

Altersspezifische Ergänzungsuntersuchungen betrafen die passive Seitneigung der gesamten Wirbelsäule, den Wirbelsäulenverlauf bei unterschiedlichen Körperlagen, die Röntgendarstellung des Beckens, den lokomotorischen Entwicklungsstand, die Händigkeit sowie die Gesichtsform (Tabelle 1).

Tabelle 1. Untersuchungsablauf

	1.-4. Lebenstag	1 Monat	2 Monate	3 Monate	4 Monate	9 Monate	18 Monate
Prüfung der passiven Hüftgelenksbeweglichkeit — Abduktion	O	O	O	O	O	O	O
Außenrotation	O	O	O	O	O	O	O
Innenrotation	O	O	O	O	O	O	O
Beurteilung der Hirnschädelform	O	O	O	O	O	O	O
Beurteilung des Wirbelsäulenverlaufes in passiver Vorbeuge		O	O	O	O	O	O
Beurteilung der passiven Seitneigung in der oberen Halswirbelsäule	O	O	O	O	O	O	O
Beurteilung der Glutealfalten		O	O	O	O	O	O
Beurteilung der passiven Seitneigung der gesamten Wirbelsäule						O	O
Beurteilung des Wirbelsäulenverlaufes im Vertikalhang				O			
Beurteilung des Wirbelsäulenverlaufes in gehaltener Horizontallage				O			
Röntgenuntersuchung des Beckens				O			
Beurteilung des lokomotorischen Entwicklungsstandes						O	O
Beurteilung der Händigkeit						O	O
Beurteilung der Gesichtsform				O	O	O	O

4.6 Befunddokumentation

Angaben zur Hüftgelenksbeweglichkeit machten wir entsprechend den Regeln der Neutral-Null-Durchgangsmethode (Mueller 1970; Debrunner 1971; Seyfarth et al. 1973; Seyfarth 1974; Meinecke 1975; Schmidt u. Jahn 1976), und zwar geschätzt in Stufen von 5 Grad.

Zur generellen Schätzung der Bewegungsausschläge entschlossen wir uns nach einer orientierenden Voruntersuchung an anderen Kindern: Beide Untersucher notierten die unabhängig voneinander durch Schätzen gewonnenen Hüftgelenksbewegungsmaße von 30 Säuglingen. Diese Werte wurden gemeinsam von beiden Untersuchern durch Messen mit dem Winkelmesser kontrolliert. Abweichungen vom geschätzten und gemessenen Wert blieben unter ±5 Grad. Kristen (1970) war mit einem größeren Untersucherkollektiv gleichfalls zu dem Ergebnis gekommen, daß bei Gelenkbewegungsprüfungen durch geübte Untersucher Messung und Schätzung gleichwertige Resultate erbringen.

4.7 Untersuchungsschritte

Nachfolgend schildern wir die technische Ausführung und die Dokumentation der einzelnen Untersuchungsschritte im Standardprogramm sowie in den altersspezifischen Ergänzungen.

4.7.1 Erstuntersuchung (1.–4. Lebenstag)

4.7.1.1 Prüfung der passiven Hüftgelenksabduktion

Ausführung: Das Kind liegt auf dem Rücken; der Kopf wird von einer Hilfsperson in Mittelstellung fixiert. Beide Beine des Kindes werden aus rechtwinkliger Hüft- und Kniegelenksbeugung heraus gleichzeitig abduziert (Abb. 1).
Dokumentation: Winkelgrade.

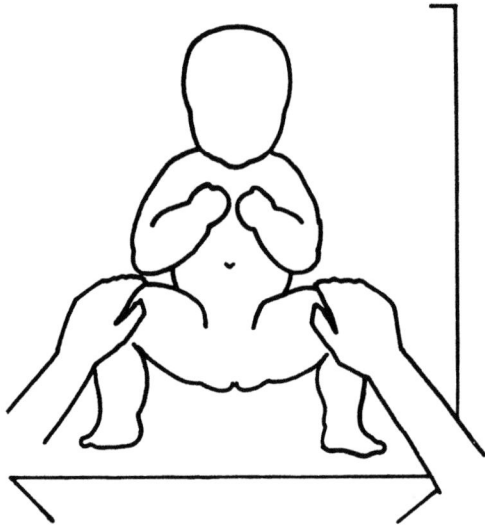

Abb. 1. Prüfung der passiven Hüftgelenksabduktion

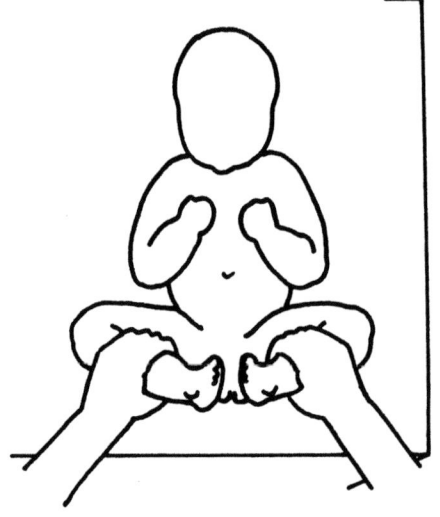

Abb. 2. Prüfung der passiven Hüftgelenksaußenrotation

4.7.1.2 Prüfung der passiven Hüftgelenksaußenrotation

Ausführung: Das Kind liegt auf dem Rücken; der Kopf wird von einer Hilfsperson in Mittelstellung fixiert. Beide Beine des Kindes werden aus rechtwinkliger Hüft- und Kniegelenksbeugung heraus um 45 Grad abduziert und aus dieser Stellung gleichzeitig nach außen rotiert (Abb. 2).
Dokumentation: Winkelgrade.

4.7.1.3 Prüfung der passiven Hüftgelenksinnenrotation

Ausführung: Das Kind liegt auf dem Rücken; der Kopf wird von einer Hilfsperson in Mittelstellung fixiert. Beide Beine des Kindes werden aus rechtwinkliger Hüft- und Kniegelenksbeugung heraus gleichzeitig nach innen rotiert (Abb. 3).
Dokumentation: Winkelgrade.

4.7.1.4 Beurteilung der Hirnschädelform

Ausführung: Das Kind liegt auf dem Bauch. Die Untersuchung erfolgt inspektorisch und palpatorisch. Anschließend fixiert der Untersucher das Kind in passiver Sitzhaltung und betrachtet den Kopf von kranial.
Dokumentation: Symmetrie beider Schädelhälften oder Angabe einer einseitigen dorsalen Abflachung.

4.7.1.5 Beurteilung des Wirbelsäulenverlaufes in passiver Vorbeuge

Ausführung: Das Kind wird so an die Bankkante gesetzt und fixiert, daß beide Unterschenkel herabhängen. Der Untersucher beugt den Rumpf des Kindes pas-

Abb. 3. Prüfung der passiven Hüftgelenksinnenrotation

siv nach vorn und beurteilt den Wirbelsäulenverlauf durch Blick von vorn-kranial her tangential über den Rücken (Abb. 4).

Dokumentation: Gerader Wirbelsäulenverlauf oder Rechts- bzw. Linkskonvexität.

4.7.1.6 Prüfung der passiven Seitneige in der oberen Halswirbelsäule

Ausführung: Das Kind liegt mit dem Kopf zum Untersucher auf dem Rücken. Eine Hilfsperson fixiert die gebeugten Arme und Beine des Kindes an dessen Rumpf. Von kranial her umfaßt der Untersucher dessen Kopf von beiden Seiten

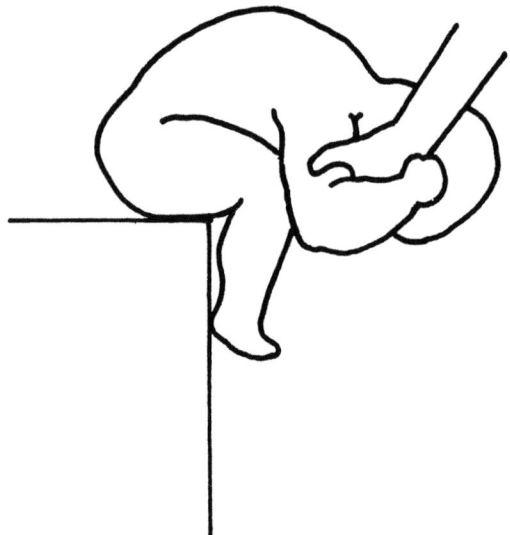

Abb. 4. Beurteilung des Wirbelsäulenverlaufes in passiver Vorbeuge

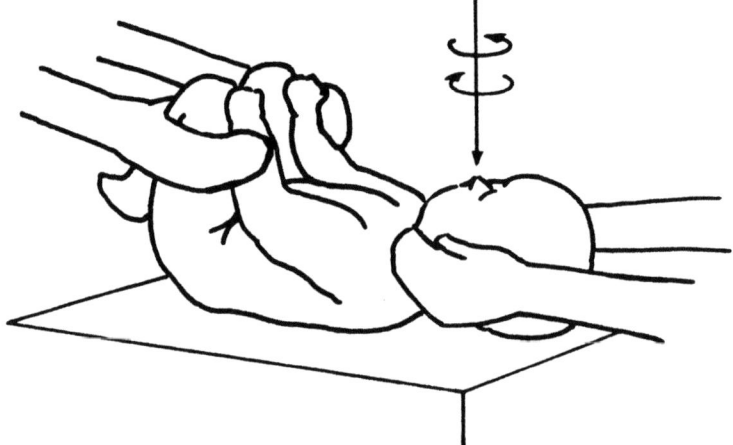

Abb. 5. Prüfung der passiven Seitneigung in der oberen Halswirbelsäule

und neigt ihn um eine durch die Nasenspitze gedachte sagittale Achse (Abb. 5).

Dokumentation: Symmetrische oder nach rechts bzw. links eingeschränkte Seitneigung.

4.7.2 Zweite Untersuchung im Alter von 1 Monat

(4.7.2.1–4.7.2.6: Das Standardprogramm entspricht dem der Erstuntersuchung. Es kommt hinzu die Beurteilung der Glutealfalten.)

4.7.2.7 Beurteilung der Glutealfalten

Ausführung: Das Kind liegt auf dem Bauch; der Kopf wird von einer Hilfsperson in Mittelstellung fixiert. Der Untersucher streckt beide Beine des Kindes passiv und hält sie in dieser Stellung (Abb. 6).

Dokumentation: Symmetrie oder Angabe der Seite mit höherstehender Falte.

4.7.3 Dritte Untersuchung im Alter von 2 Monaten

(4.7.3.1–4.7.3.7: Die Untersuchung entspricht in allen Schritten der zweiten Untersuchung im Alter von 1 Monat.)

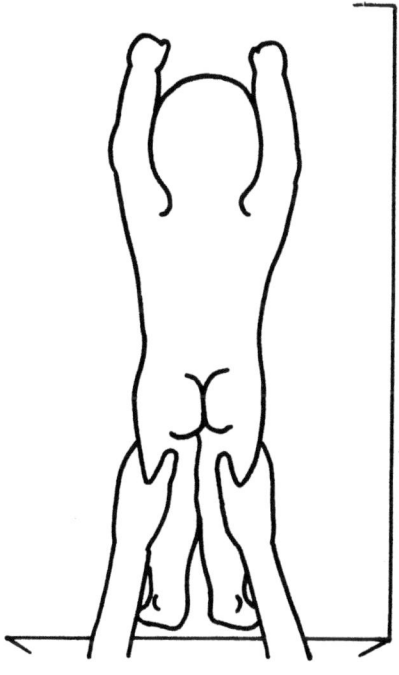

Abb. 6. Beurteilung der Glutealfalten

4.7.4 Vierte Untersuchung im Alter von 3 Monaten

(4.7.4.1–4.7.4.7: Die Untersuchung entspricht in allen Schritten der zweiten Untersuchung im Alter von 1 Monat. Hinzu kommt die Beurteilung der Gesichtsform.)

4.7.4.8 Beurteilung der Gesichtsform

Ausführung: Verlauf der queren Augenachse und der Mundachse sowie deren Beziehung zueinander werden von vorn am vertikal gehaltenen Kind sowie von kranial am mit dem Kopf zum Untersucher hin auf dem Rücken liegenden Kind beurteilt.
Dokumentation: Gesicht symmetrisch oder rechts- bzw. linkskonvex.

4.7.5 Fünfte Untersuchung im Alter von 4 Monaten

(4.7.5.1–4.7.5.4: Die Untersuchung entspricht in allen Schritten der zweiten Untersuchung im Alter von 1 Monat. Eine Änderung ist notwendig bei der technischen Ausführung für die Beurteilung des Wirbelsäulenverlaufes in passiver Vorbeuge.)

4.7.5.5 Beurteilung des Wirbelsäulenverlaufes in passiver Vorbeuge

Ausführung: Das Kind wird so an die Bankkante gesetzt, daß beide Unterschenkel herabhängen. Eine Hilfsperson fixiert es in dieser Position, wobei sie die Unterschenkel fassen muß. Der Untersucher beugt den Rumpf des Kindes passiv nach vorn und beurteilt den Wirbelsäulenverlauf durch Blick von vorn-kranial her tangential über den Rücken.
Dokumentation: Gerader Wirbelsäulenverlauf oder Rechts- bzw. Linkskonvexität.

(4.7.5.6–4.7.5.7: Die Untersuchung entspricht in allen Schritten der zweiten Untersuchung im Alter von 1 Monat. Zusätzlich werden die unter 4.7.5.8–4.7.5.12 beschriebenen Untersuchungen ausgeführt.)

4.7.5.8 Prüfung der passiven Seitneigung der gesamten Wirbelsäule

Ausführung: Das Kind liegt mit vom Untersucher fixiertem Becken auf dem Bauch. Eine Hilfsperson neigt dessen Rumpf nacheinander nach rechts und links. Dabei wird der Kopf in Mittelstellung zwischen den gestrecken Armen gehalten (Abb. 7).
Dokumentation: Symmetrische oder nach rechts bzw. links eingeschränkte Seitneigung.

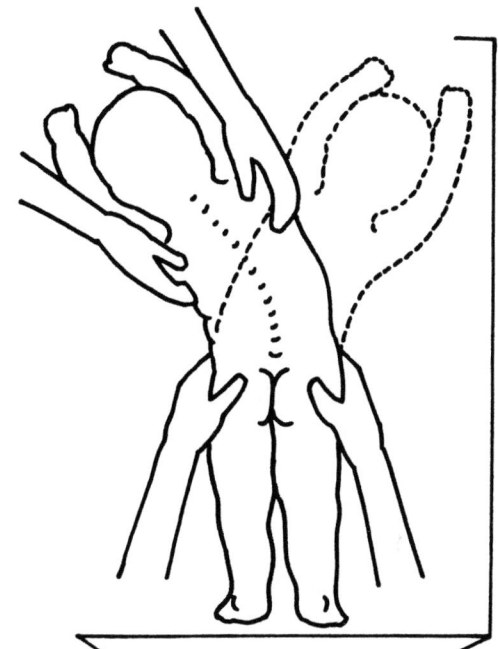

Abb. 7. Prüfung der passiven Seitneigung der gesamten Wirbelsäule

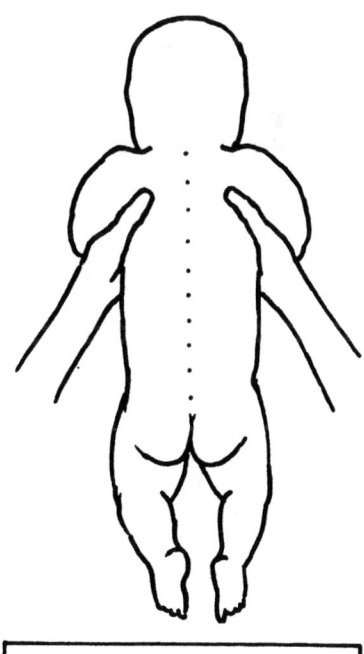

Abb. 8. Beurteilung des Wirbelsäulenverlaufes im Vertikalhang

4.7.5.9 Beurteilung des Wirbelsäulenverlaufes im Vertikalhang

Ausführung: Das Kind wird unter den Achseln gefaßt und mit dem Rücken zum Untersucher hin frei vertikal hängend gehalten (Abb. 8).
Dokumentation: Gerader Wirbelsäulenverlauf oder Rechts- bzw. Linkskonvexität.

4.7.5.10 Beurteilung des Wirbelsäulenverlaufes in gehaltener Horizontallage

Ausführung: Das Kind wird am Rumpf gefaßt, wobei es dem Untersucher den Rücken zuwendet. Es wird nacheinander mit dem Kopf nach rechts und links in Horizontallage gebracht (Abb. 9).
Dokumentation: Getrennt für Horizontallage nach rechts und nach links. Gerader Wirbelsäulenverlauf oder Rechts- bzw. Linkskonvexität.

4.7.5.11 Röntgenuntersuchung des Beckens im anterior-posterioren Strahlengang

Ausführung: Das Becken des zu untersuchenden, auf dem Rücken liegenden Kindes wird in einer Schaumstoffliegeschale fixiert. Beide Hüftgelenke sind um 10 Grad gebeugt; die Kniescheiben zeigen nach vorn.
Beurteilungskriterien: Eine Zusammenfassung bietet Abb. 10.

Symphysensitzbeinwinkel nach Tönnis (1968)
Dieser Winkel ergibt sich, wenn beiderseits der zur Beckenöffnung am weitesten prominente Punkt des Schambeines in Symphysennähe mit dem zur Beckenöffnung am weitesten prominenten Punkt des Sitzbeines verbunden wird.

Drehungsindex nach Tönnis (1968)
Auf beiden Seiten wird in der Mitte des aufsteigenden Schambeinastes der Querdurchmesser des Foramen oburatum gemessen. Der Drehungsindex ergibt sich, indem der rechte quere Foramendurchmesser durch den linken dividiert wird.

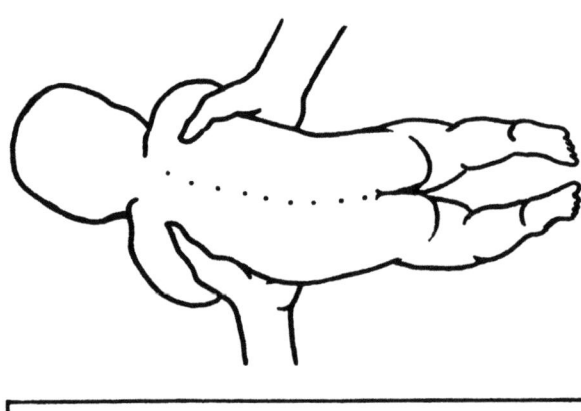

Abb. 9. Beurteilung des Wirbelsäulenverlaufes in gehaltener Horizontallage

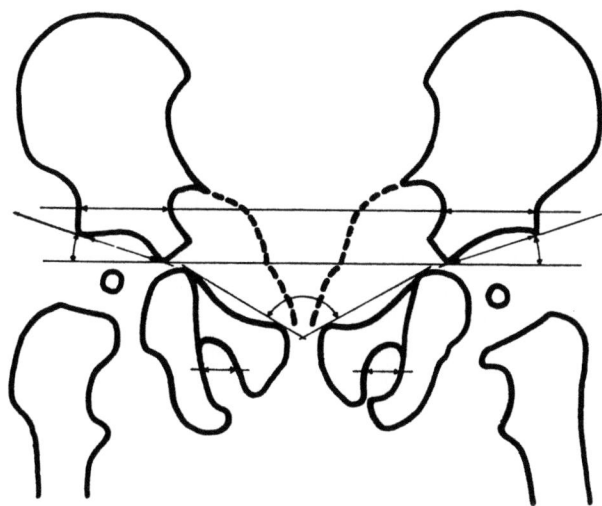

Abb. 10. Hilfslinien zur Beckenübersichtsaufnahme

Darmbeinindex
Beide Y-Fugen werden durch eine horizontale Linie verbunden (Hilgenreiner 1925). Parallel zu dieser Linie verläuft eine zweite Hilfslinie, und zwar 10 mm oberhalb der kranialen Begrenzung der Y-Fugen. Die Darmbeinbreite wird beiderseits in Höhe dieser Linie gemessen. Der Darmbeinindex ergibt sich durch Division der Darmbeinbreite rechts durch die Darmbeinbreite links.

Projektion des Kreuzbeines
Das Kreuzbein wird in Beziehung zur Symphyse als symmetrisch oder als nach rechts bzw. links projiziert gekennzeichnet.

Pfannendachneigungswinkel nach Hilgenreiner (1925)
Bestimmt wird beiderseits der Winkel, welcher sich zwischen einer horizontalen Hilfslinie durch beide Y-Fugen (Hilgenreiner-Linie) und der Tangente am Pfannendach ergibt.

Pfannendachlänge
Die Pfannendachlänge umfaßt die Strecke vom Schnittpunkt der Pfannendachtangente mit der Hilgenreiner-Linie bis zum Pfannenerker bzw. bis zu dem am weitesten lateral gelegenen Punkt des Pfannendaches.

4.7.5.12 Beurteilung der Gesichtsform

Ausführung und Dokumentation entsprechen der vierten Untersuchung im Alter von 3 Monaten.

4.7.6 Sechste Untersuchung im Alter von 9 Monaten

4.7.6.1 Prüfung der passiven Hüftgelenksabduktion
Ausführung und Dokumentation entsprechen der Erstuntersuchung.

4.7.6.2 Prüfung der passiven Hüftgelenksaußenrotation
Ausführung: In diesem Alter erlaubt die Unterschenkellänge eine gleichzeitige Prüfung beider Hüftgelenke nicht mehr. Bei zur Erstuntersuchung unveränderter Ausgangsposition werden daher beide Seiten nacheinander untersucht. Das Bein der nichtuntersuchten Seite wird in Streckstellung fixiert.
Dokumentation: Winkelgrade.

4.7.6.3 Prüfung der passiven Hüftgelenksinnenrotation
Ausführung und Dokumentation entsprechen der Erstuntersuchung.

4.7.6.4 Beurteilung der Hirnschädelform
Ausführung und Dokumentation entsprechen der Erstuntersuchung.

4.7.6.5 Beurteilung des Wirbelsäulenverlaufes in passiver Vorbeuge
Ausführung und Dokumentation entsprechen der fünften Untersuchung im Alter von 4 Monaten.

4.7.6.6 Prüfung der passiven Seitneigung in der oberen Halswirbelsäule
Ausführung und Dokumentation entsprechen der Erstuntersuchung.

4.7.6.7 Beurteilung der Glutealfalten
Ausführung und Dokumentation entsprechen der zweiten Untersuchung im Alter von 1 Monat.

4.7.6.8 Prüfung der passiven Seitneigung der gesamten Wirbelsäule
Ausführung und Dokumentation entsprechen der fünften Untersuchung im Alter von 4 Monaten.
 Die unter den Endziffern ... 9–11 beschriebenen Untersuchungen entfallen im weiteren Programm.

4.7.6.12 Beurteilung des lokomotorischen Entwicklungsstandes
Ausführung: Die Mutter wird über die aktuellen Fortbewegungsmöglichkeiten ihres Kindes befragt. Es erfolgt eine praktische Überprüfung dieser Angaben.
Dokumentation: Robben; Krabbeln; Stehen mit Festhalten; freies Gehen.

4.7.6.13 Beurteilung der Händigkeit

Ausführung: Die Mutter wird befragt, ob ihr Kind eine Hand als Greifhand bevorzugt. Eine weitere Frage gilt Lutschgewohnheiten des Kindes.
 Dokumentation: Greift beidhändig oder rechts bzw. links; lutscht nicht an der Hand oder rechts bzw. links.

4.7.6.14 Beurteilung der Gesichtsform

Ausführung und Dokumentation entsprechen der vierten Untersuchung im Alter von 3 Monaten.

4.7.7 Siebente Untersuchung im Alter von 18 Monaten (Abschlußuntersuchung)

(4.7.7.1–4.7.7.14: Die Untersuchung entspricht in allen Schritten der sechsten Untersuchung im Alter von 9 Monaten.)

4.8 Modelluntersuchungen zur röntenologischen Beckenprojektion

Einige Asymmetriephänomene bei der Röntgendarstellung von Säuglingsbecken unterliegen unterschiedlichen Deutungen. Um zu eigenen Vorstellungen zu kommen, unternahmen wir Modellversuche. Dazu präparierten wir das knöcherne Becken einer 3 Monate alten weiblichen Leiche und fixierten es in definierten Positionen auf einer von uns gefertigten Lochplatte mit Perlonzügeln.
 Diese Positionen waren durch die folgenden Einzelheiten charakterisiert: In der Position A lagerten wir das Beckenpräparat exakt symmetrisch und stellten den Symphysen-Sitzbeinwinkel auf 120 Grad ein. Die mit diesem Winkel erreichte Beckenkippung wurde bei allen weiteren Positionen unverändert beibehalten. In Position B 1 drehten wir das Becken als Ganzes um 10 Grad, in Position B 2 um 20 Grad nach rechts. Dementsprechend steht Position C 1 für eine Gesamtdrehung des Beckens um 10 Grad, Position C 2 um 20 Grad nach links.
 In Anlehnung an eine von Fick (1910) angegebene Versuchsanordnung schoben wir bei Position D 1 einen Kirschner-Draht in der Frontalebene von lateral her durch das rechte Iliosakralgelenk hindurch bis in die Mitte des Kreuzbeines vor. Damit ermöglichten wir eine auf das linke Iliosakralgelenk beschränkte Stellungsänderung im Beckenring. Diese Stellungsänderung nahmen wir in Form einer Medialkippung der linken Darmbeinschaufel um 10 Grad vor. Position D 2 kennzeichnet eine analoge Situation für das rechte Iliosakralgelenk.

4.9 Bearbeitung und rechnerische Auswertung der Untersuchungsdaten

Für jedes in die Studie aufgenommene Kind legten wir bei der ersten Untersuchung einen Protokollbogen an. Auf diesem wurden anamnestische Angaben sowie die Untersuchungsbefunde aller Kontrollvorstellungen festgehalten. Einen zweiten Protokollbogen benutzten wir für die Daten der röntgenologischen Bekkenuntersuchung. Nach Abschluß der Untersuchungsreihe übertrugen wir die Einzelergebnisse, insgesamt 47 250 Angaben, handschriftlich auf Erfassungsbögen, die wir für unsere Aufgabenstellung erarbeitet hatten. Das Speichern der Daten auf Lochkarten und deren maschinelle Auswertung übernahm die Abteilung für Medizinische Dokumentation und Statistik am Bereich Medizin in Zusammenarbeit mit dem Rechenzentrum der Wilhelm-Pieck-Universität Rostock.

Prüfstatistische Berechnungen nahmen wir selbst unter Nutzung vorhandener Programme an einem Rechner Robotron K 1003 vor. Je nach Aufgabenstellung verwendeten wir den t-Test nach Student und den Chi-Quadrat-Test (Weber 1980). Für den Vergleich abhängiger Stichproben wurde der Chi-Quadrat-Test in der Modifikation nach Fleiss-Everett herangezogen. Bei allen Prüfverfahren legten wir das Signifikanzniveau auf eine Irrtumswahrscheinlichkeit alpha gleich oder kleiner als 0,05 fest. Bei der Mehrzahl der Prüfungen lag die Irrtumswahrscheinlichkeit unter alpha gleich 0,01.

5 Ergebnisse

5.1 Allgemeine Angaben zum Untersuchungsgut

Bei den 350 in unserer Studie erfaßten Kindern handelt es sich um 180 Jungen und 170 Mädchen. Bis zum Alter von 4 Monaten kamen alle Kinder zur Nachuntersuchung. Die Kontrolluntersuchung im Alter von 9 Monaten umfaßte noch 298 Kinder – 160 Jungen und 138 Mädchen –, die mit 18 Monaten 167 Kinder – 145 Jungen und 122 Mädchen. Ein Großteil der Kinder, welche sich den letzten beiden Nachuntersuchungen nicht mehr stellten, entzog sich diesen wegen Wohnungswechsels. Ein kleiner Teil der Kinder konnte für die Studie nicht weiter berücksichtigt werden, weil wegen einer Luxationshüfte die kliniküblichen immobilisierenden Behandlungsmaßnahmen eingeleitet werden mußten. Dies betraf 12 Kinder, ausschließlich Mädchen.

Das Durchschnittsalter der Mütter zum Zeitpunkt der Geburt von Kindern, die in unsere Studie eingingen, lag bei 24,5 Jahren; die jüngste Mutter war 16, die älteste 42 Jahre alt (Abb. 11).

Die Geburtslagen der von uns untersuchten Kinder sind in Abb. 12 aufgeschlüsselt.

Der weitaus größte Teil aller Kinder war spontan aus 1. oder 2. Hinterhauptslage geboren worden. Die Abb. 13 gibt die Rangfolge der einzelnen Geburten wieder.

Bei knapp der Hälfte der beobachteten Kinder handelt es sich um Zweitgeborene, bei knapp 90% um Erst- und Zweitgeborene.

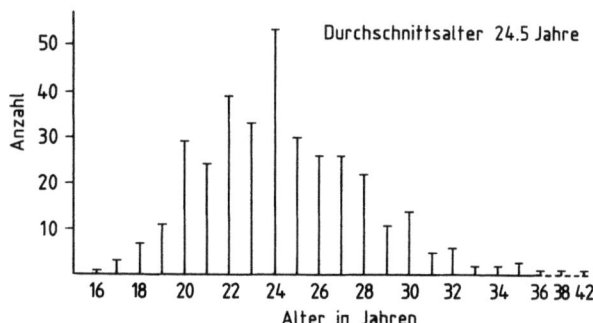

Abb. 11. Altersverteilung der Mütter bei Geburt der untersuchten Kinder

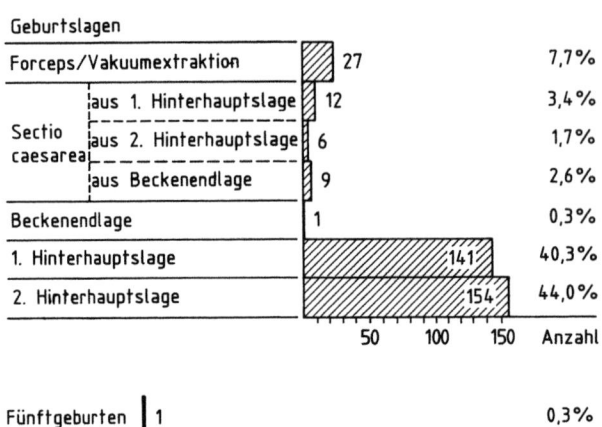

Abb. 12. Häufigkeitsverteilungen der Geburtslagen

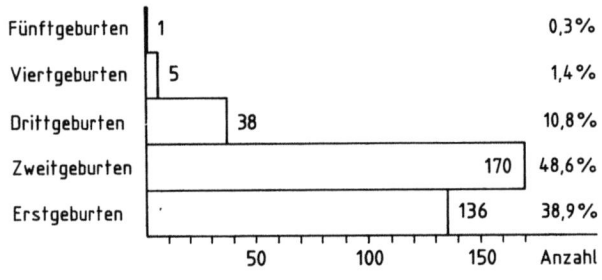

Abb. 13. Häufigkeitsverteilung der Geburtsrangfolge

5.2 Ergebnisse der einzelnen Untersuchungen

Nachfolgend stellen wir die Ergebnisse jeder Untersuchung des Standardprogrammes vom ersten bis letzten Untersuchungszeitpunkt dar. Die gewählte Reihenfolge entspricht der, in welcher wir die Untersuchungstechnik beschrieben hatten.

5.2.1 Passive Hüftgelenksabduktion

Die Daten der Abduktionsfähigkeit gehen aus Tabelle 2 hervor. Auf dieser wie auf allen nachfolgenden Tabellen wurde im Interesse der Übersichtlichkeit auf das Plus-Minus-Vorzeichen bei Angabe der Standardabweichung verzichtet.
  Höchste Abduktionswerte wurden bei der Erstuntersuchung gefunden. Danach nimmt die Abduktionsfähigkeit bis zum Alter von 9 Monaten ab, und zwar für das rechte und linke Hüftgelenk in gleicher Weise. Der Verlust an Abduktionsfähigkeit zwischen den einzelnen Untersuchungszeitpunkten ist deutlich; lediglich zwischen den Untersuchungen mit 3 und 4 Monaten sowie zwischen 9 und 18 Monaten sind die Unterschiede nicht signifikant.
  Immer war eine Differenz der Abduktionsfähigkeit von rechtem und linkem Hüftgelenk vorhanden: Die durchschnittliche Abspreizfähigkeit im linken Hüft-

Tabelle 2. Passive Hüftgelenksabduktion in Abhängigkeit vom Alter

Unter-suchungs-alter	Abduktion rechts Maxi-mal-wert	Mini-mal-wert	x̄	s	links Maxi-mal-wert	Mini-mal-wert	x̄	s	n
1–4 Tage	95°	70°	89,4°	2,88	95°	70°	89,5°	2,65	350
1 Monat	90°	70°	85,5°	5,64	90°	70°	86,4°	4,97	350
2 Monate	90°	60°	83,3°	6,63	90°	60°	84,9°	5,60	350
3 Monate	90°	60°	83,2°	6,28	90°	60°	84,9°	5,36	350
4 Monate	95°	60°	81,8°	6,50	95°	65°	83,8°	5,83	350
9 Monate	95°	45°	79,9°	8,96	95°	45°	82,1°	7,31	298
18 Monate	95°	50°	80,6°	8,46	95°	50°	82,2°	7,15	267

gelenk ist höher als die im rechten. Diese Seitendifferenz war zu den einzelnen Untersuchungszeitpunkten unterschiedlich ausgeprägt. Der geringe Differenzwert bei der ersten Untersuchung ließ sich nicht statistisch sichern. Bei allen übrigen Untersuchungszeitpunkten bestand ein signifikanter Unterschied (Tabelle 3).

Geschlechtsbezogene Unterschiede des Abduktionsvermögens gehen aus unserem Untersuchungsmaterial nicht hervor (s. „Tabellarischer Anhang" 1 u. 2).

Die erste Untersuchung zeigte den eindeutigen Befund symmetrischer Abduktionsfähigkeit. Bei Seitendifferenz fand sich weiteres Abduktionsvermögen gleich häufig nach rechts und links. Ab Untersuchungsalter von 1 Monat wurde asymmetrisches Abduktionsverhalten immer häufiger, und zwar als höheres Bewegungsausmaß links. Bei der Untersuchung im 4. Monat war das Abspreizvermögen jedes zweiten Kindes asymmetrisch. In den folgenden Monaten kommt es zur Umkehrung dieses Verhaltens. Schon im Untersuchungsalter von 9 Monaten, stärker im Alter von 18 Monaten, sahen wir eine signifikante Zunahme der Zahl von Kindern mit symmetrischem Abduktionsvermögen. Allerdings wird das Ausgangsniveau der ersten Untersuchung nicht wieder erreicht.

Tabelle 3. Relativer Rechts-Links-Vergleich der Hüftgelenksabduktion in Abhängigkeit vom Alter

Untersuchungs-alter	Abduktion symmetrisch		rechts > links		links > rechts		n
1–4 Tage	335	95,7%	6	1,7%	9	2,6%	350
1 Monat	288	82,3%	10	2,8%	52	14,9%	350
2 Monate	260	74,3%	10	2,8%	80	22,9%	350
3 Monate	237	67,7%	15	4,3%	98	28,0%	350
4 Monate	186	53,2%	32	9,1%	132	37,7%	350
9 Monate	205	68,8%	5	1,7%	88	29,5%	298
18 Monate	209	78,3%	2	0,7%	56	21,0%	267

Tabelle 4. Passive Hüftgelenksaußenrotation in Abhängigkeit vom Alter

Unter-suchungs-alter	Außenrotation rechts Maximal-wert	Minimal-wert	x̄	s	links Maximal-wert	Minimal-wert	x̄	s	n
1–4 Tage	95°	90°	90,0°	0,38	95°	90°	90,0°	0,38	350
1 Monat	90°	70°	89,6°	2,05	90°	80°	89,5°	1,84	350
2 Monate	90°	70°	89,1°	2,86	90°	70°	89,1°	2,86	350
3 Monate	90°	70°	88,2°	3,93	90°	70°	88,4°	3,71	350
4 Monate	90°	70°	87,5°	4,31	90°	70°	87,4°	4,29	350
9 Monate	90°	50°	86,5°	5,81	90°	50°	86,5°	5,80	298
18 Monate	90°	50°	81,9°	6,90	90°	50°	82,1°	6,62	267

5.2.2. Passive Hüftgelenksaußenrotation

Die Daten der Außenrotation sind in Tabelle 4 niedergelegt.

Wir fanden höchste Außenrotationswerte bei der Erstuntersuchung und beobachteten bis zur Abschlußuntersuchung hin eine kontinuierliche Abnahme. Bemerkenswert ist die relativ kleine Standardabweichung der einzelnen Winkelausschläge als Ausdruck geringer Wertschwankungen.

Geschlechtsbezogene Unterschiede der Außenrotationsfähigkeit sahen wir nicht (s. „Tabellarischer Anhang" 3 u. 4).

Bei den ersten vier Untersuchungszeitpunkten fanden wir nahezu immer symmetrisches Außenrotationsverhalten. Im Alter von 4 Monaten waren asymmetrische Bewegungsbefunde deutlich häufiger. Mit 9 und 18 Monaten lag wieder fast durchgehende Symmetrie des Außendrehvermögens vor (Tabelle 5).

Tabelle 5. Relativer Rechts-Links-Vergleich der Hüftgelenksaußenrotation in Abhängigkeit vom Alter

Untersuchungs-alter	Außenrotation symmetrisch		rechts > links		links > rechts		n
1–4 Tage	350	100%	0	0%	0	0%	350
1 Monat	347	99,1%	1	0,3%	2	0,6%	350
2 Monate	348	99,4%	1	0,3%	1	0,3%	350
3 Monate	343	98,0%	0	0%	7	2,0%	350
4 Monate	342	97,7%	5	1,4%	3	0,9%	350
9 Monate	295	99,0%	2	0,7%	1	0,3%	298
18 Monate	261	97,8%	0	0%	6	2,2%	267

Tabelle 6. Passive Hüftgelenksinnenrotation in Abhängigkeit vom Alter

Unter-suchungs-alter	Innenrotation rechts Maximal-wert	Minimal-wert	x̄	s	links Maximal-wert	Minimal-wert	x̄	s	n
1–4 Tage	90°	60°	83,3°	6,21	90°	60°	83,8°	5,89	350
1 Monat	90°	50°	77,1°	7,55	90°	50°	78,1°	7,34	350
2 Monate	90°	40°	72,3°	8,66	90°	40°	73,8°	8,33	350
3 Monate	90°	30°	67,3°	10,32	90°	30°	69,4°	10,28	350
4 Monate	85°	20°	60,6°	12,64	90°	20°	63,4°	12,05	350
9 Monate	90°	20°	57,5°	17,17	90°	20°	59,5°	16,01	298
18 Monate	90°	20°	61,8°	15,52	90°	20°	63,0°	14,90	267

5.2.3 Passive Hüftgelenksinnenrotation

Die Daten der Hüftgelenksinnenrotation sind in Tabelle 6 aufgeführt.

Unmittelbar nach der Geburt fanden wir für beide Hüftgelenke die höchsten Werte der Innenrotationsfähigkeit. Eine große Standardabweichung deutet auf große Befundschwankungen hin. An beiden Hüftgelenken nimmt das Inndrehvermögen bis zum Alter von 9 Monaten kontinuierlich ab, dann bis zum 18. Monat wieder leicht zu. Im Vergleich zur Abduktion und zur Außenrotation liegt der Winkel-Ausgangswert für die Innenrotation niedriger; auch nehmen die Inndrehwerte deutlicher ab. Zu allen Untersuchungszeitpunkten sahen wir die mittlere Innenrotationsfähigkeit des linken Hüftgelenkes etwas größer als die des rechten. Eine signifikante Differenz lag im Untersuchungsalter von 2, 3 und 4 Monaten vor.

Für beide Hüftgelenke bestand zu allen Untersuchungszeitpunkten bei Mädchen eine größere Inndrehfähigkeit als bei Jungen. Der Unterschied war immer signifikant (s. „Tabellarischer Anhang" 5 u. 6).

Bei der Erstuntersuchung überwog eindeutig symmetrisches Innenrotationsverhalten (Tabelle 7).

Tabelle 7. Relativer Rechts-Links-Vergleich der Hüftgelenksinnenrotation in Abhängigkeit vom Alter

Untersuchungs-alter	Innenrotation symmetrisch		rechts > links		links > rechts		n
1–4 Tage	331	94,6%	0	0%	19	5,4%	350
1 Monat	309	88,3%	4	1,1%	37	10,6%	350
2 Monate	289	82,6%	4	1,1%	57	16,3%	350
3 Monate	279	79,7%	4	1,1%	67	19,2%	350
4 Monate	228	65,1%	13	3,7%	109	31,2%	350
9 Monate	227	76,2%	3	1,0%	68	22,8%	298
18 Monate	230	86,2%	3	1,1%	34	12,7%	267

Im Untersuchungsalter von 1 Monat lag ein signifikanter Anstieg asymmetrischen Innenrotationsvermögens vor. Das Ungleichgewichtsmaß bleibt für die Untersuchung im 2. und 3. Monat etwa gleich, um zum 4. Monat hin wiederum signifikant anzusteigen. Asymmetrie in diesem Zusammenhang bedeutete fast immer weiteres Innendrehvermögen des linken Hüftgelenkes, im Alter von 4 Monaten 10 mal häufiger als weitere Innenrotation nach rechts. In der Weiterentwicklung werden solche Asymmetriebefunde weniger häufig, ohne indessen mit 18 Monaten wieder den Verteilungswert der Erstuntersuchung zu erreichen.

5.2.4 Beurteilung der Hirnschädelform

Die Auswertung unserer Beurteilung der Hirnschädelform ist in Tabelle 8 niedergelegt.

Die Befunde weisen aus, daß bei der ersten Untersuchung rund 5% der Kinder eine einseitige dorsale Schädelabflachung zeigen, und zwar rechts häufiger als links. Bis zum Alter von 9 Monaten wird die Zahl der Kinder mit Schädelasymmetrie kontinuierlich größer. Immer ist rechtsseitige Abflachung häufiger als linksseitige. Zum Alter von 18 Monaten hin nimmt die Anzahl der Kinder mit einem solchen Asymmetriebefund signifikant ab, und zwar für die Linksabflachung deutlicher als für die Rechtsabflachung.

Ein Geschlechtsdimorphismus war nicht nachweisbar (s. „Tabellarischer Anhang" 7 u. 8).

5.2.5 Beurteilung des Wirbelsäulenverlaufes in passiver Vorbeuge

Das Wirbelsäulenverhalten in passiver Vorbeuge ist in Tabelle 9 dargestellt.

Bei der Erstuntersuchung zeigten knapp 6% der Kinder eine Seitenabweichung der Wirbelsäule, linkskonvex etwas häufiger als rechtskonvex. Die Zahl der Kinder mit nicht gerade verlaufender Wirbelsäule steigt zwischen den anfänglichen Untersuchungszeitpunkten nur langsam, signifikant dann zwischen dem 3. und 4. Lebensmonat. Im Alter von 4 Monaten fand sich eine Seitverbie-

Tabelle 8. Hirnschädelform in Abhängigkeit vom Alter

Untersuchungsalter	Schädelform symmetrisch		rechts dorsal flacher		links dorsal flacher		n
1–4 Tage	334	95,4%	10	2,9%	6	1,7%	350
1 Monat	339	96,8%	9	2,6%	2	0,6%	350
2 Monate	333	95,1%	13	3,7%	4	1,2%	350
3 Monate	323	92,3%	17	4,8%	10	2,9%	350
4 Monate	318	90,9%	24	6,8%	8	2,3%	350
9 Monate	267	89,6%	17	5,7%	14	4,7%	298
18 Monate	254	95,1%	11	4,1%	2	0,8%	267

Tabelle 9. Wirbelsäulenverlauf bei passiver Vorbeuge in Abhängigkeit vom Alter

Untersuchungsalter	Wirbelsäulenverlauf in passiver Vorbeuge						n
	gerade		rechtskonvex		linkskonvex		
1–4 Tage	330	94,3%	7	2,0%	13	3,7%	350
1 Monat	323	92,3%	10	2,8%	17	4,9%	350
2 Monate	311	88,9%	13	3,7%	26	7,4%	350
3 Monate	291	83,1%	17	4,9%	42	12,0%	350
4 Monate	240	68,6%	47	13,4%	63	18,0%	350
9 Monate	270	90,6%	12	4,0%	16	5,4%	298
18 Monate	256	95,9%	4	1,5%	7	2,6%	267

gung der Wirbelsäule mit bevorzugter Linkskonvexität am häufigsten. Danach wird ein gerader Wirbelsäulenverlauf wieder signifikant häufiger, um im Alter von 18 Monaten zum Verteilungsverhältnis der Erstuntersuchung zurückzukehren.

Für das Vorliegen eines Geschlechtsdimorphismus fand sich kein Anhalt (s. „Tabellarischer Anhang" 9 u. 10).

5.2.6 Beurteilung der passiven Seitneigung in der oberen Halswirbelsäule

Tabelle 10 zeigt das Verhalten der passiven Seitneigefähigkeit im oberen Halswirbelsäulenabschnitt während des von uns verfolgten Zeitraumes.

Bei der Erstuntersuchung finden sich seitengleiche Bewegungsausschläge bei knapp zwei Drittel der Kinder. Ein Bewegungsdefizit ist nach links hin 5mal so häufig wie nach rechts. Bis zum Untersuchungsalter von 4 Monaten sinkt die Zahl der Kinder mit symmetrischem Seitneigeverhalten auf ein Fünftel der Gesamtpopulation. Dieser einseitig verminderte Seitneigungsbefund ist nach links hin weitaus häufiger als nach rechts hin. Der Seitenunterschied erweist sich zwischen Erstuntersuchung und Untersuchung im 1. Monat, zwischen Untersuchung im 1. und 2. Monat sowie zwischen Untersuchung im 3. und 4. Monat als signifikant linksbezogen. Jenseits des 4. Lebensmonats nimmt die Anzahl von

Tabelle 10. Passive Seitneigung der oberen Halswirbelsäule in Abhängigkeit vom Alter

Untersuchungsalter	Passive Seitneigung der oberen Halswirbelsäule						n
	symmetrisch		rechts > links		links > rechts		
1–4 Tage	208	59,4%	116	33,2%	26	7,4%	350
1 Monat	128	36,6%	179	51,1%	43	12,3%	350
2 Monate	110	31,4%	187	53,4%	53	15,2%	350
3 Monate	81	23,1%	212	60,6%	57	16,3%	350
4 Monate	79	22,6%	241	68,8%	30	8,6%	350
9 Monate	101	33,9%	185	62,1%	12	4,0%	298
18 Monate	85	31,8%	177	66,3%	5	1,9%	267

Kindern mit seitengleicher Kopf-Seitneigefähigkeit statistisch signifikant wieder zu.

Unter Ausnahme der Erstuntersuchung wird immer bei der Mehrzahl der Kinder eine asymmetrische passive Seitneigefähigkeit in der oberen Halswirbelsäule gefunden. Das Asymmetriemaximum liegt bei 4 Monate alten Kindern vor. Verminderte Seitneigefähigkeit nach links hin ist immer wesentlich häufiger als nach rechts hin. Dieser Befund besteht zu jedem Untersuchungszeitpunkt, wird jedoch im Beobachtungszeitraum mit zunehmendem Alter deutlicher.

Geschlechtsspezifische Unterschiede fanden wir nicht (s. „Tabellarischer Anhang" 11 u. 12).

5.2.7 Beurteilung der Glutealfalten

Die Erstbeurteilung der Glutealfalten erfolgte im Alter von 1 Monat. Vorher sind Untersuchungen in Bauchlage auf Grund der physiologischen Beckenkippung des Neugeborenen nicht sicher möglich (Scholbach 1979). Im Alter von 1 Monat wird eine Bauchlageposition erreichbar, die in der Folgezeit reproduziert werden kann.

Das Verhalten der Glutealfalten während des Beobachtungszeitraumes ist in Tabelle 11 dargestellt.

Bei der Erstuntersuchung werden die Glutealfalten in 9 von 10 Fällen symmetrisch gefunden. Liegt Asymmetrie vor, steht die rechte Falte häufiger höher als die linke, und das zu jedem Untersuchungszeitpunkt. Bei den Folgeuntersuchungen nimmt die Faltenasymmetrie zu. Mit 4 Monaten zeigt nur noch die Hälfte der Kinder einen symmetrischen Faltenverlauf. Danach wird Faltensymmetrie wieder häufiger.

Über diese Allgemeinaussage hinaus interessierte uns die Frage, ob der Befund einer Faltenasymmetrie Individualkonstanz aufweist. Dazu verglichen wir die Befunde der 267 Kinder, die sich allen Untersuchungen stellten. 70 Kinder zeigten stets symmetrische Glutealfalten. Bei keinem der Kinder mit Faltenasymmetrie wurde zu allen Untersuchungszeitpunkten immer die rechte oder immer die linke Falte höherstehend gefunden. 54 Kinder wiesen zwei- und mehrmals

Tabelle 11. Rechts-Links-Vergleich der Glutealfalten in Abhängigkeit vom Alter

Untersuchungs-alter	Glutealfalten symmetrisch		rechts höherstehend		links höherstehend		n
1–4 Tage	–		–		–		–
1 Monat	319	91,2%	20	5,7%	11	3,1%	350
2 Monate	283	80,9%	41	11,7%	26	7,4%	350
3 Monate	237	67,7%	77	22,0%	36	10,3%	350
4 Monate	186	53,1%	100	28,6%	64	18,3%	350
9 Monate	213	71,5%	54	18,1%	31	10,4%	298
18 Monate	207	77,5%	46	17,3%	14	5,2%	267

eine rechts höherstehende, 36 eine ebenso oft links höherstehende Glutealfalte auf. Bei 66 Kindern fand sich Faltenasymmetrie im Beobachtungszeitraum nur einmal, und zwar mit rechts höherstehender Glutealfalte in 45, mit links höherstehender Falte in 21 Fällen. Bei 41 Kindern wechselte der Seitenbezug des Asymmetriebefundes.

Einen begrenzten Geschlechtsdimorphismus im Glutealfaltenverhalten konnten wir feststellen (s. „Tabellarischer Anhang" 13 u. 14): Ein signifikanter Geschlechtsunterschied besteht im Alter von 18 Monaten. Bei annähernd gleicher Häufigkeit der Faltenasymmetrie in beiden Geschlechtern findet sich bei Mädchen ungleich häufiger ein Rechtshochstand der Glutealfalte.

5.2.8 Beurteilung der passiven Seitneigung der gesamten Wirbelsäule

Die erste Untersuchung dieser Art erfolgte mit 4 Monaten; Kontrolluntersuchungen führten wir mit 9 und mit 18 Monaten durch. Die Ergebnisse zeigt Tabelle 12.

Mit 4 Monaten findet sich eine symmetrische Wirbelsäulenseitneigung bei nur einem Drittel der Kinder. Eine Neigebehinderung besteht nach links hin doppelt so häufig wie nach rechts. Zum Untersuchungszeitpunkt von 9 und 18 Monaten hin wird jeweils ein signifikanter Anstieg der Zahl von Kindern mit symmetrischer Wirbelsäulenseitneigung deutlich. Bei der Abschlußuntersuchung sind Neigebehinderungen nach beiden Seiten gleich häufig. Geschlechtsunterschiede bestehen nicht (s. „Tabellarischer Anhang" 15 u. 16).

5.2.9 Beurteilung des Wirbelsäulenverlaufes im Vertikalhang

Diese Untersuchung nahmen wir nur im Alter von 4 Monaten vor. Die Ergebnisse finden sich in Tabelle 13.

Tabelle 12. Passive Seitneigung der Wirbelsäule in Abhängigkeit vom Alter

Untersuchungsalter	Passive Seitneigung der Wirbelsäule						n
	symmetrisch		rechts > links		links > rechts		
4 Monate	122	34,9%	154	44,0%	74	21,1%	350
9 Monate	208	69,8%	62	20,8%	28	9,4%	298
18 Monate	240	89,9%	15	5,6%	12	4,5%	267

Tabelle 13. Wirbelsäulenverlauf bei Vertikalhang im Alter von 4 Monaten

Untersuchungsalter	Wirbelsäulenverlauf im Vertikalhang						n
	gerade		rechtskonvex		linkskonvex		
4 Monate	291	83,1%	21	6,0%	38	10,9%	350

Die Mehrzahl der Kinder zeigt einen geraden Wirbelsäulenverlauf. Bei Asymmetrie ist Linkskonvexität knapp doppelt so häufig wie Rechtskonvexität. Ein Geschlechtsunterschied liegt nicht vor (s. „Tabellarischer Anhang" 17 u. 18).

5.2.10 Beurteilung des Wirbelsäulenverlaufes in gehaltener Horizontallage

Auch diese Untersuchung blieb dem Alter von 4 Monaten vorbehalten. Die Ergebnisdarstellung liefert Tabelle 14.

Der Wirbelsäulenverlauf zeigt Abhängigkeit von der Kopfposition. Ein nach rechts gehaltener Kopf, also das Obenliegen der linken Körperhälfte, ist häufiger mit gerader, horizontal verlaufender Wirbelsäule verbunden als die entgegengesetzte Körperlage. Eine rechtskonvexe Wirbelsäuleneinstellung bei Kopfhaltung nach rechts – Ausdruck einer aktiven, die Schwerkraft überwindenden Leistung – findet sich häufiger als bei Kopfhaltung nach links, bei der sie einem der Schwerkraft folgenden passiven Absinken entspricht. Kopfhaltung nach links bedingt aktive linkskonvexe Wirbelsäuleneinstellung als in diesem Zusammenhang abolut häufigste Reaktion. Dieses unterschiedliche Wirbelsäulenverhalten

Tabelle 14. Wirbelsäulenverlauf bei gehaltener Horizontallage im Alter von 4 Monaten

Untersuchungs-alter	Wirbelsäulenverlauf in frei gehaltener Horizontallage nach rechts						
	gerade		rechtskonvex		linkskonvex		n
4 Monate	162	46,3%	125	35,7%	63	18,0%	350
Untersuchungs-alter	Wirbelsäulenverlauf in frei gehaltener Horizontallage nach links						
	gerade		rechtskonvex		linkskonvex		n
4 Monate	119	34,0%	75	21,4%	156	44,6%	350

Tabelle 15. Zusammenfassende Beurteilung des Wirbelsäulenverlaufes bei gehaltener Horizontallage im Alter von 4 Monaten

Wirbelsäulenverlauf in Horizontallage		Zusammenfassende	
nach rechts	nach links	Beurteilung	n
1. gerade	gerade		
2. rechtskonvex	linkskonvex	symmetrisch	176
3. linkskonvex	rechtskonvex		
1. rechtskonvex	rechtskonvex		
2. gerade	rechtskonvex	rechtskonvex	78
3. rechtskonvex	horizontal		
1. linkskonvex	linkskonvex		
2. horizontal	linkskonvex	linkskonvex	96
3. linkskonvex	gerade		

in Abhängigkeit von der Kopfposition zeichnet sich durch statistische Signifikanz aus.

Reduziert man den Wirbelsäulenverlauf für jedes Kind bei Kopfhaltung nach rechts und links auf drei grundsätzliche Formen, so erhält man symmetrisches Wirbelsäulenverhalten neben Rechts- und Linkskonvexität. Diese Verhaltenstypen sind in Tabelle 15 aufgeführt.

Danach reagiert bei der Hälfte der Kinder die Wirbelsäule symmetrisch, bei Asymmetrie etwas häufiger mit Linkskonvexität als mit Rechtskonvexität.

Geschlechtsunterschiede bestehen nicht (s. „Tabellarischer Anhang" 19, 20, 21 u. 22).

5.2.11 Röntgenuntersuchung des Beckens im anterior-posterioren Strahlengang

Zur Auswertung gelangten 340 Röntgenaufnahmen von 174 Jungen und 166 Mädchen. 7 Kinder waren in anderen medizinischen Einrichtungen unter nichtstandardisierten Bedingungen geröntgt worden. Diese Aufnahmen verwerten wir hier nicht. Die Eltern von 3 weiteren Kindern verweigerten ihre Zustimmung zu einer Röntgenuntersuchung. Bei keinem dieser 3 Kinder bestanden anamnestische oder klinische Hinweiszeichen auf eine Luxationshüfte.

5.2.11.1 Symphysensitzbeinwinkel nach Tönnis

Der Symphysensitzbeinwinkel nach Tönnis (1968) ist ein Maß für die Beckenstellung in der Frontalebene. Eine Zunahme der Beckenkippung nach ventral führt zur Verkleinerung des Pfannendachwinkels, die Beckenaufrichtung dagegen zu dessen Vergrößerung (Faber 1938; Rohlederer 1950; Tönnis 1962; Kressin 1964; Matles 1965; Janovec 1973).

Für die Beurteilung der Hüftgelenke wird im 1. Lebensjahr ein Symphysensitzbeinwinkel zwischen 100 und 130 Grad gefordert, was einer Schwankung des Pfannendachwinkels von maximal 3 Grad entspricht (Tönnis 1968, 1974).

Auf 328 Röntgenaufnahmen von 171 Jungen und 157 Mädchen war eine derartige Winkelbestimmung möglich. Bei den restlichen 12 Aufnahmen verhinderten technische Unzulänglichkeiten eine Winkelmessung.

Alle Symphysensitzbeinwinkel lagen zwischen 100 und 130 Grad; der durchschnittliche Wert betrug 108 Grad.

5.2.11.2 Drehungsindex nach Tönnis

Die Bestimmung des Drehungsindex nach Tönnis (1968) ermöglicht eine Aussage über Mittelstellung, Rechts- oder Linksdrehung des geröntgten Beckens. Drehungsindex größer als 1 zeigt Drehung nach links an, Index kleiner als 1 signalisiert Rechtsdrehung. Beckendrehung nach rechts bedingt Vergrößerung in der Projektion des linken, Verkleinerung in der des rechten Pfannendachwinkels. Beckendrehung nach links bewirkt umgekehrte Projektionsverhältnisse (Tönnis

Tabelle 16. Drehungsindex nach Tönnis

Geschlecht	Drehungsindex <1		=1		>1		n
♂	68	41,0%	37	22,3%	61	36,7%	166
♀	85	51,2%	30	18,1%	51	30,7%	166
Gesamt	153	46,1%	67	20,2%	112	33,7%	332

1962; Kressin 1964; Matles 1965; Tönnis u. Brunken 1968; Ball 1979; Moll u. Leutheuser 1980).

Die Querdurchmesserbestimmung am Foramen obturatum war auf 332 Röntgenaufnahmen möglich, wegen Gonadenschutzüberlagerung auf 8 Aufnahmen nicht. Die gefundenen Ergebnisse gehen aus Tabelle 16 hervor.

Ein Drehungsindex gleich 1, also Beckenmittelstellung, lag nur bei einem Fünftel der Kinder vor. Beckenrechtsdrehung war insgesamt leicht, bei Mädchen deutlich häufiger. Dieser letzten Beobachtung kommt keine statistische Signifikanz zu.

5.2.11.3 Darmbeinindex

Der Darmbeinindex dient ebenfalls zur Bewertung der Beckenprojektion. Das Anheben einer Beckenschaufel führt zu deren schmaleren Darstellung im Röntgenbild, wobei sich das gleichseitige Foramen obturatum größer als das der Gegenseite abbildet (Tönnis 1962; Moll u. Leutheuser 1980).

Ein Darmbeinindex größer als 1 entspricht Beckendrehung nach rechts, ein solcher kleiner als 1 einer Drehung nach links.

Die Bestimmung der Darmbeinbreite gelang uns auf 298 Röntgenaufnahmen. Hauptsächlich wegen des notwendigen Gonadenschutzes konnte die Bewertung bei Aufnahmen von 40 Mädchen und 2 Jungen nicht durchgeführt werden. Die Ergebnisse der Indexbestimmung zeigt Tabelle 17.

Anders als beim Drehungsindex entsprechen die Darmbeinindexwerte in über der Hälfte der Fälle einer symmetrischen Darmbeinprojektion. Darmbeinindexwerte größer als 1, eine Rechtsdrehung anzeigend, sind doppelt so häufig wie für Linksdrehung sprechende Werte. Geschlechtsdimorphismus liegt nicht vor.

Tabelle 17. Darmbeinindex

Geschlecht	Darmbeinindex >1		=1		<1		n
♂	36	21,0%	117	68,0%	19	11,0%	172
♀	40	31,7%	69	54,8%	17	13,5%	126
Gesamt	76	25,5%	186	62,4%	36	12,1%	298

5.2.11.4 Projektion des Kreuzbeines

Die Position der Kreuzbeinspitze in Beziehung zur Symphyse ergibt ein weiteres Beurteilungskriterium für die Beckenprojektion. Bei Beckendrehung zu einer Seite wandert die Kreuzbeinspitze im Röntgenbild zur Gegenseite (Tönnis 1962; Moll u. Leutheuser 1980).

Eine sichere Definition der Kreuzbeinposition gelang uns auf 298 Röntgenaufnahmen. Aus schon erwähnten Gründen war sie auf den Aufnahmen von 41 Mädchen und einem Jungen nicht möglich.
Tabelle 18 zeigt Einzelheiten.

Bei der Hälfte der Röntgenaufnahmen projiziert sich die Kreuzbeinspitze in Beckenmitte. Linksposition der Kreuzbeinspitze ist häufiger als Rechtsposition. Geschlechtsunterschiede liegen nicht vor.

5.2.11.5 Beurteilung des Pfannendaches

Als Kriterien zur Pfannendachbeurteilung dienen der Pfannendachneigungswinkel nach Hilgenreiner und die Bestimmung der Pfannendachlänge. Unsere Befunde stellen wir zunächst unabhängig von der Beckenprojektion dar (Tabelle 19).

Im Gesamtdurchschnitt ist der rechte Pfannendachneigungswinkel statistisch signifikant um 0,9 Grad kleiner als der linke.

Diese Winkelseitendifferenz ist für Jungen etwas größer als für Mädchen. Dabei streuen die Winkelwerte des rechten und linken Hüftgelenkes bei Mädchen weit mehr als bei Jungen.

Eine Längenmessung des Pfannendaches war auf 335 Aufnahmen möglich. Tabelle 20 deutet auf Seiten- und Geschlechtsunterschiede hin.

Tabelle 18. Projektion des Kreuzbeines

Geschlecht	Projektion des Kreuzbeines						n
	nach links		symmetrisch		nach rechts		
♂	44	25,4%	91	52,6%	38	22,0%	173
♀	47	37,6%	53	42,4%	25	20,0%	125
Gesamt	91	30,5%	144	48,3%	63	21,2%	298

Tabelle 19. Pfannendachneigungswinkel nach Hilgenreiner

Geschlecht	Pfannendachneigungswinkel				n
	rechts		links		
	$\bar{x}$	s	$\bar{x}$	s	
♂	19,2°	3,87	20,1°	4,03	174
♀	21,6°	5,08	22,4°	5,17	166
Gesamt	20,3°	4,65	21,2°	4,77	340

Tabelle 20. Pfannendachlänge

Geschlecht	Pfannendachlänge rechts		links		n
	x̄	s	x̄	s	
♂	16,9 mm	2,06	16,5 mm	1,95	173
♀	16,3 mm	1,51	15,9 mm	1,50	162
Gesamt	16,6 mm	1,84	16,2 mm	1,77	335

Das rechte Pfannendach ist etwas länger als das linke. In der Gesamtpopulation und bei Mädchen ist dieser Längenunterschied signifikant, nicht dagegen bei Jungen. Diese lassen bei gleicher Längendifferenz stärkere Streuung der Einzelwerte erkennen.

Ein Geschlechtsdimorphismus lag insofern vor, als sich bei den Mädchen an rechtem und linkem Hüftgelenk ein signifikant größerer Pfannendachneigungswinkel und ein kürzeres Pfannendach als bei Jungen fand.

Auch individuelle Seitendifferenzen verfolgten wir. Gut die Hälfte der Kinder wies linksseitig einen größeren Pfannendachneigungswinkel auf. Bei knapp einem Fünftel der Kinder waren beide Pfannendachneigungswinkel gleich groß. Damit zeigte sich diese Konstellation weniger häufig als der größere rechtsseitige Pfannendachneigungswinkel (Tabelle 21).

Die Pfannendachlänge dagegen erwies sich bei knapp zwei Drittel der Kinder als seitengleich. Ungleiche Länge der Pfannendächer fand sich 3mal häufiger in Form einer längeren Pfanne rechts (Tabelle 22).

5.2.11.6 Einfluß der Beckenprojektion auf das Pfannendach

Wir benutzten den Drehungsindex nach Tönnis, den Darmbeinindex sowie die Abbildungslage der Kreuzbeinspitze, um die Darstellung des Pfannendaches im Röntgenbild unter Einfluß asymmetrischer Beckenprojektion zu überprüfen.

Tabelle 21. Relativer Rechts-Links-Vergleich der Pfannendachneigungswinkel

Pfannendachneigungswinkel symmetrisch		rechts > links		links > rechts		n
61	18,0%	96	28,2%	183	53,8%	340

Tabelle 22. Relativer Rechts-Links-Vergleich der Pfannendachlänge

Pfannendachlänge symmetrisch		rechts > links		links > rechts		n
200	59,7%	104	31,0%	31	9,3%	335

Die Bestimmung aller drei Kennwerte war auf 289 Aufnahmen möglich. Auf 67 Röntgenbildern ergab sich ein Drehungsindex gleich 1. In 12 Fällen war eines der beiden anderen Kriterien nicht zu beurteilen. Somit verblieben 55 verwertbare Aufnahmen. Bei 43 davon lag eine symmetrische Beckenprojektion vor: der Darmbeinindex war gleich 1, das Kreuzbein bildete sich in Beckenmitte ab. Einzelheiten sind Tabelle 23 zu entnehmen.

Ein Drehungsindex kleiner als 1 lag auf 153 Aufnahmen vor, was auf eine Beckendrehung nach rechts schließen läßt. Auf 29 dieser Aufnahmen war eines der übrigen beiden Beurteilungskriterien nicht bewertbar. Es blieben 124 differenzierbare Röntgenbilder, von denen 48 alle Zeichen einer Rechtsdrehung aufwiesen: einen Darmbeinindex größer als 1 und eine Linksposition des Kreuzbeines. Einzelheiten gehen aus Tabelle 24 hervor.

Auf 112 Röntgenaufnahmen war der Drehungsindex als Zeichen einer Beckenrotation nach links größer als 1. 19 dieser Aufnahmen konnten aus erwähnten Gründen nicht bewertet werden, so daß 93 beurteilbare Röntgenbilder verblieben. Davon zeigten 25 alle Kriterien einer Linksdrehung, nämlich einen Darmbeinindex kleiner als 1 und Rechtsposition des Kreuzbeines. Weitere Einzelheiten gehen aus Tabelle 25 hervor.

Wir benutzten den Drehungsindex als Prüfkriterium für den Einfluß der Beckenprojektion auf die Pfannendarstellung. War der Drehungsindex gleich 1, bestand kein statistisch signifikanter Unterschied zwischen Anstiegswinkel und

Tabelle 23. Verhalten von Darmbeinindex und Kreuzbeinprojektion bei einem Drehungsindex gleich 1

Projektion des Kreuzbeines	Darmbeinindex				
	>1	=1	<1	nicht bewertbar	n
nach links	0	5	0	0	5
symmetrisch	4	43	0	6	53
nach rechts	0	3	0	0	3
nicht bewertbar	0	4	1	1	6
n	4	55	1	7	67

Tabelle 24. Verhalten von Darmbeinindex und Kreuzbeinposition bei einem Drehungsindex kleiner als 1

Projektion des Kreuzbeines	Darmbeinindex				
	>1	=1	<1	nicht bewertbar	n
nach links	48	27	0	6	81
symmetrisch	10	38	1	2	51
nach rechts	0	0	0	0	0
nicht bewertbar	7	3	0	11	21
n	65	68	1	19	153

Tabelle 25. Verhalten von Darmbeinindex und Kreuzbeinprojektion bei einem Drehungsindex größer als 1

Projektion des Kreuzbeines	Darmbeinindex			nicht bewertbar	n
	>1	=1	<1		
nach links	0	3	0	0	3
symmetrisch	2	23	7	2	34
nach rechts	1	32	25	2	60
nicht bewertbar	0	2	2	11	15
n	3	60	34	15	112

Länge von rechtem und linkem Pfannendach. Bei einem Drehungsindex kleiner als 1 lag ein statistisch signifikant größerer Anstiegswinkel des linken Pfannendaches bei gegenüber rechts kürzerer Pfannenlänge vor. Der Drehungsindex größer als 1 war nicht mit Seitendifferenzen beider Pfannendächer verbunden (Tabelle 26 u. 27).

Betrachtet man das Verhalten jeweils eines Pfannendaches in Abhängigkeit vom Drehungsindex, ergibt sich folgendes: Das rechte Pfannendach weist den größeren Anstiegswinkel bei einem Drehungsindex größer als 1, einen kleineren Winkelwert bei einem Drehungsindex gleich 1 und den kleinsten bei einem Index kleiner als 1 auf. Diese Unterschiede sind jedoch nicht statistisch signifikant. Ebenso wenig signifikant zeigen sich vom Drehungsindex abhängige Längenänderungen des Pfannendaches.

Das linke Pfannendach verhält sich anders. Dessen Anstiegswinkel ist am größten bei einem Drehungsindex kleiner als 1 und am kleinsten bei einem In-

Tabelle 26. Verhalten des Pfannendachneigungswinkels in Abhängigkeit vom Drehungsindex

Drehungsindex	Pfannendachneigungswinkel				n
	rechts		links		
	$\bar{x}$	s	$\bar{x}$	s	
<1	20,2°	4,72	21,9°	4,88	153
=1	20,3°	4,23	21,0°	3,80	67
>1	20,7°	4,87	20,6°	5,02	112

Tabelle 27. Verhalten der Pfannendachlänge in Abhängigkeit vom Drehungsindex

Drehungsindex	Pfannendachlänge				n
	rechts		links		
	$\bar{x}$	s	$\bar{x}$	s	
<1	16,7 mm	2,08	16,1 mm	2,03	152
=1	16,3 mm	1,76	16,3 mm	1,67	110
>1	16,7 mm	1,19	16,3 mm	1,27	66

dex größer als 1. Dieser Unterschied hält einer statistischen Signifikanzprüfung stand. Der Neigungswinkel bei einem Drehungsindex gleich 1 liegt zwischen den genannten Werten, ohne sich von ihnen signifikant zu unterscheiden. Die Pfannendachlänge ändert sich mit dem Drehungsindex. Ohne Signifikanz des Unterschiedes ist sie bei größerem Neigungswinkel am kleinsten.

Die Benutzung des Darmbeinindex als Bewertungskriterium für die Beckenprojektion ergibt folgendes Bild: Bei Darmbeinindex gleich 1 läßt sich bezüglich Anstiegswinkel und Pfannendachlänge kein statistisch zu sichernder Unterschied zwischen beiden Pfannendächern nachweisen. Gleiches gilt bei einem Darmbeinindex kleiner als 1. Anders sind die Verhältnisse bei einem Darmbeinindex größer als 1. Hier finden wir am linken Hüftgelenk gegenüber rechts den Neigungswinkel größer und die Pfannendachlänge kürzer, beide mit statistischer Signifikanz (Tabelle 28 u. 29).

Die Abhängigkeitsbeurteilung des rechten Pfannendaches in bezug auf den Darmbeinindex ergibt den kleinsten Anstiegswinkel bei einem Index gleich 1, den größten beim Index größer als 1, allerdings ohne Signifikanz der Differenz. Am kürzesten zeigt sich das Pfannendach beim Index größer als 1, am längsten beim Index gleich 1. Signifikanz besteht nur zwischen den Werten bei Darmbeinindex größer als 1 und kleiner als 1, da der Darmbeinindex gleich 1 Daten großer Streubreite aufweist.

Gleiche Beurteilungen am linken Pfannendach verlaufen anders. Der Neigungswinkel ist beim Darmbeinindex größer als 1 am steilsten, am niedrigsten beim Darmbeinindex größer als 1. Der Winkelwert für einen Index gleich 1 liegt dazwischen. Die Differenz der Maximalwerte ist signifikant, auch zwischen den Winkeln bei Indizes größer als 1 und gleich 1, nicht dagegen bei Winkelwerten, die den Indizes kleiner als 1 und gleich 1 zugehören. Kürzeste Pfannendach-

Tabelle 28. Verhalten des Pfannendachneigungswinkels in Abhängigkeit vom Darmbeinindex

Darmbein-index	Pfannendachneigungswinkel				n
	rechts		links		
	x̄	s	x̄	s	
>1	20,9°	5,25	22,7°	5,24	76
=1	19,8°	4,46	20,6°	4,39	186
<1	20,3°	4,81	19,4°	4,90	36

Tabelle 29. Verhalten der Pfannendachlänge in Abhängigkeit vom Darmbeinindex

Darmbein-index	Pfannendachlänge				n
	rechts		links		
	x̄	s	x̄	s	
>1	16,7 mm	1,43	15,8 mm	1,89	76
=1	16,8 mm	2,11	16,5 mm	2,06	186
<1	16,1 mm	1,56	16,3 mm	1,40	36

länge liegt bei einem Darmbeinindex größer als 1, Maximallänge beim Index gleich 1 vor, wobei kein Analogverhalten zum Neigungswinkel nachweisbar ist. Die Differenz der Maximalwerte erreicht statistische Signifikanz.

Die Pfannendachbeurteilung abhängig von der Kreuzbeinprojektion zeigt folgende Einzelheiten: symmetrische Kreuzbeinprojektion bleibt ohne Längen- und Neigungswinkelunterschiede beider Hüftgelenke. Gleiches gilt für Kreuzbeinprojektion nach rechts. Kreuzbeinprojektion nach links ist mit statistisch signifikant steilerem und kürzerem linken Pfannendach verbunden (Tabelle 30 u. 31).

Bei gesonderter Betrachtung des rechten Pfannendaches in Abhängigkeit von der Kreuzbeinprojektion findet sich in symmetrischer und Linksposition ein nahezu gleichgroßer Neigungswinkel, nur wenig unterschiedlich und ohne Signifikanz gegen den Winkelwert bei Rechtsposition. Die Werte für die Pfannendachlänge lassen keine projektionsbedingten Differenzen erkennen.

Die gesonderte Betrachtung des linken Pfannendaches zeigt ein anderes Verhalten. Der Anstiegswinkel ist am größten bei Linksprojektion, am kleinsten bei Rechtsposition des Kreuzbeines, und zwar mit statistisch signifikantem Unterschied. Die Winkelgröße bei symmetrischer Projektion liegt zwischen den Maximalwerten, allerdings nur zum Linksprojektionswert hin mit statistisch signifikantem Unterschied. Die kürzeste Pfannendachlänge ist mit Linksprojektion des Kreuzbeines verbunden, also unter den Bedingungen des größten Neigungswinkels. Maximale Pfannendachlänge findet sich bei symmetrischer Kreuzbeinprojektion, wobei jedoch die Differenz zur Rechtsprojektion nur geringfügig ist. Statistisch signifikante Unterschiede in der Pfannendachlänge bestehen analog den Neigungswinkelverhältnissen zwischen den Werten bei symmetrischer und Linksprojektion und denen bei Rechts- und Linksprojektion des Kreuzbeines.

Tabelle 30. Verhalten des Pfannendachneigungswinkels in Abhängigkeit von der Kreuzbeinprojektion

Projektion des Kreuzbeines	Pfannendachneigungswinkel				n
	rechts		links		
	$\bar{x}$	s	$\bar{x}$	s	
nach links	20,3°	4,36	22,2°	4,67	91
symmetrisch	20,4°	4,97	20,9°	4,80	144
nach rechts	20,1°	4,59	20,3°	4,97	63

Tabelle 31. Verhalten der Pfannendachlänge in Abhängigkeit von der Kreuzbeinprojektion

Projektion des Kreuzbeines	Pfannendachlänge				n
	rechts		links		
	$\bar{x}$	s	$\bar{x}$	s	
nach links	16,5 mm	1,60	15,7 mm	1,66	91
symmetrisch	16,8 mm	2,16	16,5 mm	2,02	143
nach rechts	16,4 mm	1,55	16,4 mm	1,39	63

Tabelle 32. Lokomotorischer Entwicklungsstand im Alter von 9 Monaten

Geschlecht	Keine Fortbewegung		Robben		Krabbeln		Stehen		Gehen		n
♂	29	18,1%	62	38,8%	14	8,7%	54	33,8%	1	0,6%	160
♀	21	15,2%	54	39,1%	16	11,6%	46	33,4%	1	0,7%	138
Gesamt	50	16,8%	116	38,9%	30	10,1%	100	33,5%	2	0,7%	298

Tabelle 33. Lokomotorischer Entwicklungsstand im Alter von 18 Monaten

Geschlecht	Keine Fortbewegung		Robben		Krabbeln		Stehen		Gehen		n
♂	0		0		3	2,1%	1	0,7%	141	97,2%	145
♀	0		0		0	0%	2	1,6%	120	98,4%	122
Gesamt	0		0		3	1,1%	3	1,1%	261	97,8%	267

5.2.12 Beurteilung des lokomotorischen Entwicklungsstandes

Die Tabellen 32 und 33 zeigen den motorischen Entwicklungsstand im Alter von 9 und 18 Monaten sowohl für die Gesamtpopulation als auch geschlechtsspezifisch aufgeschlüsselt.

Im Alter von 9 Monaten war das Robben die häufigste Art der Aufrichtung bzw. der Fortbewegung. Nahezu die gleiche Zahl von Kindern konnte sich im selben Alter selbständig an Gegenständen aufrichten. Mit 18 Monaten gingen fast alle Kinder ohne Hilfe; ausgeprägte Entwicklungsrückstände sahen wir in der untersuchten Population nicht. Zu beiden Untersuchungszeitpunkten fanden wir keine Geschlechtsunterschiede.

5.2.13 Beurteilung der Händigkeit

Die Ergebnisse der Elternbefragung zur Händigkeit der untersuchten Kinder haben wir sowohl für die Gesamtpopulation als auch für beide Geschlechter getrennt in den Tabellen 34 und 35 niedergelegt.

Tabelle 34. Händigkeit im Alter von 9 Monaten

Geschlecht	beiderseits		rechts		links		n
♂	106	66,2%	43	26,9%	11	6,9%	160
♀	89	64,5%	36	26,1%	13	9,4%	138
Gesamt	195	65,4%	79	26,5%	24	8,1%	298

Tabelle 35. Händigkeit im Alter von 18 Monaten

Geschlecht	beiderseits		rechts		links		n
♂	52	35,9%	81	55,8%	12	8,3%	145
♀	39	32,0%	72	59,0%	11	9,0%	122
Gesamt	91	34,1%	153	57,3%	23	8,6%	267

Bei der Untersuchung im Alter von 9 Monaten wurde für zwei Drittel der Kinder beidseitiges Greifen angegeben. Fast gleich hoch ist die Angabe des Rechtsgreifens für das Alter von 18 Monaten. Bemerkenswert erscheint der fast identische Prozentsatz linksgreifender Kinder für das Alter von 9 und von 18 Monaten. Dabei handelt es sich bis auf eine Ausnahme zu beiden Untersuchungszeitpunkten um die gleichen Kinder. Lediglich bei einem Jungen war mit 9 Monaten noch beidseitiges Greifen angegeben worden. Bei 15 der 24 mit 9 Monaten von den Eltern als linkshändig beurteilten Kinder wurde auf ebenfalls linkshändige Familienmitglieder verwiesen. Von den im gleichen Alter als beidhändig oder rechtshändig eingestuften Kindern wurde von familiärer Linkshändigkeit nur in 7 Fällen berichtet.

Geschlechtsspezifische Händigkeitsdifferenzen bestanden zu beiden Untersuchungszeitpunkten nicht.

Die Frage nach kindlichen Lutschgewohnheiten führte nicht weiter, da in unserer Population fast ausschließlich Schnullergebrauch festzustellen war. Bei den an Fingern lutschenden Kindern ließen sich Beziehungen zur Händigkeit nicht nachweisen.

5.2.14 Beurteilung der Gesichtsform

Grundtypen der Gesichtsform zu vier verschiedenen Entwicklungszeitpunkten haben wir in Tabelle 36 dargelegt.

Im Alter von 3 Monaten weisen praktisch alle Gesichter eine symmetrische Grundform auf. Diese Symmetrie nimmt rasch ab, und zwar fast ausschließlich zugunsten einer linkskonvexen Gesichtsform. Im Alter von 18 Monaten zeigen etwas mehr als die Hälfte der Kinder linkskonvexe, die knappe Hälfte symmetri-

Tabelle 36. Gesichtsform in Abhängigkeit vom Alter

Untersuchungs-alter	Gesichtsform symmetrisch		rechtskonvex		linkskonvex		n
3 Monate	349	99,7%	0	0%	1	0,3%	350
4 Monate	344	98,3%	1	0,3%	5	1,4%	350
9 Monate	184	61,8%	6	2,0%	108	36,2%	298
18 Monate	117	43,8%	6	2,3%	144	53,94	267

sche Gesichter; rechtskonvexe Gesichter bilden die seltene Ausnahme. Beide Geschlechter verhalten sich statistisch gleich.

5.3 Beziehungen zwischen den einzelnen Untersuchungsergebnissen

Unter Verwendung des Chi-Quadrat-Tests haben wir untersucht, ob die Ergebnisse einzelner klinischer und röntgenologischer Erhebungen in Abhängigkeit zueinander stehen. Auf Grund ihrer statodynamischen und propriozeptiven Bedeutung war dabei das Verhalten der Wirbelsäule bevorzugter Ausgangspunkt statistischer Zugehörigkeitsprüfungen.

5.3.1 Beziehungen zwischen der passiven Seitneigung in der oberen Halswirbelsäule und anderen Untersuchungsbefunden

Die postnatale passive Seitneigefähigkeit in der oberen Halswirbelsäule zeigt keine Unterschiede zwischen aus 1. oder 2. Hinterhauptslage geborenen Kindern. Ein Vergleich mit den übrigen Geburtslagen ist wegen deren geringer Zahl nicht möglich (Tabelle 37).

Eine Beziehungssuche der gleichen Wirbelsäulenbeweglichkeit zum gleichen Untersuchungszeitpunkt gegen die Rangzahlen der Geburten blieb negativ. Weder zwischen Erst- und Zweitgeborenen noch zwischen 1. und 2. bis 5. Kindern ergaben sich Bewegungsdifferenzen (Tabelle 38).

Die Hüftgelenksbewegungswerte des Untersuchungsalters von 4 Monaten wurden zur passiven Seitneigefähigkeit der oberen Halswirbelsäule in Beziehung gesetzt. Geprüft wurde, ob asymmetrische Seitneigefähigkeit mit asymmetrischer

Tabelle 37. Passive Seitneigung der oberen Halswirbelsäule und Geburtslage

Geburtslage	Passive Seitneigung der oberen Halswirbelsäule						n
	symmetrisch		rechts > links		links > rechts		
1. HHL	87	61,7%	46	32,6%	8	5,7%	141
2. HHL	96	62,3%	47	30,5%	11	7,2%	151

Tabelle 38. Passive Seitneigung der oberen Halswirbelsäule und Geburtenrangfolge

Geburtenzahl	Passive Seitneigung der oberen Halswirbelsäule						n
	symmetrisch		rechts > links		links > rechts		
Erstgeburten	73	(53,7%)	51	(37,5%)	12	(8,8%)	136
Zweitgeburten	108	(63,5%)	51	(30,0%)	11	(6,5%)	170
Drittgeburten	22		14		2		38
Viertgeburten	4		0		1		5
Fünftgeburten	1		0		0		1

Tabelle 39. Hüftgelenksabduktion und passive Seitneigung der oberen Halswirbelsäule im Alter von 4 Monaten

Abduktion	Passive Seitneigung der oberen Halswirbelsäule			n
	symmetrisch	rechts > links	links > rechts	
symmetrisch	55	114	17	186
rechts > links	5	25	2	32
links > rechts	19	102	11	132
n	79	241	30	350

Hüftgelenksbeweglichkeit korreliert. Bei den überwiegend symmetrischen Hüftgelenksaußenrotationswerten erübrigt sich ein solcher Vergleich.

Für die Abspreizung im Hüftgelenk ergab sich an Beziehungen: Kinder mit symmetrischer Halswirbelsäulenseitneigung unterscheiden sich in diesem Zusammenhang signifikant von solchen mit asymmetrischer Seitneigefähigkeit (Tabelle 39).

Bei Kindern mit symmetrischem Seitneigeverhalten der oberen Halswirbelsäule wird die Abduktion prozentual häufiger symmetrisch gefunden als bei Kindern mit asymmetrischer Seitneige der Halswirbelsäule. Asymmetrisches Seitneigevermögen der Halswirbelsäule ist etwa gleich oft mit symmetrischer wie mit asymmetrischer Hüftgelenksabduktion verbunden. Wird letztere asymmetrisch gefunden, dann ungleich häufiger mit links größerem Bewegungsausschlag als rechts. Dabei bleibt die Richtung der Halswirbelsäulenasymmetrie ohne Einfluß.

Die Beziehungsuntersuchung zur Innenrotation zeigt Tabelle 40. Die Ergebnisse entsprechen denen für Abduktionswerte.

Gleichfalls im Alter von 4 Monaten suchten wir nach Beziehungen zwischen Halswirbelsäulenseitneigefähigkeit und Schädelform; Hirnschädelasymmetrien wiesen zu diesem Untersuchungszeitpunkt fast schon ihr Häufigkeitsmaximum auf (s. Tabelle 8). Statistisch ließ sich kein Häufigkeitsunterschied von Schädelasymmetrie bei Kindern mit symmetrischem bzw. asymmetrischem Seitneigevermögen der oberen Halswirbelsäule herausarbeiten (Tabelle 41).

Unsere Untersuchungen dienten weiter dazu, Beziehungen zwischen passiver Seitneigung der oberen Halswirbelsäule und dem Wirbelsäulenverlauf bei passi-

Tabelle 40. Hüftgelenksinnenrotation und passive Seitneigung der oberen Halswirbelsäule im Alter von 4 Monaten

Innenrotation	Passive Seitneigung der oberen Halswirbelsäule			n
	symmetrisch	rechts > links	links > rechts	
symmetrisch	62	150	16	228
rechts > links	2	10	1	13
links > rechts	15	81	13	109
n	79	241	30	350

Tabelle 41. Hirnschädelform und passive Seitneigung der oberen Halswirbelsäule im Alter von 4 Monaten

Schädelform	Passive Seitneigung der oberen Halswirbelsäule			n
	symmetrisch	rechts > links	links > rechts	
symmetrisch	76	28	214	318
rechts dorsal flacher	2	2	20	24
links dorsal flacher	1	0	7	8
n	79	30	241	350

ver Rumpfvorbeuge zu ermitteln, und zwar differenziert nach Untersuchungszeitpunkten.

Wie aus Tabelle 42 ablesbar ist, findet sich bei der ersten Untersuchung symmetrisches Seitneigeverhalten der oberen Halswirbelsäule signifikant häufiger verbunden mit geradem Wirbelsäulenverlauf bei passiver Rumpfvorbeuge.

Die Untersuchung im Alter von 1 Monat ergibt gleiche Verhältnisse (Tabelle 43).

Statistisch zulässig wird nun auch ein Vergleich zwischen Kindern mit eingeschränkter Halswirbelsäulenseitneigung nach rechts bzw. links. Linkseinschränkung der Halswirbelsäulenseitneigung ist häufiger mit Wirbelsäulenlinkskonvexität verbunden als Rechtseinschränkung.

Wiederum analoge Verhältnisse liegen bei den Untersuchungen im Alter von 2 und 3 Monaten vor (Tabelle 44 u. 45).

Tabelle 42. Wirbelsäulenverlauf bei passiver Vorbeuge und passive Seitneigung der oberen Halswirbelsäule im Alter von 1–4 Tagen

Wirbelsäulenverlauf in passiver Vorbeuge	Passive Seitneigung der oberen Halswirbelsäule			n
	symmetrisch	rechts > links	links > rechts	
gerade	203	105	22	330
rechtskonvex	4	1	2	7
linkskonvex	1	10	2	13
n	208	116	26	350

Tabelle 43. Wirbelsäulenverlauf bei passiver Vorbeuge und passive Seitneigung der oberen Halswirbelsäule im Alter von 1 Monat

Wirbelsäulenverlauf in passiver Vorbeuge	Passive Seitneigung der oberen Halswirbelsäule			n
	symmetrisch	rechts > links	links > rechts	
gerade	125	161	37	323
rechtskonvex	0	6	4	10
linkskonvex	3	12	2	17
n	128	179	43	350

Tabelle 44. Wirbelsäulenverlauf bei passiver Vorbeuge und passive Seitneigung der oberen Halswirbelsäule im Alter von 2 Monaten

Wirbelsäulenverlauf in passiver Vorbeuge	Passive Seitneigung der oberen Halswirbelsäule			
	symmetrisch	rechts > links	links > rechts	n
gerade	103	163	45	311
rechtskonvex	3	4	6	13
linkskonvex	4	20	2	26
n	110	187	53	350

Tabelle 45. Wirbelsäulenverlauf bei passiver Vorbeuge und passive Seitneigung der oberen Halswirbelsäule im Alter von 3 Monaten

Wirbelsäulenverlauf in passiver Vorbeuge	Passive Seitneigung der oberen Halswirbelsäule			
	symmetrisch	rechts > links	links > rechts	n
gerade	75	173	43	291
rechtskonvex	3	7	7	17
linkskonvex	3	32	7	42
n	81	212	57	350

Deutlicher werden Zusammenhänge zwischen Linkseinschränkung der Halswirbelsäulenseitneigung und Linkskonvexität der passiv gebeugten Gesamtwirbelsäule. Diese Tendenz setzt sich fort (Tabelle 46).

Bei der Untersuchung mit 4 Monaten ist Linkskonvexität der Wirbelsäule in passiver Vorbeuge doppelt so häufig wie Rechtskonvexität, wenn eine Seitneigebehinderung der oberen Halswirbelsäule nach links besteht. Bei Rechtseinschränkung der Halswirbelsäulenseitneigung finden sich Links- und Rechtskonvexität der Gesamtwirbelsäule gleich häufig.

Mit zunehmendem Untersuchungsalter werden Links- oder Rechtskonvexität der passiv gebeugten Wirbelsäule wesentlich seltener (Tabelle 47 u. 48).

Statistisch geprüft werden kann nur der Vergleich von Kindern mit asymmetrischer und symmetrischer Halswirbelsäulenseitneigung. Den Rechts-Links-Vergleich verbieten die kleinen Zahlen. Im Alter von 9 Monaten läßt sich noch ein

Tabelle 46. Wirbelsäulenverlauf bei passiver Vorbeuge und passive Seitneigung der oberen Halswirbelsäule im Alter von 4 Monaten

Wirbelsäulenverlauf in passiver Vorbeuge	Passive Seitneigung der oberen Halswirbelsäule			
	symmetrisch	rechts > links	links > rechts	n
gerade	63	161	16	240
rechtskonvex	13	26	8	47
linkskonvex	3	54	6	63
n	79	241	30	350

Tabelle 47. Wirbelsäulenverlauf bei passiver Vorbeuge und passive Seitneigung der oberen Halswirbelsäule im Alter von 9 Monaten

Wirbelsäulenverlauf in passiver Vorbeuge	Passive Seitneigung der oberen Halswirbelsäule			
	symmetrisch	rechts > links	links > rechts	n
gerade	97	163	10	270
rechtskonvex	3	8	1	12
linkskonvex	1	14	1	16
n	101	185	12	298

Tabelle 48. Wirbelsäulenverlauf bei passiver Vorbeuge und passive Seitneigung der oberen Halswirbelsäule im Alter von 18 Monaten

Wirbelsäulenverlauf in passiver Vorbeuge	Passive Seitneigung der oberen Halswirbelsäule			
	symmetrisch	rechts > links	links > rechts	n
gerade	82	170	4	256
rechtskonvex	2	2	0	4
linkskonvex	1	5	1	7
n	85	177	5	267

signifikanter Unterschied zwischen beiden Gruppen darstellen; mit 18 Monaten gelingt das nicht mehr.

Im Alter von 4 Monaten nahmen wir mehrere Arten der globalen Wirbelsäulenfunktionsprüfung vor, deren Bezug zur Seitneigefähigkeit in der oberen Halswirbelsäule untersucht wurde. Für die passive Seitneigung der Gesamtwirbelsäule ergab sich in diesem Zusammenhang das folgende Bild (Tabelle 49).

Kinder mit symmetrischer Seitneigung der oberen Halswirbelsäule verhalten sich signifikant anders als die mit nach links oder rechts verminderter Seitneigung. Bei seitengleicher Neigefähigkeit ist symmetrische passive Seitneigefähigkeit der Gesamtwirbelsäule häufigster Befund. Linkseinschränkung der Halswirbelsäulenseitneigung bedingt am häufigsten Linkseinschränkung in der Passivbeweglichkeit der Gesamtwirbelsäule. Bei nach rechts verminderter Seitneigung der oberen Halswirbelsäule findet sich relativ häufig eine Rechtseinschränkung der Gesamtwirbelsäulenbeweglichkeit.

Tabelle 49. Passive Seitneige der Wirbelsäule und passive Seitneigung der oberen Halswirbelsäule im Alter von 4 Monaten

Passive Seitneigung der Wirbelsäule	Passive Seitneigung der oberen Halswirbelsäule			
	symmetrisch	rechts > links	links > rechts	n
symmetrisch	56	55	11	122
rechts > links	14	131	9	154
links > rechts	9	55	10	74
n	79	241	30	350

Das im gegebenen Zusammenhang zu beobachtende Bild des Wirbelsäulenverhaltens im Vertikalhang verdeutlicht Tabelle 50. Statistisch signifikant kommt zum Ausdruck, daß bei symmetrischer Halswirbelsäulenseitneigung prozentual häufiger eine gerade Wirbelsäule im Vertikalhang gefunden wird als bei Neigeeinschränkung zu einer Seite.

Linkseinschränkung der Halswirbelsäulenseitneigung ist im Vertikalhang häufiger mit Wirbelsäulenlinkskonvexität, Rechtseinschränkung häufiger mit Rechtskonvexität verbunden.

Tabelle 51 zeigt den Vergleich passiver Seitneigefähigkeit in der oberen Halswirbelsäule gegen den Wirbelsäulenverlauf in gehaltener Horizontallage, wiederum im Alter von 4 Monaten.

Dabei haben wir die Wirbelsäulenreaktionen in Links- und Rechtslage in der oben beschriebenen Weise zusammengefaßt.

Die statistische Prüfung ergibt, daß Kinder mit symmetrischer Halswirbelsäulenseitneigung in Horizontallage eine in der Relation häufiger symmetrische Reaktion aufweisen als Kinder mit nach rechts oder links eingeschränkter Seitneigefähigkeit. Während linkskonvexe Wirbelsäulenreaktion bei Seitneigeasymmetrie der Halswirbelsäule deutlich häufiger ist, wird rechtskonvexe Reaktion in beiden Gruppen prozentual etwa gleich häufig beobachtet. Unter den Kindern mit Seitneigeasymmetrie der Halswirbelsäule sind im gegebenen Zusammenhang Seitenunterschiede statistisch nicht belegbar.

Das Verhalten der Glutealfalten als morphologischer Befund im Beckenbereich ließ im Alter von 4 Monaten keine Beziehung zu symmetrischer oder asymmetrischer Seitneigefähigkeit der oberen Halswirbelsäule erkennen (Tabelle 52).

Tabelle 50. Wirbelsäulenverlauf im Vertikalhang und passive Seitneigung der oberen Halswirbelsäule im Alter von 4 Monaten

Wirbelsäulenverlauf im Vertikalhang	Passive Seitneigung der oberen Halswirbelsäule			
	symmetrisch	rechts > links	links > rechts	n
gerade	73	195	23	291
rechtskonvex	2	14	5	21
linkskonvex	4	32	2	38
n	79	241	30	350

Tabelle 51. Wirbelsäulenverlauf bei gehaltener Horizontallage und passive Seitneigung der oberen Halswirbelsäule im Alter von 4 Monaten

Wirbelsäulenverlauf in Horizontallage	Passive Seitneigung der oberen Halswirbelsäule			
	symmetrisch	rechts > links	links > rechts	n
symmetrisch	49	112	15	176
rechtskonvex	17	53	8	78
linkskonvex	13	76	7	96
n	79	241	30	350

Tabelle 52. Rechts-Links-Vergleich der Glutealfalten und passive Seitneigung der oberen Halswirbelsäule im Alter von 4 Monaten

Glutealfalten	Passive Seitneigung der oberen Halswirbelsäule			
	symmetrisch	rechts > links	links > rechts	n
symmetrisch	49	120	17	186
rechts höherstehend	18	76	6	100
links höherstehend	12	45	7	64
n	79	241	30	350

Tabelle 53. Gesichtsform und passive Seitneigung der oberen Halswirbelsäule im Alter von 9 Monaten

Gesichtsform	Passive Seitneigung der oberen Halswirbelsäule			
	symmetrisch	rechts > links	links > rechts	n
symmetrisch	89	87	8	184
rechtskonvex	2	2	2	6
linkskonvex	10	96	2	108
n	101	185	12	298

Tabelle 54. Gesichtsform und passive Seitneigung der oberen Halswirbelsäule im Alter von 18 Monaten

Gesichtsform	Passive Seitneigung der oberen Halswirbelsäule			
	symmetrisch	rechts > links	links > rechts	n
symmetrisch	70	44	3	117
rechtskonvex	3	1	2	6
linkskonvex	12	132	0	144
n	85	177	5	267

Wie wir oben dargestellt hatten, wurden Gesichtsasymmetrien der untersuchten Kinder mit zunehmendem Untersuchungsalter häufiger (s. Tabelle 36). Zusammenhängen zwischen Gesichtsasymmetrie und passiver Seitneigefähigkeit der oberen Halswirbelsäule gingen wir im Untersuchungsalter von 9 und 18 Monaten nach (Tabelle 53 u. 54).

Es zeigt sich, daß Kinder mit symmetrischer Seitneigefähigkeit der Halswirbelsäule bei Vergleich zu denen mit Seitneigungsasymmetrie überzufällig häufig ein symmetrisches Gesicht aufweisen. In der Absolutzahl findet sich Linkskonvexität des Gesichtes bei weitem am häufigsten vergesellschaftet mit passiver Seitneigebeeinträchtigung der oberen Halswirbelsäule nach links.

5.3.2 Beziehungen zwischen dem Wirbelsäulenverlauf in passiver Vorbeuge und anderen Untersuchungsbefunden

Die meisten Seitabweichungen der Wirbelsäule in passiver Vorbeuge lagen im Alter von 4 Monaten vor (s. Tabelle 9). Wir setzten das Wirbelsäulenverhalten unter diesen Bedingungen und in diesem Alter bei den spontan aus Schädellage geborenen Kindern zur Geburtslage in Beziehung. Es zeigte sich, daß bei aus 1. Hinterhauptslage geborenen Kindern Rechtskonvexität häufiger ist als Linkskonvexität. Aus 2. Hinterhauptslage geborene Kinder verhalten sich entgegengesetzt, und zwar statistisch signifikant (Tabelle 55).

Von dieser Feststellung ausgehend prüften wir, ob die gleichen Kinder bereits analoge Seitabweichungen der Wirbelsäule in passiver Vorbeuge bei der Erstuntersuchung gezeigt hatten (Tabelle 56).

Tabelle 55. Wirbelsäulenverlauf bei passiver Vorbeuge im Alter von 4 Monaten und Geburtslage

Geburtslage	Wirbelsäulenverlauf in passiver Vorbeuge			
	gerade	rechtskonvex	linkskonvex	n
1. HHL	99	25	17	141
2. HHL	102	18	34	154

Tabelle 56. Wirbelsäulenverlauf bei passiver Vorbeuge im Alter von 4 Monaten und Wirbelsäulenverlauf bei passiver Vorbeuge im Alter von 1–4 Tagen

Wirbelsäulenverlauf in passiver Vorbeuge (1–4 Tage)	Wirbelsäulenverlauf in passiver Vorbeuge (4 Monate)			
	gerade	rechtskonvex	linkskonvex	n
gerade	228	45	57	330
rechtskonvex	5	1	1	7
linkskonvex	7	1	5	13
n	240	47	63	350

Tabelle 57. Hüftgelenksabduktion und Wirbelsäulenverlauf bei passiver Vorbeuge im Alter von 4 Monaten

Abduktion	Wirbelsäulenverlauf in passiver Vorbeuge			
	gerade	rechtskonvex	linkskonvex	n
symmetrisch	132	21	33	186
rechts > links	19	6	7	32
links > rechts	89	20	23	132
n	240	47	63	350

Es ergaben keine Befundbeziehungen.

Weiter suchten wir nach Beziehungen zwischen Wirbelsäulenspontanverlauf in Vorbeuge und Hüftgelenksbeweglichkeit. Bezüglich des Abduktionsverhaltens ergaben sich im Untersuchungsalter von 4 Monaten keine statistisch faßbaren Verbindungen (Tabelle 57). Die Abduktionsfähigkeit war gewählt worden, da sie von den untersuchten Bewegungsparametern des Hüftgelenkes die ausgeprägtesten Asymmetriewerte aufweist (s. Tabelle 3).

Zur Klärung der Frage, ob Zusammenhänge zwischen Schädelform und Wirbelsäulenverlauf in passiver Vorbeuge bestehen, verglichen wir die entsprechenden Befunde im Alter von 4, 9 und 18 Monaten. Die Ergebnisse sind in den Tabellen 58–60 niedergelegt.

Für die Untersuchungszeitpunkte von 4 und 9 Monaten waren keine Beziehungen der Hirnschädelform von Kindern mit gerader Wirbelsäule im Vergleich zu solchen mit Rechts- oder Linkskonvexität erkennbar. Im Alter von 18 Mona-

Tabelle 58. Hirnschädelform und Wirbelsäulenverlauf bei passiver Vorbeuge im Alter von 4 Monaten

| Schädelform | Wirbelsäulenverlauf in passiver Vorbeuge | | | |
	gerade	rechtskonvex	linkskonvex	n
symmetrisch	220	41	57	318
rechts dorsal flacher	15	3	6	24
links dorsal flacher	5	3	0	8
n	240	47	63	350

Tabelle 59. Hirnschädelform und Wirbelsäulenverlauf bei passiver Vorbeuge im Alter von 9 Monaten

| Schädelform | Wirbelsäulenverlauf in passiver Vorbeuge | | | |
	gerade	rechtskonvex	linkskonvex	n
symmetrisch	243	11	13	267
rechts dorsal flacher	14	1	2	17
links dorsal flacher	13	0	1	14
n	270	12	16	298

Tabelle 60. Hirnschädelform und Wirbelsäulenverlauf bei passiver Vorbeuge im Alter von 18 Monaten

| Schädelform | Wirbelsäulenverlauf in passiver Vorbeuge | | | |
	gerade	rechtskonvex	linkskonvex	n
symmetrisch	245	3	6	254
rechts dorsal flacher	9	1	1	11
links dorsal flacher	2	0	0	2
n	256	4	7	267

ten schloß die geringe Zahl von Kindern mit Schädelasymmetrie die Anwendung statistischer Prüfverfahren aus.

Da der Häufigkeitsgipfel von Hirnschädelasymmetrie später als der für die Seitabweichung der Wirbelsäule in passiver Vorbeuge liegt, prüften wir weiter, ob das Wirbelsäulenverhalten von der Erstuntersuchung bis zu der mit 4 Monaten Einfluß auf die Schädelform nimmt (Tabelle 61).

Dazu ordneten wir die untersuchten Kinder nach ihrem Wirbelsäulenverhalten in vier Gruppen. Kinder der Gruppe I zeigten zu allen Untersuchungszeitpunkten einen geraden Wirbelsäulenverlauf. Bei den Kindern der Gruppe II war ein- oder mehrmals Linkskonvexität aufgefallen, dagegen niemals Rechtskonvexität. Gruppe III bildeten Kinder, an denen ein- oder mehrmals Rechtskonvexität, nie Linkskonvexität bestanden hatte. Gruppe IV umfaßte Kinder, bei denen wir Links- und Rechtskonvexität im Wechsel gesehen hatten. Diese Gruppe konnte auf Grund ihrer Kleinheit keine statistische Berücksichtigung finden.

Gruppe I und II unterscheiden sich statistisch signifikant: Die dorsale Schädelabflachung rechts in Gruppe II ist überzufällig gehäuft. Zwischen Gruppe I und III bestehen keine Unterschiede. Der Vergleich von Gruppe II zu Gruppe III läßt statistisch signifikant erkennen, daß bei Linkskonvexität der passiv gebeugten Wirbelsäule häufiger eine dorsale Schädelabflachung rechts, bei Rechtskonvexität dagegen links vorliegt.

Wir hielten eine Beziehung im Verhalten der Glutealfalten zum Wirbelsäulenverlauf in passiver Vorbeuge für denkbar. Deshalb verglichen wir beide Befunde aller Untersuchungszeitpunkte gegeneinander. Im Alter von 1 Monat, Erstunter-

Tabelle 61. Hirnschädelform im Alter von 4 Monaten und Wirbelsäulenverlauf bei passiver Vorbeuge während des Zeitraumes von der Geburt bis zum Alter von 4 Monaten; Gruppeneinteilung nach Wirbelsäulenverhalten

| Schädelform | Wirbelsäulenverlauf in passiver Vorbeuge | | | | |
	I	II	III	IV	n
symmetrisch	178	84	48	8	318
rechts dorsal flacher	9	11	2	2	24
links dorsal flacher	4	0	4	0	8
n	191	95	54	10	350

Tabelle 62. Rechts-Links-Vergleich der Glutealfalten und Wirbelsäulenverlauf bei passiver Vorbeuge im Alter von 1 Monat

| Glutealfalten | Wirbelsäulenverlauf in passiver Vorbeuge | | | |
	gerade	rechtskonvex	linkskonvex	n
symmetrisch	294	10	15	319
rechts höherstehend	18	0	2	20
links höherstehend	11	0	0	11
n	323	10	17	350

suchungszeitpunkt für das Glutealfaltenverhalten, waren Bezüge der vermuteten Art nicht nachweisbar (Tabelle 62).

Anders bei der Untersuchung mit 2 Monaten: Signifikant gehäuft liegt bei gerader Wirbelsäule symmetrisches Glutealfaltenverhalten vor. Bei linkskonvexer Wirbelsäule erweist sich die rechts höherstehende Falte als prozentual häufiger (Tabelle 63).

Im Alter von 3 Monaten hingegen sind Gruppenunterschiede statistisch nicht zu sichern (Tabelle 64).

Dagegen unterscheiden sich die einzelnen Gruppen im Alter von 4 Monaten wieder signifikant (Tabelle 65).

Erneut wird bei geradem Wirbelsäulenverlauf am häufigsten Faltensymmetrie beobachtet. Eine links höherstehende Glutealfalte ist häufiger bei Rechtskonvexität der Wirbelsäule, eine rechts höherstehende bei Linkskonvexität. Ähnliche

Tabelle 63. Rechts-Links-Vergleich der Glutealfalten und Wirbelsäulenverlauf bei passiver Vorbeuge im Alter von 2 Monaten

Glutealfalten	Wirbelsäulenverlauf in passiver Vorbeuge			
	gerade	rechtskonvex	linkskonvex	n
symmetrisch	256	12	15	283
rechts höherstehend	32	0	9	41
links höherstehend	23	1	2	26
n	311	13	26	350

Tabelle 64. Rechts-Links-Vergleich der Glutealfalten und Wirbelsäulenverlauf bei passiver Vorbeuge im Alter von 3 Monaten

Glutealfalten	Wirbelsäulenverlauf in passiver Vorbeuge			
	gerade	rechtskonvex	linkskonvex	n
symmetrisch	204	10	23	237
rechts höherstehend	62	4	11	77
links höherstehend	25	3	8	36
n	291	17	42	350

Tabelle 65. Rechts-Links-Vergleich der Glutealfalten und Wirbelsäulenverlauf bei passiver Vorbeuge im Alter von 4 Monaten

Glutealfalten	Wirbelsäulenverlauf in passiver Vorbeuge			
	gerade	rechtskonvex	linkskonvex	n
symmetrisch	141	20	25	186
rechts höherstehend	62	12	26	100
links höherstehend	37	15	12	64
n	240	47	63	350

Beziehungen im Untersuchungsalter von 9 und 18 Monaten lassen sich statistisch nicht sichern (Tabelle 66 u. 67).

Zu vermuten war eine Beziehung zwischen Wirbelsäulenverlauf in passiver Vorbeuge und den Reaktionen der Wirbelsäule auf passive Seitneigung, auf Vertikalhang und auf gehaltene Horizontallage. Vergleichszeitpunkt ist das Untersuchungsalter von 4 Monaten, weil Seitneigeverhalten und Verlauf der Wirbelsäule in passiver Vorbeuge zu dieser Zeit am häufigsten Asymmetriebefunde aufweisen und weil die Wirbelsäulenreaktion auf Vertikalhang und gehaltene Horizontallage nur zu diesem Zeitpunkt geprüft wurde.

Wir betrachteten zunächst die passive Seitneigefähigkeit der Gesamtwirbelsäule. Der Befund bei Kindern mit geradem Wirbelsäulenverlauf in passiver Vorbeuge unterscheidet sich signifikant von dem bei Kindern mit Links- oder Rechtskonvexität. Kinder mit geradem Wirbelsäulenverlauf zeigen am häufigsten symmetrische passive Seitneigefähigkeit. Bei Linkskonvexität ist die nach

Tabelle 66. Rechts-Links-Vergleich der Glutealfalten und Wirbelsäulenverlauf bei passiver Vorbeuge im Alter von 9 Monaten

| Glutealfalten | Wirbelsäulenverlauf in passiver Vorbeuge | | | |
	gerade	rechtskonvex	linkskonvex	n
symmetrisch	195	5	13	213
rechts höherstehend	49	3	2	54
links höherstehend	26	4	1	31
n	270	12	16	298

Tabelle 67. Rechts-Links-Vergleich der Glutealfalten und Wirbelsäulenverlauf bei passiver Vorbeuge im Alter von 18 Monaten

| Glutealfalten | Wirbelsäulenverlauf in passiver Vorbeuge | | | |
	gerade	rechtskonvex	linkskonvex	n
symmetrisch	198	3	6	207
rechts höherstehend	46	0	0	46
links höherstehend	12	1	1	14
n	256	4	7	267

Tabelle 68. Passive Seitneige der Wirbelsäule und Wirbelsäulenverlauf bei passiver Vorbeuge im Alter von 4 Monaten

| Passive Seitneigung der Wirbelsäule | Wirbelsäulenverlauf in passiver Vorbeuge | | | |
	gerade	rechtskonvex	linkskonvex	n
symmetrisch	100	15	7	122
rechts > links	96	9	49	154
links > rechts	44	23	7	74
n	240	47	63	350

links verminderte Seitneige der häufigste Befund. Gleiches gilt für die nach rechts verminderte Seitneigung bei Rechtskonvexität. Allerdings fällt auf, daß die unter Linkskonvexitätsbedingung zu erwartende Einschränkung der Seitneigefähigkeit nach links häufiger beobachtet wird als analog dazu die verminderte Seitneigefähigkeit nach rechts bei Rechtskonvexität. Das geht auf Kosten symmetrischer Seitneigefähigkeit, die bei Linkskonvexität relativ seltener ist als bei Rechtskonvexität (Tabelle 68).

Das Wirbelsäulenverhalten im Vertikalhang gibt zu erkennen, daß ein signifikanter Unterschied zwischen Kindern mit in Vorbeuge gerader Wirbelsäule und solchen mit Rechts- oder Linkskonvexität besteht. Gerader Wirbelsäulenverlauf im Vertikalhang ist am häufigsten verbunden mit geradem Wirbelsäulenverlauf in passiver Vorbeuge. Bei Rechtskonvexität in Vorbeuge ist Rechtskonvexität im Vertikalhang häufigster Asymmetriebefund; gleiches gilt analog für Linkskonvexität Tabelle 69).

Auch in diesem Untersuchungszusammenhang wird die erwartete Übereinstimmung beider Linkskonvexitäten prozentual häufiger beobachtet als die beider Rechtskonvexitäten.

Das Verhalten der Wirbelsäule in gehaltener Horizontallage zeigt Seitenunterschiede. Bei Kindern mit in passiver Vorbeuge gerader Wirbelsäule wird unter der Bedingung gehaltener Horizontallage am häufigsten ein symmetrisches Wirbelsäulenverhalten gefunden. Linkskonvexität in Vorbeuge bietet bei Horizontallageprüfung relativ gehäuft linkskonvexe Befundkombinationen (Tabelle 70).

Rechtskonvexität ist analog verknüpft. Die Befundübereinstimmung ist auch bei dieser Funktionstestung für Linkskonvexität größer als für Rechtskonvexität. Im Gegensatz zum Verhalten bei passiver Seitneigeprüfung und im Vertikalhang

Tabelle 69. Wirbelsäulenverlauf im Vertikalhang und Wirbelsäulenverlauf bei passiver Vorbeuge im Alter von 4 Monaten

Wirbelsäulenverlauf im Vertikalhang	Wirbelsäulenverlauf in passiver Vorbeuge			
	gerade	rechtskonvex	linkskonvex	n
symmetrisch	227	31	33	291
rechtskonvex	4	14	3	21
linkskonvex	9	2	27	38
n	240	47	63	350

Tabelle 70. Wirbelsäulenverlauf in gehaltener Horizontallage und Wirbelsäulenverlauf bei passiver Vorbeuge im Alter von 4 Monaten

Wirbelsäulenverlauf in Horizontallage	Wirbelsäulenverlauf in passiver Vorbeuge			
	gerade	rechtskonvex	linkskonvex	n
symmetrisch	135	26	15	176
rechtskonvex	45	18	15	78
linkskonvex	60	3	33	96
n	240	47	63	350

geht aber die häufigere Seitübereinstimmung nicht auf Kosten der Befunde des ‚geraden Wirbelsäulenverlaufes' bzw. der ‚symmetrischen Seitneige'. Vielmehr ist die Rechtskonvexkombination der Horizontallage bei Kindern mit linkskonvexer Wirbelsäule in Vorbeuge seltener als bei in Vorbeuge rechtskonvexer Wirbelsäule die entsprechende Linkskonvexkombination der Horizontallage.

In Zusammenfassung aller vier Wirbelsäulenfunktionsprüfungen lassen sich insgesamt 89 Kinder ermitteln, bei denen alle Untersuchungen gleichsinnige Ergebnisse aufweisen. 64 dieser Kinder zeigen einen immer geraden Wirbelsäulenverlauf mit stets symmetrischer Seitneigung. 8 Kinder haben einen immer der Rechtskonvexität, 17 Kinder einen immer der Linkskonvexität entsprechenden Befund.

5.3.3 Beziehungen zwischen der Form des Gesichtes und anderen Untersuchungsbefunden

Im Abschnitt 5.3.1 hatten wir Zusammenhänge zwischen passiver Seitneigung der oberen Halswirbelsäule und der Gesichtsform aufgezeigt (s. Tabelle 53 u. 54). Wir untersuchten weiter, ob eine Beziehung zwischen der Hirnschädelform und asymmetrischer Gesichtsausbildung besteht. Schädelasymmetrien waren im Alter von 4 Monaten relativ häufig (Tabelle 71), so daß wir diesen Befund gegen die Gesichtsform im Untersuchungsalter von 18 Monaten stellten.

Die statistische Prüfung ließ erkennen, daß Kinder, die mit 4 Monaten eine Hirnschädelasymmetrie aufwiesen, mit 18 Monaten signifikant häufiger eine Gesichtsskoliose hatten. Allerdings war bei rund einem Fünftel dieser Kinder die Gesichtsentwicklung trotz bestehender Hirnschädelasymmetrie seitengleich verlaufen.

Tabelle 71. Gesichtsform im Alter von 18 Monaten und Hirnschädelform mit 4 Monaten

Gesicht (18 Monate)	Schädelform (4 Monate)		
	symmetrisch	dorsal rechts oder links flacher	n
symmetrisch	111	6	117
rechts- oder linkskonvex	129	21	150
n	240	27	267

Tabelle 72. Gesichtsform und Händigkeit im Alter von 18 Monaten

Gesicht	Händigkeit			
	beiderseits	rechts	links	n
symmetrisch	46	58	13	117
rechts- oder linkskonvex	45	95	10	150
n	91	153	23	267

Gesichtsform und Händigkeit konnten im Untersuchungsalter von 18 Monaten in keine statistisch eindeutige Beziehung gebracht werden (Tabelle 72).

Es ergab sich allerdings der Hinweis auf eine interessante Zusammenhangstendenz, auf die wir in der Diskussion eingehen werden.

5.3.4 Beziehungen zwischen Röntgenbefunden am Becken und anderen Untersuchungsergebnissen

Wir setzten die Ergebnisse der Röntgenuntersuchung des Beckens in Beziehung zu klinischen Befunden des Untersuchungsalters von 4 Monaten.

5.3.4.1 Pfannendachparameter und andere Untersuchungsbefunde

Geprüft wurde die Beziehungswahrscheinlichkeit zwischen passiver Seitneigefähigkeit der oberen Halswirbelsäule und Parametern der Hüftgelenkspfannendächer.

Der absolute Wert beider Pfannendachwinkel, unabhängig von der Beckenprojektion, ist in allen drei Verhaltensgruppen passiver Seitneigefähigkeit der oberen Halswirbelsäule links größer als rechts, statistisch signifikant aber nur in der Gruppe mit nach links eingeschränkter Seitneigefähigkeit (Tabelle 73).

Betrachtet man, wiederum unabhängig von der Beckenprojektion, die absolute Winkelgröße beider Pfannendächer getrennt, besteht kein Unterschied zwischen den Werten bei Kindern mit symmetrischer und asymmetrischer Seitneigung der oberen Halswirbelsäule. Die relativen Größenbeziehungen beider

Tabelle 73. Pfannendachneigungswinkel und passive Seitneigung der oberen Halswirbelsäule im Alter von 4 Monaten

Passive Seitneigung der oberen Halswirbelsäule	Pfannendachneigungswinkel				
	rechts		links		
	$\bar{x}$	s	$\bar{x}$	s	n
symmetrisch	19,7°	4,94	20,5°	5,05	79
rechts > links	20,6°	4,57	21,5°	4,61	231
links > rechts	20,0°	4,45	21,0°	5,11	30

Tabelle 74. Relativer Rechts-Links-Vergleich der Pfannendachneigungswinkel und passive Seitneigung der oberen Halswirbelsäule im Alter von 4 Monaten

Passive Seitneigung der oberen Halswirbelsäule	Pfannendachneigungswinkel			
	rechts > links	rechts = links	links > rechts	n
symmetrisch	23	15	41	79
rechts > links	6	6	18	30
links > rechts	66	40	125	231
n	95	61	184	340

Pfannendächer zueinander ergeben sich als unabhängig von der passiven Seitneigefähigkeit in der oberen Halswirbelsäule verteilt (Tabelle 74).

Wir verglichen den Pfannendachneigungswinkel gegen den Wirbelsäulenverlauf in passiver Vorbeuge. Unter Nichtberücksichtigung der Beckenprojektion ergibt sich in allen Wirbelsäulenverhaltensgruppen eine links steilere Hüftgelenkspfanne. Die größte Seitendifferenz, statistisch signifikant, besteht in der Gruppe mit geradem Wirbelsäulenverlauf. Der Seitendifferenz beider anderen Gruppen kommt keine Signifikanz zu (Tabelle 75).

Weder absolute noch relative Größenbeziehungen beider Pfannendächer lassen Abhängigkeit vom Wirbelsäulenverlauf in passiver Vorbeuge erkennen (Tabelle 76).

Neben dem Wirbelsäulenverhalten in passiver Vorbeuge wurde auch die passive Seitneigefähigkeit zum Pfannendachwinkel in Beziehung gebracht. Unter diesen Bedingungen erweisen sich die Absolutdifferenzen beider Pfannendach-

Tabelle 75. Pfannendachneigungswinkel und Wirbelsäulenverlauf bei passiver Vorbeuge im Alter von 4 Monaten

Wirbelsäulenverlauf in passiver Vorbeuge	Pfannendachneigungswinkel				
	rechts		links		
	$\bar{x}$	s	$\bar{x}$	s	n
gerade	20,2°	4,74	21,1°	4,79	236
rechtskonvex	20,9°	4,45	21,6°	4,91	45
linkskonvex	20,4°	4,44	21,0°	4,63	59

Tabelle 76. Relativer Rechts-Links-Vergleich der Pfannendachneigungswinkel und Wirbelsäulenverlauf bei passiver Vorbeuge im Alter von 4 Monaten

Wirbelsäulenverlauf in passiver Vorbeuge	Pfannendachneigungswinkel			
	rechts > links	rechts = links	links > rechts	n
gerade	62	46	128	236
rechtskonvex	14	5	26	45
linkskonvex	19	10	30	59
n	95	61	184	340

Tabelle 77. Pfannendachneigungswinkel und passive Seitneigung der Wirbelsäule im Alter von 4 Monaten

Passive Seitneigung der Wirbelsäule	Pfannendachneigungswinkel				
	rechts		links		
	$\bar{x}$	s	$\bar{x}$	s	n
symmetrisch	20,9°	4,62	21,5°	4,99	120
rechts > links	20,3°	4,66	21,6°	4,58	149
links > rechts	19,4°	4,60	20,0°	4,62	71

winkel – ohne Beachtung der Beckenprojektion – in allen Gruppen als links größer. Die größte, statistisch signifikante Differenz besteht in der Gruppe mit nach links verminderter Wirbelsäulenseitneigung. In den anderen Gruppen ist die Differenz annähernd gleich groß und nicht signifikant (Tabelle 77).

Die wiederum projektionsunabhängig betrachtete Absolutgröße des rechten Pfannendachwinkels bietet einen signifikant größeren Winkel bei Kindern mit symmetrischer Wirbelsäulenseitneigung, und zwar im Vergleich zu Kindern mit verminderter Seitneigung nach rechts. Differenzen zu den anderen Gruppen blieben ohne Signifikanz.

Für das linke Pfannendach ist das Bild anders. Kinder mit symmetrischer Wirbelsäulenseitneigung haben, wie auf der Gegenseite, einen signifikant größeren Pfannendachwinkel gegenüber Kindern mit nach rechts verminderter Seitneigefähigkeit. Aber auch bei nach links verminderter Wirbelsäulenseitneigung ist die Pfannenneigung links signifikant größer gegenüber Kindern mit nach rechts verminderter Wirbelsäulenseitneigefähigkeit. Die relative Größenbestimmung zwischen beiden Pfannendachwinkeln erweist sich dagegen als unabhängig von der passiven Seitneigefähigkeit der Wirbelsäule (Tabelle 78).

Es lag nahe, die Glutealfalten als äußere morphologische Kriterien des Beckenbereiches in Beziehung zur Pfannendachneigung zu setzen. Unabhängig von der Beckenprojektion betrachtet, ist in allen Gruppen des Glutealfaltenverhaltens der Pfannendachwinkel links größer als rechts, jedoch in keiner Gruppe mit statistischer Signifikanz (Tabelle 79).

Die unter gleichen Bedingungen beurteilte Absolutgröße des rechten Pfannendachwinkels allein gibt keine Gruppenunterschiede zu erkennen. Gleiches gilt

Tabelle 78. Relativer Rechts-Links-Vergleich der Pfannendachneigungswinkel und passive Seitneigung der Wirbelsäule im Alter von 4 Monaten

Passive Seitneigung der Wirbelsäule	Pfannendachneigungswinkel			n
	rechts > links	symmetrisch	links > rechts	
symmetrisch	39	24	57	120
rechts > links	38	19	92	149
links > rechts	19	18	34	71
n	96	61	183	340

Tabelle 79. Pfannendachneigungswinkel und Rechts-Links-Vergleich der Glutealfalten im Alter von 4 Monaten

Glutealfalten	Pfannendachneigungswinkel				n
	rechts		links		
	$\bar{x}$	s	$\bar{x}$	s	
symmetrisch	20,3°	5,06	21,1°	4,83	183
rechts höherstehend	20,4°	4,19	21,5°	4,46	97
links höherstehend	20,5°	4,10	21,2°	5,10	60

für das linke Hüftgelenk. Auch die relativen Größenbeziehungen zwischen den Pfannendachwinkeln sind vom Glutealfaltenverhalten unabhängig (Tabelle 80).

Das Abduktionsvermögen des Hüftgelenkes wurde gegen die Winkelgrößen der Pfannendächer verglichen. Die unabhängig von der Beckenprojektion gewonnene Absolutgrößendifferenz der Pfannendachwinkel in Beziehung zum Abduktionsverhalten zeigt wie bei allen anderen klinischen Parametern einen für alle Gruppen links größeren Winkelwert. Die Differenz ist am größten in der Gruppe mit symmetrischer Abduktion und nur in dieser Gruppe signifikant (Tabelle 81).

Die Absolutgrößen beider Pfannendachwinkel und die Relativgrößenbeziehungen sind von den Abduktionsrelationen beider Seiten unabhängig (Tabelle 82).

Zusätzlich verglichen wir das mittlere Abduktionsverhalten beider Seiten mit dem Pfannendachwinkel. Zu diesem Zweck faßten wir alle Kinder mit einem

Tabelle 80. Relativer Rechts-Links-Vergleich der Pfannendachneigungswinkel und Rechts-Links-Vergleich der Glutealfalten im Alter von 4 Monaten

Glutealfalten	Pfannendachneigungswinkel			
	rechts > links	rechts = links	links > rechts	n
symmetrisch	51	33	99	183
rechts höherstehend	26	18	53	97
links höherstehend	18	10	32	60
n	95	61	184	340

Tabelle 81. Pfannendachneigungswinkel und Hüftgelenksabduktion im Alter von 4 Monaten

Abduktion	Pfannendachneigungswinkel				
	rechts		links		
	$\bar{x}$	s	$\bar{x}$	s	n
symmetrisch	20,0°	4,44	21,0°	4,61	179
rechts > links	21,1°	4,70	21,9°	5,14	30
links > rechts	20,7°	4,90	21,4°	4,90	131

Tabelle 82. Relativer Rechts-Links-Vergleich der Pfannendachneigungswinkel und Hüftgelenksabduktion im Alter von 4 Monaten

Abduktion	Pfannendachneigungswinkel			
	rechts > links	rechts = links	links > rechts	n
rechts > links	8	10	12	30
rechts = links	47	32	100	179
links > rechts	40	19	72	131
n	95	61	184	340

Pfannendachwinkel über 25 Grad in einer Gruppe zusammen und verglichen diese mit den restlichen (Tabelle 83).

In den Gruppen mit einem Pfannendachwinkel über 25 Grad lagen zwar beiderseits geringere Abduktionswerte vor, dieser Unterschied ließ sich aber nicht statistisch sichern.

Schließlich suchten wir nach einem Zusammenhang zwischen der Hirnschädelform und dem Pfannendachwinkel. Die größte Rechts-Links-Differenz der Pfannenneigung bestand – statistisch signifikant – in der Gruppe mit symmetrischer Schädelform. Unterschiede in den anderen Gruppen waren nicht signifikant (Tabelle 84).

Betrachtet man in den einzelnen Gruppen die Absolutgröße des rechten Pfannendachwinkels, so ist diese am kleinsten bei Kindern mit Schädelabflachung dorsal rechts. Der Winkel ist signifikant kleiner als bei Kindern mit Abflachung links oder symmetrischer Schädelform. Letztere beide Gruppen unterscheiden sich statistisch nicht. Auch links ist die Absolutgröße des Pfannendachwinkels bei Kindern mit Schädelabflachung dorsal rechts am kleinsten. Größte Winkel liegen bei Kindern mit symmetrisch geformtem Schädel vor. Der Unterschied zwischen beiden genannten Gruppen ist signifikant, während die Winkelgröße bei der Gruppe mit Schädelabflachung links nur unwesentlich von der der anderen Gruppen abweicht.

Die relativen Größenbeziehungen beider Pfannendachwinkel sind von der Schädelform unabhängig (Tabelle 85).

Tabelle 83. Pfannendachneigungswinkel mit Bezugswert von 25 Grad und mittlere Hüftgelenksabduktion im Alter von 4 Monaten

Abduktion		Pfannendachneigungswinkel			
		rechts		links	
		bis 25°	>25°	bis 25°	>25°
rechts	$\bar{x}$	82,0°	79,9°	82,0°	80,8°
	s	6,48	6,87	6,54	6,60
links	$\bar{x}$	84,0°	82,9°	84,0°	83,2°
	s	5,80	5,89	5,84	5,73
n		295	45	274	66

Tabelle 84. Pfannendachneigungswinkel und Hirnschädelform im Alter von 4 Monaten

Schädelform	Pfannendachneigungswinkel				
	rechts		links		
	$\bar{x}$	s	$\bar{x}$	s	n
symmetrisch	20,4°	4,69	21,4°	4,84	309
dorsal rechts flacher	18,0°	3,63	19,1°	3,55	23
dorsal links flacher	19,5°	3,12	20,7°	2,33	8

Tabelle 85. Relativer Rechts-Links-Vergleich der Pfannendachneigungswinkel und Hirnschädelform im Alter von 4 Monaten

Schädelform	Pfannendachneigungswinkel			
	rechts > links	rechts = links	links > rechts	n
symmetrisch	86	57	166	309
rechts dorsal flacher	8	1	14	23
links dorsal flacher	1	3	4	8
n	95	61	184	320

5.3.4.2 Projektionsberücksichtigende Beckenbefunde und andere Untersuchungsergebnisse

Mittels des Drehungsindexes wiesen wir für die Mehrzahl der untersuchten Kinder eine Asymmetrie in der röntgenologischen Beckenprojektion nach. Davon ausgehend untersuchten wir im Alter von 4 Monaten, ob sich Beziehungen zu ausgewählten klinischen Daten herstellen lassen.

Für die passive Seitneigefähigkeit der oberen Halswirbelsäule kamen wir zu folgenden Ergebnissen: Kinder mit symmetrischem Seitneigevermögen der oberen Halswirbelsäule haben signifikant häufiger einen Drehungsindex gleich 1 als Kinder mit nach links verminderter Seitneigung (Tabelle 86).

Die Häufigkeitsverteilung des Drehungsindexes kleiner und größer als 1 ist in beiden Gruppen gleich. Der Vergleich zwischen Kindern mit symmetrischer

Tabelle 86. Drehungsindex und passive Seitneigung der oberen Halswirbelsäule im Alter von 4 Monaten

Passive Seitneigung der oberen Halswirbelsäule	Drehungsindex			
	< 1	= 1	> 1	n
symmetrisch	32	24	22	78
rechts > links	108	38	80	226
links > rechts	13	5	10	28
n	153	67	112	332

Tabelle 87. Kreuzbeinprojektion und passive Seitneigung der oberen Halswirbelsäule im Alter von 4 Monaten

Passive Seitneigung der oberen Halswirbelsäule	Projektion des Kreuzbeines			
	nach links	symmetrisch	nach rechts	n
symmetrisch	16	40	11	67
rechts > links	67	91	47	205
links > rechts	8	13	5	26
n	91	144	63	298

Halswirbelsäulenneigung gegen die mit nach rechts eingeschränkter Neigefähigkeit bleibt ohne statistisch verifizierbaren Unterschied.

Wir untersuchten weiter, ob für die anderen Kriterien der Beckenprojektion ähnliche Modalitäten vorliegen. Die Beziehung zwischen der Projektionsposition der Kreuzbeinspitze und Seitneigevermögen der oberen Halswirbelsäule geht aus Tabelle 87 hervor.

Weder dafür noch für die Beckenprojektionsbeurteilung mit Hilfe des Darmbeinindexes lassen sich statistisch faßbare Korrelationen zur passiven Halswirbelsäulenseitneigung nachweisen (Tabelle 88).

Als weiteren klinischen Befund prüften wir das Wirbelsäulenverhalten bei passiver Vorbeuge im Vergleich zum Drehungsindex (Tabelle 89), zur Projektion der Kreuzbeinspitze (Tabelle 90) und zum Darmbeinindex (Tabelle 91).

Diese Parameter erwiesen sich bei statistischer Prüfung als vom Wirbelsäulenverlauf unabhängig. Das Wirbelsäulenverhalten bei passiver Seitneigung vergli-

Tabelle 88. Darmbeinindex und passive Seitneigung der oberen Halswirbelsäule im Alter von 4 Monaten

Passive Seitneigung der oberen Halswirbelsäule	Darmbeinindex			
	<1	$=1$	>1	n
symmetrisch	6	48	15	69
rechts > links	3	15	9	27
links > rechts	27	123	52	202
n	36	186	76	298

Tabelle 89. Drehungsindex und Wirbelsäulenverlauf bei passiver Vorbeuge im Alter von 4 Monaten

Wirbelsäulenverlauf in passiver Vorbeuge	Drehungsindex			
	<1	$=1$	>1	n
gerade	109	46	77	232
rechtskonvex	16	8	18	42
linkskonvex	28	13	17	58
n	153	67	112	332

Tabelle 90. Kreuzbeinprojektion und Wirbelsäulenverlauf bei passiver Vorbeuge im Alter von 4 Monaten

Wirbelsäulenverlauf in passiver Vorbeuge	Projektion des Kreuzbeines			
	nach links	symmetrisch	nach rechts	n
gerade	59	101	45	205
rechtskonvex	14	19	6	39
linkskonvex	18	24	12	54
n	91	144	63	298

Tabelle 91. Darmbeinindex und Wirbelsäulenverlauf bei passiver Vorbeuge im Alter von 4 Monaten

Wirbelsäulenverlauf in passiver Vorbeuge	Darmbeinindex < 1	= 1	> 1	n
gerade	53	130	22	205
rechtskonvex	10	20	7	37
linkskonvex	13	36	7	56
n	76	186	36	298

Tabelle 92. Drehungsindex und passive Seitneigung der Wirbelsäule im Alter von 4 Monaten

Passive Seitneigung der Wirbelsäule	Drehungsindex < 1	= 1	> 1	n
symmetrisch	49	21	46	116
rechts > links	80	31	36	147
links > rechts	24	15	30	69
n	153	67	112	332

Tabelle 93. Kreuzbeinprojektion und passive Seitneigung der Wirbelsäule im Alter von 4 Monaten

Passive Seitneigung der Wirbelsäule	Projektion des Kreuzbeines nach links	symmetrisch	nach rechts	n
symmetrisch	30	51	23	104
rechts > links	46	60	28	134
links > rechts	15	33	12	60
n	91	144	63	298

Tabelle 94. Drehungsindex und Rechts-Links-Vergleich der Glutealfalten im Alter von 4 Monaten

Glutealfalten	Drehungsindex < 1	= 1	> 1	n
symmetrisch	92	36	51	179
rechts höherstehend	40	19	38	97
links höherstehend	21	12	23	56
n	153	67	112	332

chen wir gegen den Drehungsindex (Tabelle 92) und gegen die Projektionsposition der Kreuzbeinspitze (Tabelle 93).

Dabei war zu erkennen, daß der Drehungsindex in den einzelnen Gruppen unterschiedlich verteilt vorliegt. Während bei Kindern mit Seitneigesymmetrie die Drehungsindizes größer als 1 und kleiner als 1 annähernd gleich häufig vorkommen, überwiegt bei nach links verminderter Seitneigung der Drehungsindex kleiner als 1. Dafür wird die nach rechts verminderte Seitneigung häufiger mit einem Drehungsindex größer als 1 angetroffen. Für die Kreuzbeinspitze besteht kein Gruppenverhalten. Beziehungen des Drehungsindexes zum Glutealfaltenverhalten (Tabelle 94), zur Abduktion (Tabelle 95) und zur Hirnschädelform (Tabelle 96) waren statistisch nicht zu sichern.

Tabelle 95. Drehungsindex und Hüftgelenksabduktion im Alter von 4 Monaten

Abduktion	Drehungsindex			
	<1	=1	>1	n
symmetrisch	86	35	54	175
rechts > links	15	9	5	29
links > rechts	52	23	53	128
n	153	67	112	332

Tabelle 96. Drehungsindex und Hirnschädelform im Alter von 4 Monaten

Schädelform	Drehungsindex			
	<1	=1	>1	n
symmetrisch	137	60	104	301
rechts dorsal flacher	15	5	3	23
links dorsal flacher	1	2	5	8
n	153	67	112	332

Tabelle 97. Meßergebnisse am Beckenpräparat in Abhängigkeit von dessen Position

	Position						
	A	B_1	B_2	C_1	C_2	D_1	D_2
Pfannendachwinkel rechts	18°	16°	14°	20°	22°	18°	19°
Pfannendachwinkel links	18°	20°	22°	16°	14°	19°	18°
Drehungsindex	1,0	0,7	0,5	1,4	1,6	0,9	1,1
Darmbeinindex	1,0	1,3	1,4	0,8	0,7	1,1	0,9
Projektion des Kreuzbeins	symm.	nach links	nach links	nach rechts	nach rechts	symm.	symm.

5.4 Ergebnisse der Modelluntersuchungen zur röntgenologischen Beckenprojektion

Die Ergebnisse unserer Modelluntersuchungen sind in Tabelle 97 dargestellt.
Bei symmetrischer Beckenprojektion (Position A) waren am Beckenpräparat beide Pfannendachwinkel gleichgroß. Bei Beckendrehung nach rechts (Positionen B_1 und B_2) wird der rechte Pfannenneigungswinkel kleiner, und zwar um so

ausgeprägter, je größer das Drehungsausmaß ist. Der linke Pfannendachwinkel zeigt dabei entgegengesetztes Verhalten. Mit Drehungszunahme nimmt auch sein Winkelwert zu. Als quantitative Drehungskriterien dienen der definierte Drehungs- und Darmbeinindex. Beckenrechtsdrehung verkleinert den Drehungsindex, vergrößert den Darmbeinindex. Die Differenzen beider Indizes in Abhängigkeit vom Drehungsausmaß sind unterschiedlich. Der Drehungsindex nimmt stärker ab als der Darmbeinindex zunimmt.

Analog liegen die Verhältnisse bei Beckendrehung nach links (Positionen C_1 und C_2). Es findet sich eine vom Drehungsausmaß abhängige Winkelzunahme rechts, verbunden mit Winkelreduzierung links. Der bei Linksdrehung größer werdende Drehungsindex ist wiederum empfindlicher als der sich nur wenig verkleinernde Darmbeinindex.

Die Position D_1 drückt eine isolierte Kippung der linken Beckenhälfte nach medial im Iliosakralgelenk aus. Unter diesen Umständen entspricht der rechte Pfannenneigungswinkel dem bei symmetrischer Beckenprojektion, der linke jedoch ist etwas größer. Der Wert für den Drehungsindex (kleiner als 1) und für den Darmbeinindex (größer als 1) entspricht einer Beckendrehung nach rechts, wobei sich aber die Kreuzbeinspitze in Beckenmitte abbildet. Beim Vergleich mit der Position B_1 fällt die geringe Differenz von rechtem gegen linken Pfannendachwinkel, aber auch von Drehungsindex gegen Darmbeinindex auf.

Die Position D_2 charakterisiert gleiche, nur umgekehrte Verhältnisse für die rechte Beckenhälfte. Alle Einzelheiten korrespondieren in umgekehrter Form mit denen der Position D_1.

6 Diskussion

6.1 Funktionelles Symmetrie- und Asymmetrieverhalten der oberen Halswirbelsäule

Die von uns überprüften Bewegungen an der Wirbelsäule betrafen ausschließlich Seitneigeleistungen passiver und aktiver Art. Solche Bewegungen führen die autochthonen Rückenmuskeln aus, welche monosegmental durch die dorsalen Spinalnervenäste versorgt werden. Passive Seitneigeprüfung läßt damit Aussagen zum Spannungszustand dieser Muskulatur zu, in die allerdings ebenso mechanische Störungen der zu ihr gehörenden Wirbelsäulengelenke eingehen können.

Unter allen in der Neugeborenenperiode erhobenen funktionellen und morphologischen Einzelheiten fanden wir am häufigsten Asymmetriebefunde bei der passiven Seitneigeprüfung der oberen Halswirbelsäule. Asymmetrieverhalten dieser Art zeigt sich ungleich häufiger als Seitneigeeinschränkung nach links gegenüber der nach rechts.

Einseitig verminderte Seitneigefähigkeit in der oberen Halswirbelsäule von Neugeborenen hatte die Vermutung aufkommen lassen, daß dahinter Beziehungen zur Geburtslage des Kindes zu suchen seien (Seifert 1974, 1975; Kubis 1976). Gegen diese Annahme spricht die Feststellung, daß in unserer Untersuchungsreihe sowohl das Vorhandensein als auch die Richtung asymmetrischer Bewegungsbefunde an den Kopfgelenken unabhängig von der Geburtslage und von der Zahl vorausgegangener Geburten gefunden wurde. Diese Ergebnisse decken sich mit denen einer früheren Beobachtungsreihe (Buchmann u. Bülow 1983).

Wir halten eine Interpretation der einseitig verminderten Seitneigefähigkeit in der oberen Halswirbelsäule von Neugeborenen als Folge geburtsmechanischer Vorgänge für unzulässig. Auch die Häufigkeitszunahme des geschilderten Asymmetriebefundes in den folgenden Lebensmonaten widerspricht einer solchen Deutung. Bis zum Alter von 4 Monaten kommt es zu einer derartigen Bewegungsasymmetrie bei rund vier Fünftel aller untersuchten Kinder. Zu allen Untersuchungszeitpunkten überwiegt dabei die Bewegungseinschränkung nach links hin; dieser Asymmetriebefund wird mit zunehmendem Alter der Kinder immer deutlicher.

Wir halten die geschilderte asymmetrische Seitneigefähigkeit in der oberen Halswirbelsäule für den funktionellen Hintergrund der bei auf dem Rücken liegenden Säuglingen nahezu regelmäßig zu beobachtenden Kopfvorzugshaltung. Nach übereinstimmender Autorenmeinung bevorzugt der weitaus größere Teil der Säuglinge eine Kopfdrehhaltung nach rechts (Weiss 1926; Jentschura 1956a;

Swoboda 1956; Gladel 1963, 1969, 1972, 1977, 1978; Lübbe 1967, 1971; Lesigang u. Schwägerl 1974; Pikler 1985), ein Verhalten, das auch bei in Bauchlage aufwachsenden Säuglingen zu erkennen ist (Gladel 1978).

Dabei darf der Begriff ‚Kopfvorzugshaltung' nicht die Vorstellung einer bewußtseinsgeprägten frühkindlichen Entscheidungsleistung erwecken. Der auf dem Rücken liegende Säugling kann in den ersten Lebenswochen seinen Kopf noch nicht aktiv in Mittelstellung halten. Genausowenig kann er ihn, Außenreizen folgend, bewußt rotieren. Diese Fähigkeit erwirbt er erst im Zuge seiner motorischen Reifung (Kalbe 1981). Wenn unter diesen Umständen die Mehrzahl der Kinder eine Kopfdrehhaltung nach rechts aufweist, ist dabei ein Zusammenspiel von Muskeltonus und Gravitation zu vermuten. Folgt man den anatomischen Erörterungen von Wolff (1981, 1982) und von Dvořák u. Dvořák (1983), so steht hinter der geschilderten gewohnheitsmäßigen Rechtsrotation des Kopfes ein erhöhter Ruhetonus der rechtsseitigen Mm. obliquii capitis superiores et inferiores und der Mm. recti capitis posteriores majores et minores.

Manche Autoren sehen als Grund für diese Haltungseigentümlichkeit ein emotional unterlegtes bewußtes Handeln von Säuglingen, nämlich auf die Finger der rechten Hand orientierte Lutschgewohnheiten (Lübbe 1963b, 1965a,b, 1974; Bernbeck u. Dahmen 1983). Wir halten eine solche Deutung für unzulässig. Abgesehen davon, daß in der Neugeborenenzeit und in den ersten Lebenswochen eine derartige zweckgerichtete Bewegungskoordination noch nicht bewußt realisiert werden kann, weist später nur ein verschwindend kleiner Teil der Kinder fingerbezogene Lutschgewohnheiten auf.

Wie Gesell (1950, 1960) und Müller, D. (1968) sind wir der Meinung, daß die beschriebene Kopfvorzugshaltung als früher Ausdruck einer sich allmählich verdeutlichenden sensomotorischen Hemisphärendifferenzierung des Großhirns zu bewerten ist und somit dem Dominanzproblem zugeordnet werden muß. Diese Lageeinseitigkeit führt zum Aufbau eines rückkoppelnden und kontrollierenden Augenkontaktes mit der Führungshand. Damit entsteht in der Ontogenese frühzeitig eine enge funktionelle Verbindung wichtiger Aktions- und Kontrollmechanismen, die nach Abschluß der motorischen Reifung einen wesentlichen Teil der individuellen menschlichen Fähigkeit ausmachen, sich mit der Umwelt auseinandersetzen zu können.

Bevorzugte Drehlage der Köpfe von Säuglingen nach rechts scheint also durch die gleiche, nach Bragina u. Dobrochotova (1984) bis heute unbekannte Ursache bedingt zu sein, nach der vier Fünftel aller Menschen Rechtshänder sind.

Nach dem 4. Lebensmonat vergrößert sich die Zahl der Kinder wieder, bei denen wir eine symmetrische Seitneigefähigkeit in der oberen Halswirbelsäule finden. Diese Entwicklung verläuft parallel zur Aufgabe der Kopfvorzugshaltung, welche im Alter von 4–5 Monaten zu erwarten ist (Jentschura 1956b; Flehmig 1983). Offensichtlich kommen zu diesem Zeitpunkt Initialmechanismen der menschlichen Vertikalisierung ins Spiel, die mit der aktiven Kopfkontrolle beginnen. Allerdings erfolgt der Aufbau dieses motorischen Regelsystems nur bei einem Drittel der Kinder auf der Basis einer als symmetrisch anzunehmenden Kopfgelenksbeweglichkeit. Bei rund zwei Drittel muß von einem funktionellen Seitenüberwiegen der rechten tiefen Halsmuskulatur ausgegangen werden. Bis zum Ende unseres Untersuchungszeitraumes ändern sich diese Verteilungsverhältnisse nur unwesentlich.

Als für Kleinkinder zweckdienliche Untersuchung der Kopfgelenksbeweglichkeit hat sich die Überprüfung der sog. ‚Seitnickfähigkeit' (Lewit u. Krausová 1967) erwiesen (Buchmann u. Bülow 1983). Diese Prüfung berührt nicht die Mechanismen der zu dieser Zeit noch unmittelbar wirkenden tonischen Nackenreflexe. Obwohl die Prüfbewegung „in den oberen und unteren Kopfgelenken abläuft" (Lewit 1983), gilt sie bei Behinderung als Beweis für eine funktionelle Störung der Gelenke zwischen Atlas und Axis (Lewit 1983). Diese Untersuchungsbewegung dient uns zur Einschätzung der frühkindlichen Kopfgelenksbeweglichkeit im Seitenvergleich.

In diesem Zusammenhang stellt sich die Frage, ob hinter der von uns gefundenen Seitenasymmetrie in der passiven Seitneigefähigkeit der oberen Halswirbelsäule arthrogene oder muskuläre Mechanismen zu suchen sind.

Wir hatten herausgestellt, daß Bewegungsasymmetrien an der oberen Halswirbelsäule offensichtlich mit der menschlichen Lateralität in Einklang stehen. Wenn solche Bewegungsasymmetrien als Folge sensomotorischer Dominanz anzusehen sind, muß die erwähnte seitenunterschiedliche Ruhespannungslage der für die obere Halswirbelsäule zuständigen tiefen Nackenmuskeln Priorität besitzen.

Obwohl Muskeln und Gelenk zwei Glieder einer umschriebenen Funktionseinheit darstellen, die wechselseitig miteinander verknüpft sind (Asmussen 1978; Klein-Vogelbach 1984), ist unmittelbare zentralnervöse Einflußnahme auf dieses System nur über den Muskel möglich. Daraus schlußfolgern wir, daß für die Anfangsmonate des menschlichen Lebens die von uns beobachtete Seitendifferenz passiver Halswirbelsäulenbeweglichkeit als Ausdruck seitenunterschiedlicher Muskelspannungsverhältnisse gelten muß. Inwieweit sich daraus, wiederum in wechselseitiger Einflußnahme, funktionelle Gelenkstörungen im Sinne reversibler Blockierungen vorangegangener Definition ergeben, muß im Einzelfall entschieden werden.

Festzuhalten bleibt, daß die mit unserer Untersuchungsmethode in dem von uns gewählten Untersuchungszeitraum gewonnenen Vergleichswerte lediglich beweisend für seitenunterschiedliches Verhalten im Bewegungs*system* der Kopfgelenke sind: Eine sichere Aufgliederung in muskuläre oder arthrogene Leistungsfähigkeit halten wir in diesem Lebensalter und mit den gegenwärtig bekannten Untersuchungsmöglichkeiten für nicht möglich.

In Anlehnung an die systemorientierten Auffassungen von Wolff (1968, 1974, 1983b), Brügger (1980), Kimberly (1980) und Neumann (1986) betrachten wir jedoch eine solche Aufgliederungsnotwendigkeit nicht als dringlich. Es bleibt nämlich unserer Meinung nach zunächst gleichgültig, aus welchen anatomischen Strukturen bei funktioneller Asymmetrie seitenunterschiedliche propriozeptive Reize hervorgehen. Bedeutung gewinnt eine solche Präzisierung dann, wenn die propriozeptive Seitendifferenz zu Fehlverarbeitung führt oder wenn zusätzlich Nozizeption wirksam wird. Unter solchen Umständen können davon therapeutische Schlußfolgerungen berührt werden. Derartige Überlegungen gewannen aber in der hier besprochenen Untersuchungsreihe keine praktische Relevanz.

Auf die mögliche pathogenetische Potenz von Blockierungen der Wirbelgelenke bei Kindern ist in verschiedenen Zusammenhängen hingewiesen worden (u. a. von Lewit u. Janda 1964; Starý et al. 1964; Gutmann 1968, 1987; Seifert 1974, 1975; Buchmann 1979; Mohr 1979; Buchmann et al. 1981; Buchmann u. Bülow 1983; Gutmann u. Biedermann 1984; Tomaschewski 1984).

Unsere jetzige Ansicht dazu, von früheren Untersuchungen und der vorliegenden Beobachtungsreihe geprägt, läßt sich in folgender Weise zusammenfassen: Bewegungsasymmetrien an der oberen Halswirbelsäule in Form seitendifferenter passiver Seitnickfähigkeit sind nach Lewit u. Krausová (1967) und nach Lewit (1983) interpretierbar als Blockierungen zwischen Atlas und Axis. Gleichgültig, ob man sich dieser Deutung anschließt oder mehr primäre Tonusdifferenzen der tiefen Halsmuskulatur in den Vordergrund rückt, bleibt festzuhalten, daß derartige Bewegungsasymmetrien an der oberen Halswirbelsäule in der Säuglingsperiode als Normalbefund anzusehen sind. Wir fassen sie als einen lokalfunktionellen Ausdruck sich manifestierender menschlicher Lateralität auf. Somit sind sie weder besonders beachtenswert noch behandlungsbedürftig. Durch das System der tonischen Nackenreflexe können solche Bewegungsasymmetrien eine die gesamte tonische Muskulatur umfassende Allgemeinwirkung erfahren. Mit Wirkungsverlust der tonischen Nackenreflexe, also im Zuge der Körperaufrichtung, verlieren sie diese allgemeine Wirksamkeit.

Daraus kann abgeleitet werden, daß nur unter den Bedingungen länger anhaltender Bedeutung tonischer Nackenreflexe ihr seitendifferenter Einfluß auf den Muskeltonus unphysiologisch lange erhalten bleibt. Das ist der Fall bei einigen Formen motorischer Entwicklungsstörung. Unter solchen, klinisch erfaßbaren Bedingungen kann während der ersten beiden Lebensjahre die Notwendigkeit entstehen, Bewegungsasymmetrien in Form funktioneller Kopfgelenksstörungen gezielt zu behandeln, um bei überlange persistierendem Einfluß tonischer Nackenreflexe entwicklungsbehindernde Tonuseinseitigkeiten und damit zusammenhängende Bewegungsseitendifferenzen zu überwinden. Anders ausgedrückt: Unter den Bedingungen motorischer Normalentwicklung sind Funktionsasymmetrien im Kopfgelenksbereich ein entwicklungsphysiologischer Normalbefund. Sie stellen unter solchen Umständen, auch wenn sie als Blockierungen aufgefaßt werden, keine Behandlungsindikation sui generis dar.

In der Literatur sind Angaben zur passiven Seitneigefähigkeit der oberen Halswirbelsäule im frühen Kindesalter nur vereinzelt zu finden (Gutmann 1968; Seifert 1975; Buchmann u. Bülow 1983). Schildt (1986) sah bei Querschnittsuntersuchungen an Kindern und Jugendlichen eine als Blockierungszeichen zwischen Atlas und Axis interpretierte Seitneigeminderung der Halswirbelsäule häufiger nach rechts. Ihrer Meinung nach sei eine Tendenz zur zahlenmäßig überwiegenden Seitneigebehinderung nach links, die für diese Region bei Erwachsenen als typisch angesehen wird (Rychliková 1979; Lewit 1983), erst nach dem 15. Lebensjahr zu erwarten.

6.2 Funktionelles Symmetrie- und Asymmetrieverhalten der Gesamtwirbelsäule

Dem Nachweis einer Skoliose dient üblicherweise die Formbeurteilung der Wirbelsäule in passiver Rumpfvorbeuge. Bei der Erstuntersuchung zeigten knapp 6% der Kinder eine reproduzierbare Seitabweichung der Wirbelsäule. Abgesehen von Wirbelsäulenveränderungen bei Mißbildungssyndromen gilt ein solcher Befund zu diesem Zeitpunkt als sehr selten (Bauer, F. 1935; Kaiser 1958b), eine Ansicht, die wir nicht teilen.

In den ersten Lebensmonaten steigt die Zahl der Kinder mit seitunterschiedlichem Wirbelsäulenverhalten bei passiver Rumpfvorbeuge an, und zwar zunächst nur langsam, dann aber, zwischen 3. und 4. Lebensmonat, sprunghaft. Mit 4 Monaten ist eine Seitverbiegung der Wirbelsäule bei leichtem Überwiegen der Linkskonvexität am häufigsten nachweisbar, nämlich bei rund einem Drittel der Kinder. Dieser Häufigkeitsgipfel deckt sich mit dem des höchsten Asymmetriewertes für die passive Seitneigefähigkeit in der oberen Halswirbelsäule.

Analog zur zahlenmäßigen Rückbildung von Asymmetriebefunden an der Halswirbelsäule kommt es zur Symmetrierung des Wirbelsäulenverlaufes bei Vorbeugeprüfung, und zwar nach dem 4. Lebensmonat in eklatanter Weise. Mit 9 Monaten zeigen nur noch 9%, mit 18 Monaten nur noch 4% der Kinder eine Seitenabweichung der Wirbelsäule.

Auch in diesem Zusammenhang bringen wir die auffällige Änderung der Wirbelsäulenhaltung mit der in diese Zeit fallenden Vertikalisierung in Verbindung. Im Zuge der Entwicklung erlangen tonisch regierte Haltungsmechanismen einen weitgehend peripher rückgekoppelten Regulationscharakter mit sich abschwächender Abhängigkeit von übergeordneten Zentren. Allerdings muß deren Einfluß, wie im Falle der Propriozeption aus den Kopfgelenken, auch weiter angenommen werden (Lewit 1983; Wolff 1983b; Gutmann u. Biedermann 1984).

Das von uns beobachtete Überwiegen der Linkskonvexität bei Seitabweichen der Wirbelsäule unter passiver Rumpfvorbeuge entspricht den Angaben im Schrifttum (u.a. James 1976; Mau u. Gabe 1981; Mau 1982), die sich dann aber auf die Säuglingsskoliose beziehen. Eine gelegentlich geäußerte Vorstellung über die Bevorzugung des männlichen Geschlechtes (Lübbe 1970) können wir nicht bestätigen.

Bei unserer Untersuchung im Alter von 4 Monaten ergibt sich eine relative Häufung der Wirbelsäulenlinkskonvexität bei Geburt aus 1. Hinterhauptslage und der Rechtskonvexität bei Geburt aus 2. Hinterhauptslage. Damit befinden wir uns im Gegensatz zu Gladel (1969) und Mau (1979), die für den Gesamtkomplex der von ihnen so benannten ‚Rückenschräglage' oder ‚Schräglagedeformität' keine derartige Abhängigkeit finden konnten.

Der für uns verbindliche Befund der Wirbelsäulenseitabweichung ist mit dem von Mau (1979) und anderen (Beckmann 1963 a,b; Gladel 1963; Lübbe 1963 a,b) gebrauchten Schräglagebegriff nicht identisch, stellt jedoch einen Teil desselben dar. Allerdings interpretieren wir die bei unseren Kindern im Alter von 4 Monaten gefundenen Seitabweichungen der Wirbelsäule mit Übereinstimmung zur jeweiligen Geburtslage nicht als unmittelbare Folge der intrauterinen Lage oder „Zwangslage" im Sinne von F. Bauer (1935). Es läßt sich nämlich kein direkter

Zusammenhang mit diesem Wirbelsäulengesamtbefund bei Untersuchungen zur Neugeborenenzeit und im Alter von 4 Monaten herstellen. Mehr noch, die Kinder, welche bei der ersten Untersuchung eine Wirbelsäulenseitabweichung gezeigt hatten, gehören nicht zu denen, welche diesen Befund im Alter von 4 Monaten aufweisen.

In keinem anderen Zusammenhang unserer Asymmetriebefunde lassen sich Beziehungen zur Geburtslage herstellen. Einzige Ausnahme ist das geschilderte Wirbelsäulenverhalten bei passiver Rumpfvorbeuge, überprüft im Alter von 4 Monaten. Aus diesem Grund schließen wir, daß diese Befundkonstellation zu diesem Untersuchungszeitpunkt eine wahrscheinlich zufällige ist, der kein Regelcharakter unterlegt werden kann.

Neben dem Wirbelsäulenverhalten bei passiver Vorbeuge überprüften wir im Untersuchungsalter von 4, 9 und 18 Monaten in Bauchlage die passive Seitneigefähigkeit der Gesamtwirbelsäule. Einseitigkeiten in der passiven Seitneigung der gesamten Wirbelsäule gelten als Frühzeichen einer Säuglingsskoliose (Jentschura 1956a; Penners 1956, 1959; Lindemann 1958; Otte 1969; Edelmann 1975; Mau u. Gabe 1981), woraus die Forderung nach einer zweifachen Röntgenaufnahme in jeweils maximaler Wirbelsäulenseitneigung (u.a. Schramm 1965; Wilhelm 1966; Mau u. Gabe 1981), der ‚Schwenkaufnahme' nach Boehnke (1966), zum Skikolioseausschluß abgeleitet worden ist. Da uns die damit verbundene Strahlenbelastung im Zusammenhang mit einer Dokumentationshandlung zu groß erschien, suchten wir nach einer anderen Möglichkeit, die jeweils größte passive Seitneigefähigkeit der Wirbelsäule objektivierbar festzuhalten. Wir fanden sie in der fotografischen Fixierung der beiderseitigen Bewegungsausmaße, wobei das Kind auf einer gerasterten Unterlage liegt (Abb. 14 u. 15).

Insgesamt sehen wir die passive Seitneigefähigkeit der Wirbelsäule zu allen Untersuchungszeitpunkten häufiger asymmetrisch als den Wirbelsäulenverlauf

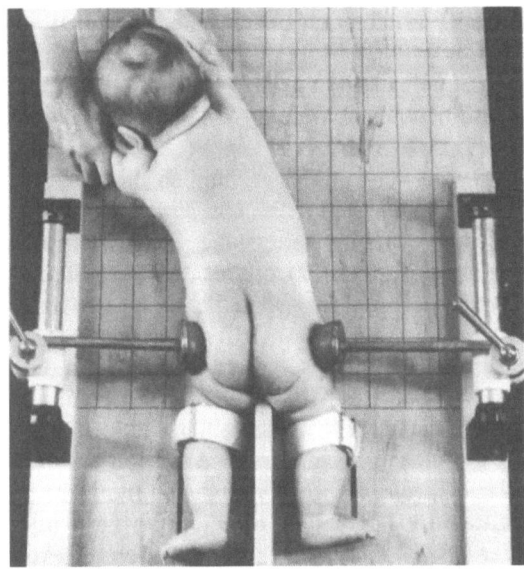

Abb. 14. Fotografische Dokumentation maximaler passiver Seitneigung der Gesamtwirbelsäule nach links

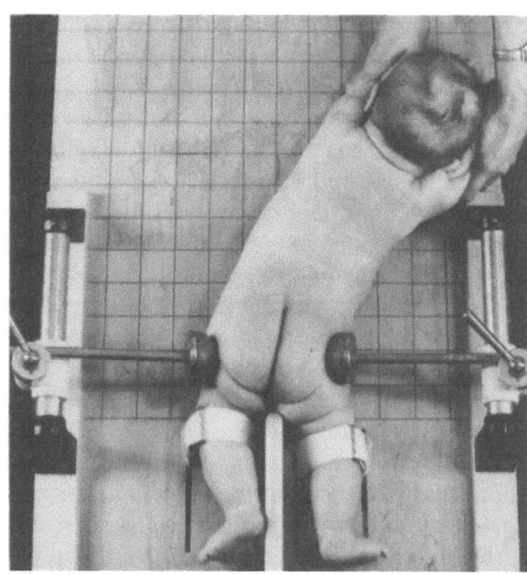

Abb. 15. Fotografische Dokumentation maximaler passiver Seitneigung der Gesamtwirbelsäule nach rechts

bei passiver Rumpfvorbeuge. Hinsichtlich funktioneller Zusammenhänge entspricht bei einem Vergleich der beiden Untersuchungsarten einer Linkskonvexität der Wirbelsäule in gehaltener Rumpfvorbeuge die nach links eingeschränkte passive Seitneigung. Für beide Untersuchungsarten stimmen die Richtungsverteilung der funktionellen Asymmetrie und die Symmetrierungstendenz mit zunehmendem Lebensalter prinzipiell überein. Die generell größere Anzahl von Asymmetriebefunden bei passiver Seitneigeprüfung der Gesamtwirbelsäule resultiert unserer Meinung nach aus der Tatsache, daß dabei asymmetrische Tonusverhältnisse der Paravertebralmuskulatur stärker als bei passiver Vorbeuge in die Testbewegung eingehen. Damit erweist sich diese Methode als empfindlich zum Aufdecken von Seitenasymmetrien im Bewegungsverhalten des Achsenorgans.

Etwas anders stellen sich die Verhältnisse im Vertikalhang dar, bei dem das Spontanverhalten der Wirbelsäule unter in Rumpflängsrichtung wirkendem Schwerkrafteinfluß geprüft wird. Bei prinzipiell gleichen Relationen in den Verhaltensformen zueinander zeigt sich die Wirbelsäule in dieser Untersuchungsposition am häufigsten gerade. Es ist zu vermuten, daß eine geringgradige Tonusasymmetrie unter diesen Untersuchungsbedingungen von der Schwerkraftwirkung überdeckt werden kann, die diagnostische Aussagefähigkeit des Tests also als gering zu veranschlagen ist.

Kompliziert in der Beurteilung sind die Verhältnisse bei frei gehaltener Horizontallage. In dieser Position greift die Schwerkraft senkrecht zur Wirbelsäulenlängsachse an. Vojta (1984) bewertet unter diesen Bedingungen mit Hilfe der Rumpf- und Extremitätenstellung das kindliche Lagereaktionsverhalten, um damit die zentralnervöse Integrität zu beurteilen. Für das Untersuchungsalter von 4 Monaten gibt er einen horizontalen oder nach unten konvexen Wirbelsäulenverlauf als Normalbefund an. Nur diesen Teil des Untersuchungsganges benutzten wir, da uns nicht das Lagereaktionsverhalten der untersuchten Kinder, sondern deren motorische Wirbelsäulenkontrolle interessierte.

Das Wirbelsäulenverhalten bei Kopfhaltung nach rechts unterscheidet sich von dem bei Kopfhaltung nach links. Es scheint die rechtsseitige paravertebrale Muskulatur stärker tonisiert zu sein als die linksseitige: bei Kopfhaltung nach links erreichen rund 45% der Kinder eine nach unten konvexe Wirbelsäuleneinstellung, während es bei Kopfhaltung nach rechts nur 36% sind. Die Rückführung der gefundenen Verhaltensformen auf die Begriffe der Symmetrie, der Rechtskonvexität und der Linkskonvexität der Wirbelsäule zeigt, daß in Horizontallage symmetrisches Wirbelsäulenverhalten häufiger ist als bei Überprüfung passiver Seitneigefähigkeit, dagegen seltener als bei Prüfung in passiver Vorbeuge und im Vertikalhang.

Um die Aussagefähigkeit der einzelnen Wirbelsäulenuntersuchungen zu werten, setzten wir die Ergebnisse der Untersuchung in passiver Rumpfvorbeuge zu denen der übrigen Tests in Beziehung. Dabei waren wir uns der Tatsache bewußt, daß keine der einzelnen Untersuchungsmethoden als den anderen im Aussageverhalten überlegen angesehen werden kann. Den Beziehungsvergleich zum Wirbelsäulenverhalten in passiver Rumpfvorbeuge benutzten wir deswegen, weil diese Untersuchung seit Jahrzehnten als Beurteilungshinweis für eventuelles skoliotisches Wirbelsäulenverhalten gebräuchlich ist und als Standard gilt.

Eine völlige Übereinstimmung in allen Untersuchungsmethoden lag nie vor. Es war jedoch eine Zusammenhangsbeziehung aller Funktionsprüfungen zum Wirbelsäulenverlauf in Rumpfvorbeuge nachweisbar. Größte Übereinstimmung fand sich zur passiven Seitneigefähigkeit, geringste für das Verhalten in gehaltener Horizontallage. Bei allen Funktionsprüfungen war eine Übereinstimmung für Werte der Linkskonvexität größer als für die der Rechtskonvexität. Damit erscheint der Tatbestand linkskonvexen Verhaltens ‚fester' zu sein, wobei sich die Frage erhebt, ob es sich dabei bereits um eine strukturelle Fixierung oder nur um einen rechtsseitig erhöhten Tonuswert der paravertebralen Muskulatur handelt. Für letztere Ansicht spricht das von der Säuglingsskoliose bekannte (u. a. James 1951; Scott u. Morgan 1955; Lloyd-Roberts u. Pilcher 1965; Otte 1969; Scheier 1975; Thompson u. Bentley 1980; Mau 1982) und auch von uns beobachtete spontane Verschwinden des asymmetrischen Wirbelsäulenverhaltens mit zunehmendem Lebensalter.

Über das System der tonischen Nackenreflexe greifen die Gelenkrezeptoren der Kopfgelenke in den ersten Lebensmonaten besonders deutlich in das Tonusverhalten der Muskulatur ein (Mc Couch et al. 1951; Véle 1968, 1970; Gutmann u. Véle 1970; Stejskal 1972; Lesigang u. Schwägerl 1974; Kalbe 1981; Gutmann u. Biedermann 1984). Es liegt nahe, seitenunterschiedliche Bewegungsfähigkeit in den Kopfgelenken mit seitenunterschiedlicher Rezeptorenaktivität aus diesem Gebiet zu assoziieren (Buchmann 1979; Buchmann u. Bülow 1983). Aus diesem Grunde suchten wir nach Beziehungen zwischen der passiven Seitneigefähigkeit in der oberen Halswirbelsäule und dem statodynamischen Verhalten der Gesamtwirbelsäule. Solche Beziehungen bestehen für alle Formen des überprüften Wirbelsäulenverhaltens, wenn auch zu den einzelnen Untersuchungszeitpunkten für die verschiedenen Testverfahren in unterschiedlichem Maße.

Immer war symmetrische Seitneigefähigkeit in den Kopfgelenken mit geradem Wirbelsäulenverlauf und mit Symmetrieverhalten bei Testabläufen überzufällig häufig verbunden. Mit Ausnahme der Horizontallageprüfung ließ sich stets eine Richtungsbeziehung der Asymmetriebefunde nachweisen. Diese drückt sich in der Form aus, daß bei nach links eingeschränkter Seitneigung der oberen Halswirbelsäule Linkskonvexitätsbefunde der Gesamtwirbelsäule eine relative Häufigkeit aufweisen, bei Einschränkung nach rechts solche der Rechtskonvexität. Diese Befundkombination ist in der Gesamtpopulation statistisch signifikant, was jedoch nicht bedeutet, daß ihr im Einzelfall gesetzmäßiger Charakter zukommt.

Wir ziehen daraus den Schluß, daß dem Rezeptorenapparat der Kopfgelenke im frühen Kindesalter über die Beeinflussung des Muskeltonus eine zwar äußerst bedeutungsvolle, aber nicht alleinige Steuer- und Regelfunktion für das statomotorische Gesamtverhalten der Wirbelsäule zukommt. Dieser Steuereinfluß scheint mit Einsetzen der Körperaufrichtung zurückzugehen, denn im Alter von 18 Monaten ließen sich Zusammenhänge zwischen dem Bewegungsverhalten der oberen Halswirbelsäule und dem der Gesamtwirbelsäule in passiver Rumpfvorbeuge nicht mehr statistisch sichern.

Unsere Untersuchungsergebnisse unterstreichen die Tatsache, daß die Diagnosestellung einer Säuglingsskoliose schon per definitionem schwierig ist und unterschiedlich gehandhabten Beurteilungskriterien unterliegt (Mau 1982). Einerseits gilt diese Skolioseform als eine funktionelle und damit jederzeit passiv korrigierbare frühkindliche Seitverbiegung der Wirbelsäule (u.a. Mau 1982; Jaster et al. 1984; Jaster 1986). Andererseits wird die einseitige Seitneigebehinderung der Wirbelsäule bei Säuglingsskoliose als Zeichen struktureller Fixierung bewertet und zum entscheidenden diagnostischen Kriterium erhoben (Jentschura 1956a; Penners 1956; Lindemann 1958; Wilhelm 1966; Otte 1969; Mau u. Gabe 1981). Die so schlußfolgernden Autoren gehen allerdings von Kindern aus, bei denen das Vorliegen einer Säuglingsskoliose aus einer Anzahl entsprechender Befunde abgeleitet worden war. Wir hingegen gewannen unsere Verhaltensbeobachtungen von primär unauffälligen Kindern einer Zufallspopulation. Dabei stellten wir fest, daß bei diesen Kindern ein asymmetrisches Wirbelsäulenverhalten bei passiver Seitneigeprüfung häufig vorkommt und durchaus nicht regelmäßig an das klinische Bild einer Säuglingsskoliose gebunden ist. Das muß am diagnostischen Wert dieser Wirbelsäulenprüfung im Hinblick auf die Säuglingsskoliose zweifeln lassen.

In unserer Arbeitshypothese waren wir davon ausgegangen, daß die einzelnen Untersuchungsformen des Wirbelsäulenverhaltens im Sinne erhöhter diagnostischer Wertungsmöglichkeit einander ergänzen könnten. Unsere Beobachtungen besagen jedoch, daß die Einzeluntersuchungen nur begrenzt miteinander vergleichbar sind und daß nicht sicher entschieden werden kann, wann im Einzelfall falsch-negative bzw. falsch-positive Befunde vorliegen. Es gehen in jeden Untersuchungstyp unterschiedliche periphere Afferenzen, u.a. solche aus den Kopfgelenken, ein. Die aus der Gesamtpopulation dabei ableitbaren Hinweise auf Verhaltenstendenzen zeigen Regelmäßigkeit. Diese lassen sich aber im Einzelfall nur mit Vorbehalt für diagnostische oder prognostische Aussagen verwenden, eine Misere, die in diesem Zusammenhang für alle Untersuchungskriterien gilt (Siguda 1976).

Wir können im Hinblick auf die Säuglingsskoliose unsere Erfahrungen in folgender Weise zusammenfassen: Die Überprüfung des Wirbelsäulenverhaltens bei unterschiedlichen Lagebedingungen erleichtert die Diagnosestellung nicht wesentlich. Die Vielzahl und die Vielgestaltigkeit asymmetrischer Befunde in Abhängigkeit von der jeweiligen Körperlage sind zumindest im Untersuchungsalter von 4 Monaten als Regelbefund zu bewerten. Die Gesamtheit dieser Befunde weist bei der statistisch betrachteten Probandenpopulation auf seitenbezogene Regelmäßigkeiten hin. Diese lassen aber bei der klinisch relevanten Einzelbetrachtung nur sehr bedingte Schlußfolgerungen zu.

Interessant ist eine rückschauende Betrachtung: Kinder, welche mit 18 Monaten eine Rechts- oder Linkskonvexität der Wirbelsäule aufweisen, sind nicht zuverlässig mit denen identisch, die im Alter von 4 Monaten bei Wirbelsäulenverhaltenstesten Befunde im Sinne einer Rechts- oder Linkskonvexität aufgewiesen hatten.

6.3 Symmetrie- und Asymmetrieverhalten der Glutealfalten

Die Glutealfaltenasymmetrie als bedingt morphologisch geprägter Befund wird zum Bild der Säuglingsskoliose oder Säuglingsschieflage gerechnet (Beckmann 1963a; Gladel 1963; Mau 1963; Mau u. Gabe 1981). Dabei informieren die einzelnen Autoren nur ungenau darüber, in welcher Körperposition die Beurteilung der kindlichen Glutealfalten erfolgte. Wir beurteilen sie nicht in der uns unsicher erscheinenden kindlichen Spontanlage, sondern generell bei passiv gestreckten Hüftgelenken und symmetrischer Lagerung des Rumpfes.

Nach Beckmann (1973) gilt die Faltenasymmetrie als obligates Zeichen der Schräglagedeformität. Ihr Bestehenbleiben über die Zeit der Körperaufrichtung hinweg soll auf die Ausbildung von strukturell fixierten Umbildungen des Bewegungssystems hinweisen. Bei Bauchlageuntersuchung steht die Glutealfalte auf der Seite der Wirbelsäulenkonkavität höher (Mau 1981). Da bei Säuglingen Wirbelsäulenlinkskonvexität häufiger ist als Rechtskonvexität, müßte danach häufiger eine rechts höherstehende Glutealfalte zu erwarten sein.

Zahlenangaben über Häufigkeit und Seitenverteilung von Faltenasymmetrie bei an ihrer Wirbelsäule unauffälligen Säuglingen finden sich in der zugänglichen Literatur nicht. In unserer Untersuchungsreihe sind Glutealfaltenasymmetrien zu allen Untersuchungszeitpunkten seltener als Asymmetrien des Wirbelsäulenverlaufes, der Wirbelsäulenseitneigung und der Seitneigefähigkeit in der oberen Halswirbelsäule. Ihre Ausprägungstendenz verläuft analog der des Wirbelsäulenverhaltens. Am häufigsten finden sich asymmetrische Glutealfalten im Untersuchungsalter von 4 Monaten. Im Zuge der Körperaufrichtung nimmt ihre Häufigkeit ab. In der Zeitspanne zwischen 9. und 18. Lebensmonat bleibt das Symmetrie-Asymmetrie-Verhältnis unverändert. Diese von uns beobachteten Häufigkeitsschwankungen stehen im Widerspruch zu Angaben von Maneke (1961), der die Gesamtzahl dieser Asymmetrien bei Säuglingen über mehrere Monate hinweg als konstant angibt. Bestätigen können wir Beobachtungen des gleichen Autors, daß die Befundträger einer bestimmten Asymmetrie in der untersuchten Population wechseln und daß die individuelle Asymmetriekonstanz nur gering ist.

Bei vorhandener Faltenasymmetrie fanden wir die Falte der rechten Seite häufiger höherstehend. Aber nur im Alter von 2–4 Monaten bestätigte sich die von Mau (1981) behauptete Beziehung zwischen Wirbelsäulenverlauf und Faltenbefund: Linkskonvexität der Wirbelsäule war gewöhnlich mit einer rechts höherstehenden Glutealfalte kombiniert, die wesentlich seltenere Rechtskonvexität mit umgekehrtem Faltenbefund. Es bestanden jedoch auch Faltenasymmetrien bei geradem Wirbelsäulenverlauf.

Eine Abhängigkeit des Glutealfaltenverhaltens vom passiven Seitneigevermögen in der oberen Halswirbelsäule vermochten wir nicht nachzuweisen.

Unsere in bezug auf die Glutealfalten gesammelten Erfahrungen lassen folgenden Schluß zu: Das Verhalten der Glutealfalten ist offensichtlich in weit geringerem Maße tonusgesteuert als das der paravertebralen Muskulatur. Damit muß der diagnostische Wert einer asymmetrischen Glutealfaltenposition für die Erkennung einer Säuglingsskoliose bzw. einer Schräglagedeformität als nur gering veranschlagt werden.

Auf Zusammenhänge zwischen der Glutealfaltenkonfiguration und Untersuchungsbefunden im Hüftgelenks-Becken-Bereich werden wir weiter unten eingehen.

6.4 Symmetrie und Asymmetrie an Hirn- und Gesichtsschädel

Asymmetrien der Hirnschädelform als kongenitale Erscheinung gelten als selten (Weiss 1924, 1926; Bauer, F. 1931, 1936). Regelfall sei die sekundäre Entwicklung einer Hirnschädelasymmetrie, und zwar gewöhnlich im Zusammenhang mit der seitenbevorzugenden Körperlage von Säuglingen (u. a. Jackson 1956; Thom 1961; Lübbe 1963b; Robson 1968; Pilcher 1969; Rauterberg u. Tönnis 1973).

Schädelasymmetrien bilden in unserem Untersuchungsgut einen zu allen Untersuchungszeitpunkten seltenen Befund. Bei der ersten Untersuchung zeigten 16 Kinder, also 5% unserere Zufallspopulation, eine Asymmetrie des Hirnschädels. Die Häufigkeit dieses Befundes steigt zwar langsam, aber stetig, um im Alter von 9 Monaten ein Maximum zu erreichen. Damit ergibt sich im Vergleich mit den Asymmetriebefunden an Wirbelsäule und Hüftgelenken eine analoge Aus- und Rückbildungstendenz. Der Häufigkeitsgipfel von Schädelasymmetrien wird jedoch deutlich später, in der ersten Vertikalisationsphase, erreicht. Mit 18 Monaten, also bei weitgehender Sicherung der Körperaufrichtung, nehmen Asymmetriebefunde am Hirnschädel wieder den Ausgangswert der Untersuchung in der Neugeborenenzeit an.

Die von uns beobachteten Schädelasymmetrien zeigten zu allen Untersuchungszeiten eine klare Seitenbevorzugung. Das Hinterhaupt war rechts wesentlich häufiger abgeflacht als links. Zu gleichen Ergebnissen kamen Thom (1961) und Mau (1963), während Robson (1968), Gladel (1982) und Komprda (1984) im gleichen Zusammmhang keine Seitenbevorzugung finden konnten.

Der Pathomechanismus dieser offensichtlich passageren Schieflagefolge am Kopf wird nach Beckmann (1963a, b) und Gladel (1963) aufgefaßt als eine

Parallelverschiebung der den Hirnschädel bildenden Knochen, die damit der Schwerkrafteinwirkung folgen.

Keinen Zweifel gibt es an der weitgehenden Rückbildungsfähigkeit dieser Schädelasymmetrie, auch wenn sie von allen frühkindlichen Asymmetriebefunden am längsten bestehenbleibt (Bauer, F. 1936). Senkrechter, der Körperlängsachse folgender Gravitationseinfluß führt nach Abschluß des Aufrichtungsprozesses zur Symmetrierung von Lage und Form der den Hirnschädel bildenden Knochen.

Unserer Gesamtkonzeption folgend, suchten wir nach möglichen Beziehungen von Schädelasymmetrie zu anderen Asymmetriebefunden. Im Alter von 4 Monaten war kein Häufigkeitsunterschied von Schädelasymmetrien bei Kindern mit asymmetrischem gegenüber denen mit symmetrischem Seitneigevermögen der oberen Halswirbelsäule feststellbar. Daraus ist abzuleiten, daß seitenbevorzugende frühkindliche Kopfhaltung zur Schädelasymmetrie führen kann, ohne daß eine asymmetrische Bewegungsfähigkeit der oberen Halswirbelsäule als Bedingung dazugehört. Anders formuliert bedeutet diese Beobachtung: Asymmetrisches Seitneigevermögen der oberen Halswirbelsäule ist keine Conditio sine qua non für die Ausbildung einer Schädelasymmetrie in der frühen Kindheit.

Eine Beziehung zwischen Schädelasymmetrie und Wirbelsäulenverhalten in passiver Vorbeuge war nachweisbar. Länger bestehende Linkskonvexität der Wirbelsäule ist überzufällig häufig mit Schädelabflachung rechts dorsal verbunden. Für Kinder mit immer geradem Wirbelsäulenverlauf und für solche mit rechtskonvexer Wirbelsäule bestehen derartige Bezüge nicht. Das führt wiederum zu der bereits im Vergleich der einzelnen Wirbelsäulenfunktionsuntersuchungen getroffenen Schlußfolgerung: Linkskonvexes Wirbelsäulenverhalten ist nicht nur absolut häufigster Asymmetrieausdruck, sondern auch reflektorisch konsequenter, ‚fester' fixiert, wodurch abhängige Sekundärerscheinungen wahrscheinlicher werden. Dem entspricht auch der zeitverschobene Häufigkeitsgipfel des Asymmetrieverhaltens an Wirbelsäule und Hirnschädel. Dieser liegt für die Wirbelsäule früher als für den Schädel. Damit muß die Vermutung Beckmanns (1963a, 1973) abgelehnt werden, die der Schädelasymmetrie eine primäre und führende Rolle in der Entwicklung des Schieflagesyndroms zuspricht.

Über die Ausbildung der Schädelbasis sind Beziehungen zwischen der Entwicklung von Hirn- und Gesichtsschädel gegeben (Virchow, R. 1857; Beck 1928; Gerlach 1968). Wir versuchten vorhandene Asymmetriezusammenhänge zahlenmäßig zu erfassen. Zur Blickbeurteilung benutzten wir die 1902 von Völcker propagierten Hilfslinien: durch auf beiden Gesichtsseiten liegende markante Punkte – äußere Augenwinkel, Mundecken – sind Linien zu denken. Bei Gesichtssymmetrie verlaufen diese Linien parallel zueinander, bei Asymmetrie divergieren sie auf der Konvexseite einer sog. Gesichts-‚Skoliose' und konvergieren auf der Konkavseite. Nach einiger Übung erlaubt dieses Betrachtungsverfahren sicher reproduzierbare Einschätzungen. Bei Bedarf ist es in der späteren Kindheit fotografisch quantifizierbar.

Die Erstbeurteilung der Gesichtsform der Kinder im Alter von 3 Monaten zeigte bis auf eine Ausnahme symmetrische Verhältnisse. Im Alter von 9 Monaten fanden wir bei gut einem Drittel, mit 18 Monaten bei über der Hälfte unserer Probanden ein linkskonvexes Gesicht. Als rechtskonvex hingegen imponierten sowohl mit 9 als auch mit 18 Monaten die Gesichter von nur rund 2% unserer Kinder. Damit steht der Befund der Gesichtsasymmetrie hinsichtlich absoluter Häufigkeit an zweiter Stelle hinter der seitenungleichen passiven Seitneigefähigkeit in der oberen Halswirbelsäule.

Unsere Untersuchungsergebnisse zeigen, daß bei Vorliegen einer Schädelasymmetrie mit 4 Monaten die Entwicklungswahrscheinlichkeit einer Gesichtsskoliose größer ist als bei symmetrischer Hirnschädelform. Andererseits kommt es bei der Mehrzahl der Kinder auch ohne Vorhandensein einer Schädelasymmetrie zur Ausbildung einer Gesichtsskoliose: Über 80% der Kinder, die mit 18 Monaten eine Gesichtsskoliose zeigten, hatten im Alter von 4 Monaten keine Anzeichen einer Schädelasymmetrie. Hirnschädelasymmetrie ist also keine notwendige Voraussetzung für Gesichtsschädelasymmetrie, macht jedoch deren Entwicklung wahrscheinlicher.

Hirnschädelasymmetrie wird von uns in Anlehnung an Deutungen von Beckmann (1963a, 1973) und Gladel (1963) als ein gravitationsinduzierter, temporärer Verschiebevorgang der Schädeldeckenknochen gegeneinander aufgefaßt, also als ein Sekundärprozeß in Antwort auf frühkindliche Lagebesonderheiten.

Die Hintergründe der Gesichtsasymmetrie-Entwicklung sind offensichtlich andere: Eine kindliche linkskonvexe Gesichtsformung ist überzufällig häufig mit einer nach links eingeschränkten Seitneigefähigkeit der oberen Halswirbelsäule verbunden. Das deutet hin auf die bereits dargestellte Zusammenhangswahrscheinlichkeit zwischen seitenunterschiedlichen Rezeptorenleistungen aus den Kopfgelenken und dadurch vorstellbarer Seitendifferenz in der Ruhespannungslage der Stamm-Muskulatur.

Da zur Zeit der Entwicklung einer Gesichtsskoliose die Körperaufrichtung voll im Gange ist, sind Direktabhängigkeiten von einer Kopfvorzugslage unwahrscheinlich. Verbleibende Seitendifferenz der Kopfgelenksbeweglichkeit jedoch bewahrt den ursprünglichen Lateralitätseinfluß auf die Haltemuskulatur von Stamm und Hals. Im Falle der Entwicklung einer ‚normalerweise' linkskonvexen Gesichtsskoliose wäre dann eine erhöhte Spannungssituation in den rechtsseitigen Kopfbeugern, also auch im M. sternocleidomastoideus, anzunehmen.

Diese Anschauung stützt übrigens die Ablehnung eines Einfachzusammenhanges zwischen Hirn- und Gesichtsschädelasymmetrie auf indirekte Weise: Eine Abhängigkeit der Gesichtsskoliose von der Kopfgelenksaktivität ist nachweisbar; für die Hirnschädelasymmetrie gelingt eine solche Bezugssicherung nicht.

Wir halten die ‚normal'-asymmetrische Entwicklung beider Gesichtshälften für einen weitgehend physiologischen Vorgang, der stark mit der Anlage und Ausbildung menschlicher Lateralität verknüpft ist und als wesentliches Merkmal individueller morphologischer Identität in die soziale Interaktion eingeht. Zu vermuten ist, daß entwicklungsmechanisch hinter diesem Vorgang eine muskeltonusbedingte geringfügige Abweichung der knöchernen Schädelbasis von der Waagerechten steht, welche auf beiden Gesichtsseiten vorhandene gleichwertige Wachstumspotenz in geringfügig voneinander abweichende Richtungen lenkt. In pathologischer Form, unter Bedingungen eines muskulären Schiefhalses oder einer progredienten Skoliose, sind gleichsinnige, aber wesentlich stärker ausgeprägte Vorgänge zu beobachten, die erst durch das Erlöschen der Wachstumsfähigkeit limitiert werden

Die frühkindliche Hirnschädelasymmetrie dagegen werten wir als temporäre Normabweichung, hinter der als von außen wirkende Kraft die Gravitation steht, welche auf ein noch verformbares Knochengefüge trifft. Verformend kann die Schwerkraft unter frühkindlichen Bedingungen auf den Kopf deshalb wirken, weil menschentypische Lateralität für viele Kleinkinder mit einer seitenbevorzugenden Kopflage verbunden ist. Nach Aufgabe dieser exzentrischen Kopflage, mit der Körperaufrichtung, verschwindet der Grund für die Kopfverformung und damit im Regelfalle diese auch. Während wir also die Gesichtsasymmetrie als unmittelbare Folge menschlicher Lateralität auffassen, halten wir die normalerweise temporäre Hirnschädelasymmetrie unseres Zusammenhanges für eine nur mittelbare Folge derselben.

6.5 Funktionelles Symmetrie- und Asymmetrieverhalten der Hüftgelenke

Das weiteste Ausmaß passiver Abduktion im Hüftgelenk fanden wir bei der Erstuntersuchung unserer Probanden, also während der ersten 4 Lebenstage. Der für beide Hüftgelenke bestimmte Mittelwert von nahezu 90 Grad deckt sich mit dem einer Reihe von Autoren, die das zwanglose Erreichen der sog. Lorenz-Stellung, also eine Abduktion, Beugung und Außenrotation im Hüftgelenk von jeweils 90 Grad, als für dieses Alter normal betrachten (Haberle 1945; Büschelberger 1964; Dörr 1966; Cyvin 1977; Anders 1982). Niedrigere Werte geben Bauer, P.M. (1948) mit durchschnittlich 69,4 Grad und Haas et al. (1973) mit 76,4 Grad an, von beiden allerdings als Abduktionswerte in voller Hüftgelenksstreckstellung bestimmt.

In der Folgezeit nimmt die passive Abduktionsfähigkeit bis zum Alter von 2 Monaten ab, bleibt bis zum 3. Lebensmonat konstant, um danach bis zum Alter von 9 Monaten wiederum abzunehmen. Zur Abschlußuntersuchung mit 18 Monaten hin kommt es wieder zu einer geringen Zunahme der mittleren passiven Abduktionsfähigkeit.

Dieser Verhaltenstrend entspricht den Beobachtungen der Mehrzahl der Autoren (Haberle 1945; Bauer, P.F. 1948; Dörr 1966; Schwägerl et al. 1975; Cyvin 1977; Anders 1982). Dagegen beschreibt Blencke (1964) eine Zunahme der Abduktionsfähigkeit in den ersten Lebensmonaten, Leffmann (1959) zwischen 6. und 8. Lebensmonat.

Unsere Minimalwerte mittlerer Abduktionsfähigkeit im Alter von 9 Monaten mit 80 Grad für das rechte und mit 82 Grad für das linke Hüftgelenk liegen deutlich höher als die nur spärlich in der Literatur angegebenen Winkelwerte (Dörr 1966; Anders 1982).

Bemerkenswert ist, daß der Schwankungsbereich der Abduktionsfähigkeit, für die einzelnen Untersuchungszeitpunkte ablesbar an den jeweiligen Minimal- und Maximalwerten und an der Standardabweichung, im Zuge der Entwicklung deutlich größer wird. Praktisch bedeutet das: Mit zunehmendem Lebensalter nimmt die Wahrscheinlichkeit zu, daß das individuelle Abduktionsvermögen jedes einzelnen unserer Probanden vom gefundenen Mittelwert der Population abweichen kann.

Als wesentliche Ursache für unsere hohen Abduktionswerte sehen wir die Tatsache an, daß nahezu alle von uns kontrollierten Kinder bis zum Alter von 4 Monaten eine Baby-chic-Spreizhose oder eine Wickelfolie nach Weickert trugen. Wir sahen das bei den Kontrolluntersuchungen, wobei wir keine dahingehende Aufforderung oder Belehrung an die Mütter gegeben hatten. Die aufklärende Tätigkeit der Mütterberatung dürfte dieses vorsorgliche Verhalten bewirkt haben.

Unsere Untersuchungsergebnisse zeigen also, daß unter der Bedingung einer generellen Spreizlagerung als Luxationshüften-Prophylaxe eine Abspreizfähigkeit von 80 oder 90 Grad auch im Alter von 4 Monaten keine Seltenheit darstellt. Unter diesen Umständen können wir der Ansicht von Dörr (1966) nicht zustimmen, der solch hohe Abduktionswerte jenseits des 3. Lebensmonats für den wahrscheinlichen Ausdruck einer Störung im Nerven- oder Muskelsystem hält.

Über die Beziehungen zwischen der Abduktionsfähigkeit im frühkindlichen Hüftgelenk und der Luxationshüfte existiert ein umfangreiches Schrifttum, in welchem dem eingeschränkten Abduktionsvermögen eine pathogenetische Rolle für die unzureichende Pfannenentwicklung zugesprochen wird (u.a. Hilgenreiner 1925, 1939; Putti 1929; Büschelberger 1964; Felsenreich 1971).

Einige Autoren halten die Abduktionshemmung am Neugeborenen für einen Hinweis auf das Vorliegen einer Luxationshüfte (u.a. Keller 1975a,b; Heitner et al. 1977; Jauch 1977; Seifert 1981), andere sprechen diesem Befund keine besondere Bedeutung zu (u.a. Barlow 1962; Müller-Stephann 1975; Ackermann u. Hofrichter 1979; Mau u. Michaelis 1983; Radev 1983). Einigkeit jedoch besteht dahingehend, daß eine Abduktionshemmung jenseits des 1. Trimenons als Verdachtsmoment zu bewerten ist, auch wenn immer wieder auf das Vorkommen dieses Befundes bei röntgenologisch einwandfrei nachweisbar gesunden Kindern verwiesen wird (Leffmann 1959; Reiter 1971; Schwägerl et al. 1975; Komprda 1977).

Eine Korrelation zwischen mittlerer Abduktionsfähigkeit und mittlerem Pfannendachwinkel konnten wir nicht feststellen.

Auch dahinter steht unserer Meinung nach die obligate Spreizlagerung während der ersten Lebensmonate. Damit wird die Tatsache bekräftigt, daß eine freie passive Abduktionsfähigkeit im Hüftgelenk nicht notwendigerweise identisch ist mit einer altersentsprechenden Entwicklung der knöchernen Formelemente des Hüftgelenkes.

Schon bei der ersten Untersuchung während der ersten 4 Lebenstage bestand eine geringe Differenz zwischen dem Abduktionsvermögen beider Hüftgelenke, und zwar zugunsten besserer Beweglichkeit des linken Hüftgelenkes. Haas et al. (1973) fanden zum gleichen Untersuchungszeitpunkt keinen Seitenunterschied. In Berufung auf diese Aussage gaben sich Coon et al. (1975) mit der Untersuchung ausschließlich des linken Hüftgelenkes zufrieden.

Alle anderen obengenannten Autoren trennen in ihren Angaben nicht die Abduktionsfähigkeit des linken von der des rechten Hüftgelenkes.

Auch zu späteren Untersuchungszeitpunkten stellten wir Seitendifferenzen im Abduktionsverhalten fest, wobei links höhere Bewegungswerte vorlagen. Die maximale Mittelwertdifferenz ergab sich im Alter von 9 Monaten mit 2,2 Grad. Die Anzahl der Kinder mit asymmetrischem Abduktionsvermögen ist unmittelbar nach der Geburt am kleinsten, wächst während der ersten beiden Lebensmonate rasch an, bleibt bis zum 3. Monat etwa konstant, um dann nochmals anzusteigen. Im Untersuchungsalter von 4 Monaten liegt nur bei gut der Hälfte ein symmetrisches Abduktionsvermögen der Hüftgelenke vor. Danach kommt es zu einer weitgehenden Symmetrierung, so daß bei der Abschlußuntersuchung wieder 8 von 10 Kindern eine für beide Hüftgelenke gleiche Abspreizfähigkeit aufweisen. Die Seitenunterschiede sind zu allen Untersuchungszeitpunkten statistisch signifikant.

Damit zeigt die Abduktionsfähigkeit der Hüftgelenke hinsichtlich der Häufigkeit symmetrischer oder asymmetrischer Befunde in Abhängigkeit vom Untersuchungszeitpunkt ein analoges Verhalten zu dem der Wirbelsäule in passiver Vorbeuge und bei passiver Seitneigeprüfung.

Wie schon ausgeführt wurde, sahen wir im Alter von 4 Monaten bei rund der Hälfte der Kinder ein nichtseitengleiches Abduktionsvermögen, und zwar bei der Mehrzahl als höhere Abspreizfähigkeit nach links. Diese Beobachtung steht im Widerspruch zu allgemeinen Schrifttumsangaben, welche eine Abduktionshemmung links als den häufigeren Befund beschreiben (Gladel 1963, 1983; Lesigang 1971; Komprda 1977, 1984; Mau 1981). Als Ursache dafür wird bevorzugte Schräglage nach rechts mit Beckendrehung nach rechts angegeben. Diese Lage habe eine zwangsläufige Adduktion und Innenrotation des linken Beines und eine Abduktion und Außenrotation des aufliegenden rechten Beines zur Folge.

Dieser Vorstellung steht die Ansicht Gotzmanns (1945) gegenüber, der bei C-förmiger Wirbelsäulenskoliose eine geringere Abduktionsfähigkeit häufiger auf der Konkavseite des Rumpfes, also unter bevorzugter Rechtsschräglage auf der rechten Seite, beobachtete. Lübbe (1971) beschreibt ebenfalls Abduktionshemmung an der Beckenauflageseite unter Schieflageverhalten. Manner u. Parsch (1981) schildern für Säuglinge eine Abduktionshemmung häufiger auf der rechten Seite, dagegen für das zweite Lebenshalbjahr eine Zunahme der Fälle mit linksseitiger Abduktionshemmung.

Diese scheinbar widersprüchlichen Angaben sind unserer Meinung nach Ausdruck uneinheitlicher Untersuchungsbedingungen.

Für eine große Anzahl von Säuglingen ist die Ruhe- oder Spontanlage eine mehr oder weniger deutliche Rechtsschräglage, verbunden mit einer Beckendrehung nach rechts. Wird in dieser Position die Abduktionsfähigkeit untersucht, so entsteht der Eindruck, das Abduktionsvermögen sei auf der Auflageseite, somit rechts, größer als auf der Gegenseite: das abduzierte Bein erreicht nämlich zwanglos die Unterlage. Deshalb haben wir bei unseren Untersuchungen strikt auf Einhaltung einer exakten Beckenlagerung in Mittelstellung und zudem auf eine Kopflagerung in Mittelstellung geachtet. Letztere erscheint uns wichtig, damit nicht unbemerkt Mechanismen der asymmetrischen tonischen Nackenreflexe ins Spiel kommen. Unter diesen Bedingungen beobachteten wir eine vorzugsweise rechtsseitige Abduktionshemmung, die zwanglos in unsere Auffassung einer seitendifferenten muskulären Ruhespannung eingeht.

Zu allen Untersuchungszeitpunkten war die Differenz in den absoluten Winkelwerten für die Abspreizung beider Hüftgelenke immer relativ gering, im Mittelwert 2 Grad nur eben übersteigend. Wie noch im Zusammenhang mit den Röntgenbefunden erörtert werden wird, sind knöcherne Seitenunterschiede als Ursache dieser Bewegungsdifferenz wenig wahrscheinlich. Damit bleibt die rechtsseitige Erhöhung des muskulären Ruhetonus als eine mögliche Ursache.

Unter dieser Vorstellung suchten wir nach einem Zusammenhang der Abduktionsfähigkeit mit der passiven Seitneigefähigkeit der oberen Halswirbelsäule, und zwar im Alter von 4 Monaten. Bei symmetrischer Halswirbelsäulenseitneigung fanden wir überzufällig häufig symmetrische Hüftgelenksabduktion. Asymmetrische Seitneigung dagegen war häufig mit asymmetrischer Hüftgelenksabduktion verbunden, allerdings ohne erkennbare Richtungsbeziehung. Aus der Richtung der verminderten Seitneigung in der oberen Halswirbelsäule ist die Seite der verminderten Abduktionsfähigkeit im Hüftgelenk des Einzelprobanden nicht bestimmbar.

Zusätzlich verglichen wir die Werte der Hüftgelenksabduktion und des Wirbelsäulenverlaufes bei passiver Rumpfvorbeuge des gleichen Untersuchungszeitpunktes. Befundzusammenhänge ergaben sich nicht. Daraus folgt, daß im Alter von 4 Monaten einseitige Gewohnheitslage selbst dann nicht zur Abduktionshemmung eines Hüftgelenkes führen muß, wenn sie sich in der Rumpfvorbeuge als Seitabweichung der Wirbelsäule äußert.

Angaben über die Rotationsfähigkeit frühkindlicher Hüftgelenke sind noch seltener zu finden als solche für die Abduktion. Hinzu kommt, daß unzureichende Aussagen über die Untersuchungsposition einen Wertevergleich problematisch machen. Coon et al. (1975) prüften die Rotation bei gestrecktem Hüft- und gebeugtem Kniegelenk und fanden bei 6 Wochen alten Kindern einen mittleren Außenrotationswert von 48 Grad. Für die Untersuchung mit 3 und 6 Monaten geben sie nahezu gleiche Winkelwert an. Cyvin (1977) untersuchte die Drehfähigkeit bei rechtwinklig gebeugtem Hüftgelenk und sah bei Neugeborenen ein mittleres Außenrotationsvermögen von 89,1 Grad, bei 3 und 6 Monate alten Kindern ein solches von 45 bzw. 46 Grad.

Die von uns im Neugeborenenalter ermittelten Außendrehwerte decken sich mit der entsprechenden Beobachtung von Cyvin (1977). Für die Folgezeit allerdings bleiben unsere Außenrotationswerte wesentlich höher. Wir sehen gleiche Zusammenhänge wie beim Abduktionsverhalten, nämlich langdauernde Spreizlagerung als Luxationshüftenprophylaxe. Im gleichen Sinne bewerten wir eine Beobachtung von Cyvin (1977), der bei mit Spreizschiene behandelten Kindern regelmäßig neben einer vergrößerten Abduktionsfähigkeit ein erweitertes Außenrotationsvermögen konstatierte.

Bis auf verschwindend wenige Ausnahmen lag zu allen Untersuchungszeitpunkten eine generell symmetrische Außenrotationsfähigkeit vor. Vom muskulären Gesichtspunkt her überprüft man bei passiver Außenrotation den Spannungszustand der Innenrotatoren. Unsere Ergebnisse zeigen, daß dieser als weitgehend symmetrisch anzusehen ist. Offensichtlich berühren auf beiden Körperseiten unterschiedliche Muskelspannungszustände diesen Bewegungskomplex nur gering.

Die Untersuchung der Innenrotationsfähigkeit im Hüftgelenk ergibt ein anderes Bild. Von allen geprüften Hüftgelenksbewegungen zeigt sie die stärkste Ausmaßverminderung mit zunehmendem Untersuchungsalter, und das zeitgleich mit dem Analogverhalten für die Abduktionsfähigkeit. Ähnlich dieser nimmt die Innenrotationsfähigkeit für Kinder mit 18 Monaten wieder leicht zu. Unsere Innenrotationswerte liegen zwar höher als die der wenigen vergleichbaren Schrifttumsangaben, entsprechen diesen aber in der zeitlichen Tendenz zur Abnahme und Wiederzunahme (Bauer, P.M. 1948; Cyvin 1977).

Wie für die Abduktion fanden wir auch die Innenrotations-Bewegunsmaße links höher als rechts, signifikant allerdings nur im Alter von 2, 3 und 4 Monaten. Bemerkenswert sind die im Vergleich zur Abduktionsfähigkeit deutlicheren individuellen Werteschwankungen für die Betrachtung der Einzelprobanden. Bezüglich ihres Symmetrie- oder Asymmetrieverhaltens ähnelt die Innenrotationsfähigkeit dem Abduktionsvermögen. Im Neugeborenenalter herrscht weitgehende Bewegungssymmetrie. Bis zum 4. Lebensmonat wird der Maximalwert asymmetrischen Verhaltens erreicht. Im 18. Lebensmonat zeigen wieder knapp 9 von 10 Kindern eine symmetrische Innenrotationsfähigkeit. Auch die statistisch eindeutigen Beziehungen des Innenrotationsvermögens zum Verhalten der oberen Halswirbelsäule bei passiver Seitneigeprüfung entsprechen denen der Abduktion. Wie bei der Abduktionsfähigkeit lassen sich dagegen Beziehungen zwischen asymmetrischem Innenrotationsvermögen und Wirbelsäulenverhalten bei passiver Rumpfvorbeuge nicht sichern.

Eine Gesamtbetrachtung der von uns überprüften Hüftgelenksbewegungen zeigt für das Alter von 9 Monaten den geringsten Umfang der Beweglichkeit. Dieser Zeitpunkt in der ersten Phase der Vertikalisierung ist gekennzeichnet durch vorrangige Sicherung der eben gewonnenen Stabilität in aufrechter Körperhaltung. Zum 18. Monat hin nimmt die Hüftgelenksbeweglichkeit wieder zu: Unserer Meinung nach Ausdruck zunehmender Bewegungsfreiheit bei sicherem Bezug auf motorisch ausreichend beherrschte aufrechte Körperhaltung.

Zusammenfassend ergibt sich also: Kinder mit symmetrischer Seitneigefähigkeit der oberen Halswirbelsäule weisen zu allen Untersuchungszeitpunkten überzufällig häufig seitensymmetrische Hüftgelenksbeweglichkeit auf. Zeigt sich dagegen die Seitneigefähigkeit der oberen Halswirbelsäule einseitig vermindert, findet sich häufiger eine global geringere Hüftgelenksbeweglichkeit rechts, und zwar unabhängig von der Neigebehinderungsrichtung in der oberen Halswirbelsäule.

Auch Angaben zum Geschlechtsdimorphismus der Hüftgelenksbeweglichkeit sind im Schrifttum selten. Haas et al. (1973) sowie Coon et al. (1975) verneinen einen Geschlechtsunterschied. Lordkipanidze (1973) dagegen sieht bei rund einem Drittel aller Kinder im 1. Lebensjahr Hypermobilitätszeichen, und das eindeutig häufiger bei Mädchen. Als Ursache vermutet er eine geschlechtsspezifische „Schwäche des Band-, Gelenk- und Muskelapparates". Bezogen auf das Kapsel-Band-System des Hüftgelenkes war Heusner bereits 1902 zu einer ähnlichen Meinung gekommen. Analog dazu beschreiben Carter u. Wilkinson (1964) für das Säuglingsalter eine passagere, klinisch bedeutungslose Hypermobilitätsform, die hormonbedingt sei und nahezu ausschließlich Mädchen betreffe.

Wir konnten für Außenrotation und für Abduktion keinen Geschlechtsdimorphismus nachweisen. Die Innenrotationsfähigkeit jedoch war zu beiden Seiten bei allen Untersuchungszeitpunkten für Mädchen größer als für Jungen. Ein solcher Befund läßt sich nicht durch eine allgemeine frühkindliche Hypermobilität des weiblichen Geschlechtes erklären: dann müßte er auch für die Abduktions- und Außenrotationsfähigkeit zutreffen. Wir vermuten einen anderen Zusammenhang. Das Ausmaß des Innenrotationsvermögens wird wesentlich durch den Grad der Antetorsion des proximalen Femurendes bestimmt (Imhäuser 1982). Die vermehrte Antetorsion des proximalen Femurendes gilt als wichtiger Faktor in der Pathogenese der Luxationshüfte (Kaiser 1956; Heinrich et al. 1968; Jaster 1986). Die Luxationshüfte kommt bei Mädchen etwa 7mal häufiger vor als bei Jungen (Fleissner 1968; Higuchi et al. 1984; Jaster 1986). Unter diesen Umständen wäre die für Mädchen gefundene höhere Innenrotationsfähigkeit deutbar als Ausdruck einer stärker ausgeprägten durchschnittlichen, mutmaßlich genetisch geprägten Antetorsion des koxalen Femurendes.

In Weiterverfolgung dieser Überlegung sollten zusätzliche Untersuchungen die Klärung der Frage anstreben, ob ein direkter Zusammenhang zwischen morphologischem Hüftgelenksbefund und Innenrotationsfähigkeit statistisch zu sichern ist. Diese Problemstellung hat praktische Bedeutung, weil unserer Meinung nach das individuelle Abduktionsvermögen eines Säuglings von der allgemein üblichen Luxationshüften-Prophylaxe beeinflußt zu sein scheint. Damit kommt der Abduktionsprüfung, wie wir noch weiter zeigen werden, für die Früherkennung der Pfannenanlagestörung eine nur bedingte klinische Relevanz zu, zumindest dann, wenn eine vorsorgliche Spreizlagerung schon über Wochen oder Monate hinweg vorgenommen wurde.

6.6 Röntgenologisch dokumentiertes Symmetrie- und Asymmetrieverhalten des Beckens

Wesentliche Merkmale der Symmetrie oder Asymmetrie des komplizierten Funktionssystems, als welches das menschliche Becken anzusehen ist, lassen sich bis heute nur röntgenologisch darstellen. Dabei ergibt sich die Schwierigkeit, daß die mit geometrischen Mitteln erfolgende Beurteilung der zweidimensionalen Abbildung eines dreidimensionalen Gebildes nur unter Vorbehalt möglich ist (Geiser 1977). Trotzdem erlaubt es der gegenwärtige Stand diagnostischer Möglichkeiten nicht, auf diese Untersuchung zu verzichten.

6.6.1 Unabhängig von der Projektion gefundene Pfannenparameter

Über den Pfannendachwinkel im Zusammenhang mit der Luxationshüftenproblematik existiert ein unüberblickbares Schrifttum. Studiert man es im Hinblick auf geschlechtsbezogene Unterschiede, gilt die Tatsache als unbestreitbar, daß Mädchen durch einen im Durchschnitt größeren Pfannendachwinkel ausgezeichnet sind (Böhm 1931; Faber 1938; v. Lanz 1949; Kaiser 1958a; Tönnis 1969; Zippel 1971; Kristen et al. 1976; Tichonenkov 1979; Moll u. Leutheuser 1980). Unsere Ergebnisse bestätigen diesen Befund.

Für unseren konzeptionellen Rahmen waren Ausagen über metrische Seitenunterschiede beider Pfannendächer von besonderem Interesse. Dabei erwies sich die Pfannenlänge links gegenüber der rechten Seite als signifikant kürzer; gleichzeitig war ihr Anstiegswinkel steiler.

Eine Reihe von Autoren schildert gleiche Erfahrungen (Crasselt 1964; Tönnis 1968; John 1973; Ball 1979; Tichonenkov 1979; Komprda 1984), andere dagegen bestätigen einen solchen Seitenunterschied nicht (Faber 1938; v. Lanz 1949; Moll u. Leutheuser 1980). Für Palmen (1984) ist der linke Pfannendachwinkel um durchschnittlich 1 Grad größer. Den Grund dafür sieht er in einer nach rechts häufigeren Beckenrotation, der er eine steilere Abbildung des linken Pfannendaches im Röntgenbild zuschreibt.

Diese Interpretation Palmens verdeutlicht die Notwendigkeit, zur Symmetrie von Röntgenabbildungen der Hüftgelenke bei Säuglingen nur unter gleichzeitiger Beurteilung der Beckendrehung Stellung zu nehmen.

6.6.2 Beurteilung der Beckenprojektion

Spätestens seit der Studie von Tönnis (1962) ist bekannt, welche Folgen die Lagerung des zu untersuchenden Kindes für die röntgenologische Darstellung der Hüftgelenke hat: Beckenkippung oder -aufrichtung bewirkt an beiden Pfannendächern gleichsinnige Winkeländerungen. Beckendrehung führt zu gegensinnigen Änderungen an beiden Gelenkdarstellungen und damit zur Winkeldifferenz zwischen linkem und rechtem Pfannendach. Differenzmaxima werden zwischen 6 Grad (Palmen 1984) und 8 Grad (Tönnis 1962) angegeben.

Für die Beckendrehung gibt es charakteristische Zeichen (Tönnis 1962, 1974; Matles 1965; Hubenstorf 1966; Tönnis u. Brunken 1968; Ball 1979): Auf der angehobenen Seite projizieren sich das Darmbein schmaler und das Foramen obturatum größer; die Kreuzbeinspitze wandert aus der Beckenmitte zur angehobenen Seite hin. Der Pfannendachwinkel erscheint auf der angehobenen Seite größer, auf der Auflageseite kleiner.

Um die Beckendrehung zu quantifizieren, entwickelte Tönnis (1962) brauchbare Parameter. Basis ist die unter standardisierten Röntgenbedingungen gemessene Strecke des queren Durchmessers beider Foramina obturatoria. Die Division des rechten Meßwertes durch den linken ergibt den sog. Drehungsindex. Dieser ist bei Beckendrehung nach links größer als 1, bei Drehung nach rechts kleiner als 1 und bei Beckenneutralstellung gleich 1.

Um auch die projektionsbedingte Änderung der Darmbeinabbildung quantitativ zu erfassen, gingen wir in einer dem Vorschlag von Tönnis (1962) analogen Weise vor: 10 mm oberhalb der Hilgenreiner-Linie bestimmten wir beiderseits die Breite des Os ilium. Obwohl an dieser Stelle die drehungsbedingte Breitendifferenz zwischen beiden Darmbeinen verhältnismäßig gering ist, mußten wir sie wählen, weil höhergelegene Meßstrecken bei der Mehrzahl der Mädchen durch den üblichen Gonadenschutz nicht zugänglich sind.

Wir ermittelten einen Darmbeinindex, indem wir die Meßstrecke der rechten Seite durch die der linken teilten. Dieser Darmbeinindex ist bei Beckendrehung nach links kleiner als 1, bei Drehung nach rechts größer als 1 und bei Beckenneutralstellung gleich 1.

Ein drittes Kriterium der Beckendrehung, nämlich die Wanderung der Kreuzbeinspitze aus der Beckenmitte heraus, kann nur qualitativ, als Ja-Nein-Entscheidung, bewertet werden.

Alle drei Kriterien besagen bei unseren Untersuchungen einzeln, daß eine Beckendrehung nach rechts häufiger ist als nach links. Die Häufigkeitsaussagen der einzelnen Parameter jedoch differieren. Der Drehungsindex signalisiert bei knapp der Hälfte der Kinder eine Rechtsdrehung des Beckens, Darmbeinindex und Kreuzbeinprojektion hingegen zeigen diese nur bei gut einem Viertel an.

Bei einem Fünftel der Kinder weist der Drehungsindexwert auf symmetrische Beckenprojektion hin. Für die Kreuzbeinabbildung entsteht dieser Eindruck bei der Hälfte, für den Darmbeinindex bei zwei Drittel der Kinder.

Die große Zahl der durch den Darmbeinindex als symmetrisch ausgewiesenen Beckenverhältnisse resultiert aus der oben erläuterten Tatsache, daß die Darmbeine in Pfannennähe nur gering ausgeprägte drehungsabhängige Breitendifferenzen aufweisen. Trotzdem wollten wir auf den Darmbeinindex wegen seiner unmittelbaren Lagebeziehung zum Pfannendach, dessen Darstellung letztlich beurteilt werden soll, nicht verzichten.

Beim Vergleich der einzelnen Drehungskriterien gegeneinander fanden wir, daß einem Drehungsindex gleich 1 nahezu immer ein Darmbeinindex gleich 1 entspricht. In den meisten dieser Fälle bildet sich auch die Kreuzbeinspitze symmetrisch ab. Zeigt sie Seitenverlagerungen, sind diese zufällig, weil gleich häufig nach rechts und links verteilt. Daraus folgt, daß aus einem Drehungsindex gleich 1 mit hoher Sicherheit auf symmetrische Darstellung beider Beckenhälften geschlossen werden kann.

Anders stellen sich die Verhältnisse bei einem Drehungsindex ungleich 1 dar. Ein Drehungsindex kleiner als 1 bestätigt sich in rund 40% der Fälle durch analogen Darmbeinindex und gleichsinnige Kreuzbeinprojektion, ein solcher größer als 1 aber nur bei reichlich 25% der Fälle durch Analogverhalten beider übriger Drehungskriterien. Die Nichtübereinstimmung kommt in den meisten Fällen durch symmetrische Projektion des Kreuzbeines und durch einen Darmbeinindex gleich 1 zum Ausdruck.

Auf einige seltene Befundkombinationen soll gesondert eingegangen werden. Bei einem Fall mit Drehungsindex kleiner als 1 erwies sich auch der Darmbeinindex kleiner als 1. Das bedeutet: Sowohl Darmbein als auch Foramen obturatum stellen sich rechts kleiner dar. Da gleichzeitig eine symmetrische Kreuzbeinprojektion vorliegt, ist der Gesamtbefund nur als Ausdruck einer morphologischen Asymmetrie, in diesem Fall einer kleineren Beckenhälfte rechts, deutbar. In entsprechender Form machten wir bei zwei Fällen mit einem Drehungsindex größer als 1 die gleiche, aber seitengeänderte Beobachtung, folglich auslegbar als kleinere Beckenhälfte links.

Tönnis (1962) gibt die Häufigkeit solcher morphologischen Asymmetrien mit rund 2% an; wir kommen zu einer Häufigkeit von 1%. Damit widersprechen die Ansicht von Tönnis (1962) und unsere Beobachtungen der Aussage von Glauner u. Marquardt (1956), daß nämlich die „Asymmetrie der Beckenbildung durch Minderwuchs einer Beckenhälfte" beim Säugling „relativ häufig" sei.

Wie bereits geschildert, fanden wir eine unterschiedlich häufige Übereinstimmung von Drehungsindex, Darmbeinindex und Kreuzbeinprojektion in Abhängigkeit von der Beckendrehrichtung. Das veranlaßte uns, den Einfluß verschiedener Beckenpositionen auf die Röntgenprojektion am Modell zu überprüfen. Dabei stellten wir fest, daß Drehungs- und Darmbeinindex nicht nur ungleich 1 sind, wenn das Becken insgesamt zu einer Seite rotiert, sondern auch dann, wenn eine Becken*hälfte* eine stärker der Sagittalebene angenäherte Einstellung aufweist als die andere. Eine solche Position ist im Zusammenhang mit seitenunterschiedlicher Winkelstellung der im Iliosakralgelenk miteinander verbundenen Beckenteile denkbar und beschrieben (u.a. Derbolowsky 1967; Lewit 1983; Frisch 1983; Paterson u. Burn 1985; Neumann 1986). Damit ließe sich die bekannte Tatsache erklären, daß bei manchen Kindern auch mit größter Sorgfalt der Lagerung eine symmetrische Röntgendarstellung des Beckens nicht gelingt (Sinios 1969). Crasselt (1964) interpretiert eine solche an kindlichen Leichen angetroffene Asymmetrie des Beckens als Folge intrauteriner Lagebedingungen.

Auch Batory (1982) beschreibt die Möglichkeit einer seitenunterschiedlichen Stellung beider Beckenhälften im Bezug zur Sagittalebene. In der der Sagittalebene angenäherten Einstellung einer Beckenhälfte vermutet er einen wesentlichen ätiologischen Faktor der Luxationshüfte; er meint, ein solcher Asymmetriebefund würde häufig als Beckendrehung fehlgedeutet.

Unsere Modelluntersuchungen beweisen: Eine Trennung zwischen Beckendrehung und Kippung einer Beckenhälfte in der Sagittalebene ist auf dem Röntgenbild mit Hilfe einer Einbeziehung der Kreuzbeinprojektion möglich. Bei Beckendrehung wandert nämlich die Kreuzbeinspitze zur Seite der angehobenen Beckenhälfte, bei Kippung einer Beckenhälfte aber bleibt sie unverändert in Beckenmitte. Dabei ist jedoch zu bedenken, daß eine kombinierte Beckendrehung mit gleichsinniger Kippung einer Beckenhälfte röntgenologisch als alleinige Drehung imponiert.

Als praktische Schlußfolgerung bleibt die Erkenntnis, daß die Wiederholung einer als lagerungsbedingt asymmetrisch vermuteten Röntgen-Beckenaufnahme nur dann sinnvoll und von Informationswert ist, wenn auch die Kreuzbeinspitze aus der Beckenmitte abweicht.

6.6.3 Beckenprojektion und Pfannendachparameter

Da aus der Bestimmung des Pfannendachwinkels diagnostische und therapeutische Schlußfolgerungen abgeleitet werden, sind die geschilderten projektionsbedingten Einflußfaktoren auf die röntgenologische Pfannendarstellung von praktischer Bedeutung.

Nach unserer Modelluntersuchung bewirkt eine Beckenrotation nach rechts die gleichen Veränderungen der Pfannenabbildung wie eine mehr der Sagittalebene angenäherte Einstellung der linken Beckenschaufel. Ergebnisse beider Vorgänge ist eine meßbare Differenz zwischen rechtem und linkem Pfannendachwinkel. Allerdings verursacht die Beckendrehung eine größere Winkeldifferenz. Die Ursache liegt darin, daß bei globaler Beckenrotation beide Hüftgelenkspfannen ihre Lagebeziehungen zum Röntgenfilm verändern, während das bei einseitiger Darmbeinkippung nur für eine Pfanne gilt. Der einseitige Kippvorgang im Iliosakralgelenk allein, also ohne gleichzeitige Beckendrehung, ruft nur eine geringe projektionsbedingte Differenz in den Anstiegswinkeln der Pfannendächer hervor.

Wie wir schon erwähnten, fanden wir in unserer Untersuchungspopulation den Pfannendachwinkel links signifikant größer als recht. Bezogen auf die Bekkenprojektion besteht eine solche Seitendifferenz aber nur dann im Signifikanzbereich, wenn das jeweilige Bewertungskriterium eine Beckendrehung nach rechts anzeigt, nicht dagegen eine Linksdrehung oder eine symmetrische Bekkenprojektion.

Als Ursache für diese seitenunterschiedliche Projektionsfolge am Pfannendach vermuten wir zunächst eine nach rechts generell stärker ausgeprägte Bekkendrehung. Die Mittelwerte der Drehungsindizes sprechen gegen diese Annahme; sie lassen keine wesentlichen Seitendifferenzen erkennen. Unter der Voraussetzung eines seitengleichen Drehungsausmaßes für das Becken, aber der nur in einer Drehrichtung auffälligen Winkeldifferenz der Pfannendächer liegt der Gedanke nahe, daß die Pfannenneigungswinkel primär seitenverschieden sind. Nach unseren Beobachtungen hieße das, der Winkel links ist durchschnittlich größer als der rechts, allerdings im nicht signifikant abgrenzbaren Bereich. Rechtsrotation des Beckens vergrößert die Differenz, welche somit signifikant unterschiedlich wird. Beckenlinksrotation dagegen verkleinert die ursprüngliche Links-Rechts-Differenz der Pfannendachwinkel als Projektionsergebnis in der Röntgendarstellung. Untermauert wird die Annahme einer primär seitendifferenten Form beider Pfannendächer durch das analoge Verhalten der Pfannendachlänge.

Ein weiteres Argument in diese Richtung liefert die gesonderte Betrachtung jedes Pfannendachwinkels im Hinblick auf den Einfluß der Beckendrehung. Rechts bleibt der Pfannendachwinkel unter allen Beobachtungsbedingungen praktisch unbeeinflußt. Der Winkel links wird bei Beckendrehung nach rechts signifikant größer gegenüber einer Drehung nach links, und zwar unabhängig davon, welches Drehungskriterium als Beurteilungsmaßstab dient. Die jeweiligen Pfannendachlängen beider Seiten zeigen ein analoges Verhalten.

Alles das läßt bei vorsichtiger Interpretation den Schluß zu, daß die Hüftgelenkspfannen in ihrer frühkindlichen Ausformung häufiger asymmetrisch als symmetrisch gefunden werden. Ob diese Formdifferenz durch Stellungsasymmetrie der Beckenschaufeln zusätzlich mitbedingt wird, kann auf Grund unserer Untersuchungen weder bestätigt noch abgelehnt werden. Jedoch steht fest, daß die Asymmetrie der Pfannenparameter einen häufigen Befund darstellt, dessen Vorkommen keineswegs, wie von Batory (1982) vermutet, auf die Bedingungen der Luxationshüfte beschränkt ist.

6.6.4 Beckenprojektion und klinische Befunde

Röntgenologische Anzeichen einer Beckendrehung nach rechts waren in unserem Untersuchungsgut, übereinstimmend mit Literaturangaben (Palmen 1984), ungleich häufiger als die eine Drehung nach links. Davon ausgehend suchten wir nach Zusammenhängen mit klinisch erfaßten funktionellen und morphologischen Asymmetrien.

Kein Zusammenhang ergibt sich zum Verlauf der Wirbelsäule in passiver Vorbeuge, zum Verhalten der Glutealfalten, zur passiven Abduktionsfähigkeit im Hüftgelenk und zur Schädelform.

Überzufällig häufig besteht ein Zusammenhang zwischen passiver Seitneigefähigkeit der oberen Halswirbelsäule und dem Drehungsindex. Dieser ist bei Kindern mit symmetrischem Seitneigevermögen in den Kopfgelenken häufiger gleich 1 als bei denen mit asymmetrischer passiver Kopfgelenksbeweglichkeit. Allerdings besteht keine Richtungsbeziehung. Diese fanden wir dagegen für die Zusammenhangswahrscheinlichkeit zwischen Beckendrehung und passiver Seitneigefähigkeit der gesamten Wirbelsäule: Bei nach links eingeschränkter Seitneigefähigkeit der Wirbelsäule ergibt sich häufiger eine Beckenrotation nach rechts, bei Wirbelsäulenneigeeinschränkung nach rechts die Beckendrehung nach links. Das veranlaßt uns, die Beckendrehung als Resultante einer Tonusasymmetrie der Rumpfmuskulatur zu betrachten, nicht dagegen als Ausdruck einer Wirkungsasymmetrie der Hüftabduktoren und -adduktoren. Das Fehlen einer Beziehung zwischen Beckenrotation und Hüftgelenksabduktion sowie Glutealfaltenverhalten erhärtet unsere Interpretation der röntgenologischen Untersuchungsbefunde, wonach Asymmetriezeichen am Becken gewöhnlich durch Drehung hervorgerufen werden.

Es liegt auf der Hand, daß ein Vergleich der Pfannendachwinkelverhältnisse mit klinisch erfaßten funktionellen und morphologischen Asymmetriedaten zu ähnlichen Aussagen wie für die Beckendrehung gelangen läßt. Der Pfannendachwinkel auf der linken Seite ist regelmäßig in der jeweils zahlenstärksten Gruppe überzufällig größer, also bei der mit geradem Wirbelsäulenverlauf, mit nach links verminderter passiver Seitneigefähigkeit der Wirbelsäule, mit symmetrischem Abduktionsvermögen in den Hüftgelenken. Das gilt auch für die Bedingungen symmetrischer Glutealfalten. Daraus ergibt sich, daß Faltenasymmetrie nicht als Hinweiszeichen für eine Hüftgelenksdysplasie gelten kann.

Als zusammenfassende Aussage läßt sich formulieren: Zwischen den Pfannen der Hüftgelenke bestehen im frühkindlichen Alter metrische Differenzen, denen kein Krankheitswert zukommt. In der Regel ist die linke Gelenkpfanne auf der Röntgenübersichtsaufnahme des Beckens etwas steiler und kürzer als die rechte. Diese Seitendifferenz gerät in den Bereich faßbarer Signifikanz unter der Bedingung einer habituellen, mit typischen röntgenologischen Kriterien verbundenen Beckendrehung nach rechts. Die seltenere Beckendrehung nach links führt nicht zu einer signifikanten Seitendifferenz der Pfannenparameter.

Unter den Bedingungen der Beckendrehung nach rechts liegt die durchschnittliche Differenz im Anstiegswinkel beider Pfannen unter 2 Grad. Differenzwerte darüber legen die Vermutung des Vorhandenseins einer echten, nicht projektionsbedingten Asymmetrie in der Pfannenentwicklung nahe.

Die Tatsache der eindeutig häufigeren Beckendrehung nach rechts ordnen wir in unser Konzept einer seitenunterschiedlichen muskulären Ruhespannungslage am Rumpf ein, die einen Ausdruck menschlicher Lateralität darstellt.

6.7 Lokomotorische Entwicklung

Eine Einschätzung des koordinativen Bewegungsvermögens der Kinder nahmen wir im Alter von 9 und 18 Monaten nur deshalb vor, um sicherzugehen, daß unsere Untersuchungsergebnisse nicht durch Befunde von in ihrer motorischen Entwicklung gravierend gestörten Kindern verfälscht werden.

Beide Untersuchungszeitpunkte liegen in der von Lesný (1965) als dromokinetisch bzw. kratikinetisch gekennzeichneten Phase, also zu einer Zeit bereits weitgehend oder ganz beherrschter grundsätzlicher Willkürmotorik der aufrechten Körperhaltung.

Alle Kinder wiesen ein normgerechtes (Lesný 1965; Flehmig 1983) Bewegungsvermögen auf.

6.8 Händigkeitsentwicklung

Von allen Äußerungen menschlicher Lateralität hat zweifellos die Händigkeit größte Aufmerksamkeit gefunden, einfach deswegen, weil sie den „am meisten ins Auge springenden Teil einer geschlossenen Dominanz-Kette" darstellt (Obholzer 1966).

Über die Problematik einer objektiven Händigkeitsbestimmung ist viel geschrieben worden (Literatur bei Ludwig 1932; Sakano 1982; Bragina u. Dobrochotova 1984), wobei für das unsere Untersuchungsreihe kennzeichnende Lebensalter sichere Objektivierungsmaßnahmen direkter Art nicht bekannt sind. Daraus resultieren unterschiedliche Aussagen dazu, in welchem Alter sich erste Hinweise auf die zu erwartende oder auf die sich zeigende Händigkeit offenbaren. Für Gesell u. Ames (1947) und für Gesell (1950) gilt bereits die bevorzugte Kopfaufliegeseite als Hinweis auf die zu erwartende Händigkeit, und zwar eingebunden in das Wirken tonischer Nackenreflexe. In einer umfangreichen Studie kommen Gesell u. Ames (1947) zu der Schlußfolgerung, Händigkeit sei ein Produkt der individuellen Entwicklung, wobei ihre Seitenbezogenheit etwa ab 8. Lebensmonat eingeschätzt werden könne. Voelkel (1913) und Peiper (1949) sehen deutliche Seitenbevorzugungen der späteren Führungshand mit 7–8 Monaten, Bethe (1925) im 1. Lebensjahr, von Bardeleben (1909) vom 8. Monat bis zum 2. Lebensjahr, während Elze (1924) und Martinius (1977) eine deutliche Handpräferenz erst zwischen 2. bis 6. Lebensjahr erwarten. Obholzer (1966) vermutet einen direkten Entwicklungszusammenhang zur Sprechfähigkeit, wonach er vor dem 18. Lebensmonat keine deutliche Händigkeit findet; bis zum Schuleintritt sei diese aber immer endgültig festgelegt.

In Kenntnis der Schwierigkeit, wenn nicht Unmöglichkeit einer objektiven Einschätzung der frühkindlichen Händigkeit und da uns diese Problematik nur am Rande beschäftigte, beziehen wir uns in dieser Frage ausschließlich auf Elternaussagen.

Unsere Ergebnisse bestätigen auch für diese frühe Lebenszeit die Beobachtung von Suchenwirth (1969), nach der es, für jedes Lebensalter gültig, mit zunehmendem Individualalter eines Probanden immer „wahrscheinlicher wird, daß er rechtshändig die verlangten Aufgaben löst".

Angaben zur auffälligen Linkshändigkeit erscheinen bei uns bereits im Alter von 9 Monaten, mit nahezu gleichem Prozentsatz im Alter von 18 Monaten, also im Vergleich zum Schrifttum früh. Allerdings dürfte dabei die häufige familiäre Linkshändigkeit bei den so von den Eltern gekennzeichneten Kindern eine Erwartenshaltung induziert haben, die ihren Niederschlag in einer aufmerksameren Beobachtung gefunden haben könnte. Die prozentuale Wahrscheinlichkeit einer linken Führungshand entspricht in unserem Untersuchungsgut dem Grenzbereich, wie er allgemein angegeben wird (u. a. Ludwig 1932; Bragina u. Dobrochotova 1984).

Auf eine bemerkenswerte Einzelheit hatten wir bereits bei der Ergebnisdarstellung vorbereitet. Wie aus den Zahlen der in Tabelle 72 niedergelegten Befundkombinationen hervorgeht, findet sich bei linkshändigen Kindern häufiger ein symmetrisch konfiguriertes Gesicht als ein asymmetrisch gestaltetes. Bei Rechtshändern überwiegt eindeutig asymmetrische Gesichtsgestaltung. Auf Grund der allerdings nur kleinen Zahl dieser Beobachtungen ließe sich der lediglich hypothetische Schluß ziehen, daß die für Rechtshänder anscheinend typische linkskonvexe Gesichtsskoliose bei Linkshändern gewöhnlich nicht zur Ausbildung kommt.

7 Schlußfolgerungen

Einleitend hatten wir Fragen formuliert, mit deren Hilfe die pathogenetische Potenz von funktionellen und morphologischen Asymmetriebefunden am Stütz- und Bewegungssystem von Säuglingen und Kleinkindern untersucht werden sollte. Unsere Untersuchungsergebnisse lassen Aussagen zu, die populationsbezogene Allgemeingültigkeit besitzen, für das einzelne Kind jedoch mit vorsichtiger Zurückhaltung gebraucht werden sollten. Deshalb müssen sie dem das Bewegungssystem von Kindern beurteilenden Arzt gegenwärtig sein.

Asymmetrien unseres Zusammenhanges finden sich am Hirn- und Gesichtsschädel, an der Wirbelsäule, im Hüftgelenks-Becken-Bereich und beim Handgebrauch.

Asymmetrisches Bewegungsverhalten der oberen Halswirbelsäule kann bereits in der Neugeborenenzeit bestehen, wird von da an immer wahrscheinlicher, um mit der Körperaufrichtung wieder an Häufigkeit abzunehmen. Seitneigebehinderung nach links ist die Regel.

Demgegenüber entwickeln sich asymmetrische Bewegungsformen der Gesamtwirbelsäule langsamer, mit geringerer Wahrscheinlichkeit, wiederum im Zuge der Körperaufrichtung zahlenmäßig rückläufig. Die Bewegungsbeeinträchtigung nach links überwiegt.

Hirnschädelasymmetrie in Form überwiegend dorsaler Schädelabflachung rechts entsteht während des ersten Lebenshalbjahres und verschwindet spontan im Laufe der Körperaufrichtung.

Gesichtsschädelasymmetrie als fast ausschließlich linkskonvexe Gesichtsskoliose beginnt sich ab dem 4. Lebensmonat abzuzeichnen. Sie zeigt keine Rückbildungstendenz.

Bei der Untersuchung der Hüftgelenksbeweglichkeit sind Kopf und Becken, bezogen auf die Körperlängsachse, in Mittelstellung zu lagern, um den Einfluß asymmetrischer tonischer Nackenreflexe und Fehlinterpretationen der Abduktionsfähigkeit zu vermeiden. In den ersten Lebensmonaten ist die Abduktionsfähigkeit am häufigsten, die Außenrotationsfähigkeit am seltensten seitenunterschiedlich; später tritt Symmetrierung ein. In der Individualentwicklung nimmt die Hüftgelenksbeweglichkeit bis zum 9. Lebensmonat stetig ab, zum 18. Lebensmonat hin wieder zu. Am Becken stellt Rechtsrotation den häufigsten funktionellen Asymmetriebefund dar. Das beweisen im Alter von 4 Monaten angefertigte Röntgenaufnahmen. Das linke Pfannendach zeigt einen durchschnittlich steileren Anstiegswinkel.

Dem Verhalten der Glutealfalten kommt zu keiner Zeit diagnostisch gebrauchsfähige Aussagekraft zu.

Verwertbare Angaben der Eltern zur Händigkeit ihrer Kinder sind ab deren 9. Lebensmonat zu erwarten. Bevorzugte spontane Rechtsseitenlage von Säuglingen läßt den Schluß auf sich entwickelnde Rechtshändigkeit zu.

Alle geschilderten Asymmetriebefunde geben Zusammenhangsbeziehungen zu erkennen. Diese bestehen am deutlichsten zur Kopfgelenksbeweglichkeit, am stärksten ausgeprägt in den ersten Lebensmonaten. Mit der Körperaufrichtung und dem parallel verlaufenden Eingehen tonischer Nackenreflexe in höhere Bewegungsorganisation wird dieser Zusammenhang weniger zwingend.

Sämtliche hier dargestellten Asymmetrien sind Ausdruck sich manifestierender menschlicher Lateralität, womit ihr Zusammenhang gegeben ist.

Während der ersten 18 Lebensmonate von Kindern gelingt uns keine sichere Grenzziehung, jenseits derer Asymmetriebefunde, auch in Kombination, am Bewegungssystem des Individuums als nicht mehr normgerecht, als potentiell pathologisch aufzufassen sind.

Der Wert einiger gebräuchlicher Untersuchungsmethoden sollte unserer Meinung nach relativiert werden:

Asymmetrisches passives Bewegungsverhalten der Wirbelsäule ist in den ersten Lebensmonaten statistisch belegbarer Regelbefund. Ehe aus Bewegungsasymmetrie der Wirbelsäule die Diagnose einer Skoliose abgeleitet werden darf, muß die Entwicklung des Kindes bis wenigstens in die Phase der Körperaufrichtung hinein verfolgt werden.

Bei in der DDR weitgehend verwirklichter Luxationshüftenprophylaxe sind an Säuglingen höhere Abduktionswerte der Hüftgelenke als die bisher propagierten zu erwarten. Das sollte im Hinblick auf die Hüftdysplasie-Diagnostik Berücksichtigung finden.

Seitendifferenzen in der röntgenologischen Beckendarstellung lassen sich mittels einfach handhabbarer Parameter aufgliedern. So kann entschieden werden, ob sie durch Beckendrehung, durch Kippung einer Beckenschaufel oder durch Anlagestörungen verursacht sind.

Keine der von uns beschriebenen Asymmetrieformen am Stütz und Bewegungssystem von Säuglingen und Kleinkindern zwingt zu unmittelbarem therapeutischen Handeln. Bestehen funktionelle Asymmetrien jedoch über die Zeit der Körperaufrichtung hinweg weiter, bedürfen sie der sorgfältigen Überwachung.

8 Zusammenfassung

Der Begriff Symmetrie kennzeichnet Gleichgewicht und Unveränderlichkeit eines Systems. Die antonyme Bezeichnung Asymmetrie steht für Veränderung. Die beiden Kategorien zuzuordnenden Erscheinungen an belebten Strukturen gelten als Ausdruck der dialektischen Einheit von derer Erhaltung und Veränderung und gleichzeitig als Merkmale einer umfassenden Gesetzmäßigkeit.

Symmetrie als Körpermerkmal, als Formprinzip des Stütz- und Bewegungssystems von Lebewesen zeigt eine evolutionäre Entwicklungstendenz. Diese führte zur Herausbildung spiegelbildlicher, bilateral-symmetrischer Körperformen, wie sie für alle höher entwickelten Lebewesen charakteristisch sind. Das bilateral-symmetrische Bauprinzip wird gesetzmäßig begleitet von begrenzten Asymmetrien, welche am Menschen wesentliche äußere Merkmale der Individualität und damit einen Teil seiner Identität darstellen. Einige dieser Asymmetrien am Stütz- und Bewegungssystem sind Ausdruck der menschentypischen seitendifferenten Hirnhälftenfunktion und damit der als Seitigkeit oder Lateralität bezeichneten Erscheinungsvielfalt auf sensomotorischem und psychischem Gebiet.

Für mehrere funktionelle und morphologische Asymmetrien an Wirbelsäule, Becken und Schädel des Kleinkindes steht die Zugehörigkeitsdiskussion noch aus. In den gleichen Regionen sind die Grenzen zwischen einfacher Funktionsasymmetrie mit strukturellen, aber harmlosen Folgen und ebenso beginnenden, dann jedoch einer Eigengesetzlichkeit folgenden Erkrankungsprozessen nicht sicher definiert. Damit kommt einem Erkenntniszuwachs für die Klärung dieser Zusammenhänge mehr als nur akademisches Interesse zu.

Wir untersuchten an 350 Kindern zu sieben definierten Zeitpunkten mehrere Funktionen der Wirbelsäulenbeweglichkeit und des Hüftgelenks-Becken-Bereiches, die Schädelausformung und den Handgebrauch auf symmetrisches oder asymmetrisches Verhalten. Bis zum Untersuchungsende reduzierte sich die Zahl der durchgängig beobachteten Kinder auf 267.

Für die passive Seitneigefähigkeit der oberen Halswirbelsäule beobachteten wir bereits in der Neugeborenenperiode ein häufiges Asymmetrieverhalten mit weit überwiegender Neigebehinderung nach links. Dieser Asymmetriebefund wird bei den Nachfolgeuntersuchungen zahlenmäßig immer deutlicher und betrifft im Alter von 4 Monaten vier Fünftel aller Kinder. Danach zeigt sich eine Wiederzunahme symmetrischen Bewegungsverhaltens.

Eine Interpretation dieser Seitneigeasymmetrie als Folge geburtstraumatischer Vorgänge lehnen wir ab. Wir halten sie für einen altersspezifischen Ausdruck menschlicher Lateralität und gleichzeitig für den funktionellen Hintergrund der bei auf dem Rücken liegenden Säuglingen zu beobachtenden Kopfvorzugshaltung nach rechts. Mit anderen sehen wir in dieser frühkindlichen Lageasymmetrie die Aufbaumöglichkeit eines zeitigen Augenkontaktes zur feinmotorisch führenden Hand und damit eine Auswirkung der menschentypischen sensomotorischen Hemisphärendifferenzierung.

Bei Annahme eines zentralnervösen Einflusses muß die Seitendifferenz in der Beweglichkeit der Kopfgelenke als Ausdruck eines seitenunterschiedlichen muskulären Tonusverhaltens gedeutet werden. Über die Mechanismen der tonischen Nackenreflexe, welche wesentliche Bereiche der frühkindlichen Spontanmotorik beherrschen und deren Rezeptoren in den Kopfgelenken liegen, kommt es zur asymmetrischen Beeinflussung von Stamm- und Extremitätenmuskulatur.

Dieser Einfluß äußert sich in Form seitenunterschiedlichen Verhaltens der Gesamtwirbelsäule bei Prüfung der passiven Rumpfvorbeuge, der passiven Wirbelsäulenseitneigung und bei Überprüfung der aktiven Wirbelsäulenantwort auf passive Lageänderungen des kindlichen Körpers. Zwischen der passiven Seitneigefähigkeit in der oberen Halswirbelsäule und allen Formen des überprüften Wirbelsäulenverhaltens bestehen Zusammenhänge, allerdings zu den einzelnen Untersuchungszeitpunkten für die verschiedenen Testverfahren in unterschiedlichem Maße.

Symmetrische Seitneigefähigkeit in den Kopfgelenken ist immer überzufällig häufig mit geradem Wirbelsäulenverlauf und mit Symmetrieverhalten bei provokativen Tests verbunden. Richtungsbeziehung drückt sich in der Form aus, daß bei der wesentlich häufigeren Seitneigebehinderung der oberen Halswirbelsäule nach links Linkskonvexitätsbefunde an der Gesamtwirbelsäule die Regel darstellen. Analoges gilt bei der wesentlich selteneren Neigebehinderung nach rechts für Befunde der Rechtskonvexität.

Diese Befundkombination ist für die Gesamtpopulation statistisch signifikant. Das bedeutet aber nicht, daß ihr im Einzelfall Gesetzescharakter zukommt. Deshalb schlußfolgern wir, daß dem Rezeptorenapparat der Kopfgelenke im frühen Kindesalter zwar eine wesentliche, aber nicht die alleinige Steuerungsrolle für das statomotorische Gesamtverhalten der Wirbelsäule zukommt.

Nach unseren Beobachtungen gilt weiter, daß mit zunehmender Integration der tonischen Nackenreflexe in höher organisierte Regulationsmechanismen der eine Bewegungsasymmetrie erzeugende Einfluß aus dem Kopfgelenksbereich abnimmt. Dieser Integrationsprozeß verläuft zeitgleich mit der menschlichen Aufrichtung, ist Bestandteil derselben.

Für die Wirbelsäule läßt sich sagen: Alle von uns benutzten Beurteilungskriterien deren Bewegungsvermögens zeigen überzufällig häufiges Asymmetrieverhalten, das auf ein rechtsseitig höheres Niveau im Tonusverhalten der paravertebralen Muskulatur schließen läßt. Asymmetriebefunde nehmen in den ersten Lebensmonaten zu, und zwar für die Kopfgelenksbeweglichkeit am schnellsten und ausgeprägtesten, für die Gesamtwirbelsäule zeitverzögert und zahlenmäßig weniger häufig. Die Wahrscheinlichkeit von Bewegungsasymmetrien verringert sich im Zuge der Körperaufrichtung. Ihre inneren Zusammenhangsbeziehungen werden weniger zwingend. Für die statistisch erfaßte Gesamtpopulation kommt dem Bewegungsverhalten in den Kopfgelenken, bezogen auf nachfolgende Bewegungsasymmetrien, ein vorsichtig zu interpretierender

Leitcharakter zu. Dieser ist im Zusammenhang mit menschlicher Lateralität zu sehen.

Daraus ergeben sich Schlußfolgerungen für die frühe Diagnosestellung einer Säuglingsskoliose. Deren Erkennung orientiert sich am Bewegungsverhalten, an der Bewegungsasymmetrie der Säuglingswirbelsäule. Zumindest für das Untersuchungsalter von 4 Monaten stellt asymmetrisches Bewegungsvermögen der Wirbelsäule statistisch gesehen den Regelbefund dar.

Der vergleichende Gebrauch verschiedener Untersuchungsformen des Wirbelsäulenverhaltens erbringt im Einzelfall nicht den von uns erwarteten diagnostischen Wertgewinn. Obwohl ein als tonusabhängig aufzufassender Asymmetriekomplex an der Wirbelsäule um so ‚fester' imponiert, je mehr Einzelkomponenten der Bewegungsprüfung damit übereinstimmen, sind aus einer einmaligen Untersuchung abgeleitete diagnostische oder therapeutische Schlußfolgerungen unzulässig. Für beide ist die Beobachtung eines Entwicklungszeitraumes notwendig, der wenigstens bis zur Periode der Körperaufrichtung gehen muß.

Im Zusammenhang mit frühkindlicher Körper- und Wirbelsäulenhaltung können wir der Glutealfaltenbeurteilung keine praktisch nutzbare Bedeutung zumessen.

Asymmetrische Form des Hirnschädels in der frühen Kindheit deuten wir als schwerkraftinduzierten, temporären Verschiebevorgang der Schädelknochen gegeneinander und damit als Folgeprozeß seitenbevorzugender Lagebesonderheiten. Nach vollzogener Körperaufrichtung fällt der Grund für diese Verformung weg, und sie verschwindet gewöhnlich. Damit halten wir die auf die Säuglingsskoliose beschränkte, vorübergehende Hirnschädelasymmetrie für eine mittelbare, mechanische Folge menschlicher Lateralität.

Hirnschädelasymmetrie ist keine notwendige Voraussetzung für die Entwicklung einer Gesichtsschädelasymmetrie, macht deren Ausbildung aber wahrscheinlicher. Überzufällig häufige Bezüge ergeben sich jedoch zwischen Kopfgelenksbeweglichkeit und Herausbildung einer Gesichtsskoliose, die nach dem 4. Lebensmonat beginnt und mit 18 Monaten bereits deutliche Ausprägung aufweist. Entgegen anderen Asymmetrieerscheinungen entwickelt sich Gesichtsasymmetrie verhältnismäßig spät, offenbar verbunden mit seitendifferenter Rezeptorenleistung aus dem Kopfgelenksbereich. Diese sorgt über den Zeitraum der Körperaufrichtung hinaus für eine seitendifferente Tonussituation in den Kopfbeugern. Die dadurch denkbare geringfügige Abweichung der knöchernen Schädelbasis von der Waagerechten halten wir für eine entwicklungsmechanisch mögliche Ursache ‚normal'-asymmetrischer Gesichtsausformung. Somit ist Gesichtsasymmetrie unmittelbarer Ausdruck menschlicher Lateralität, verwirklicht über die Transformationsfunktion seitendifferenter Rezeptorentätigkeit aus den Kopfgelenken.

Für das passive Abduktions-, Außenrotations- und Innenrotationsvermögen der Hüftgelenke ermittelten wir Winkelwerte, welche als Referenzbereiche für das Neugeborenenalter, den 1., 2., 3., 4., 9. und 18. Lebensmonat dienen können. Eine ähnlich umfassende Zusammenstellung, abgeleitet von einer ausreichend großen Zufallspopulation, ist uns nicht bekannt.

Das Abduktionsausmaß nimmt von der Neugeborenenzeit bis zum 9. Lebensmonat ziemlich kontinuierlich ab, dann gering wieder zu. Immer sind die Bewegungswerte nach links größer als nach rechts. Analog zum Asymmetrieverhalten der Wirbelsäulenbeweglichkeit steigt dieses für die Abduktion bis zum 4. Lebensmonat, um sich dann bis zum 18. Lebensmonat wieder weitgehend zu symmetrieren. Verhaltensverbindungen zur Wirbelsäule lassen sich herausstellen: symmetrische Hüftgelenksabduktion ist bei symmetrischer Wirbelsäulenseitneigung überzufällig häufig. Asymmetrische Abduktion verbindet sich häufig mit asymmetrischer Kopfgelenksbeweglichkeit, zeigt jedoch keinen Richtungsbezug.

Der Vergleich unserer Abduktionswerte zu den in der Literatur angegebenen ist dadurch erschwert, daß diese unter uneinheitlichen, oft unzureichend definierten Bedingungen gewonnen wurden. Gleiches gilt für die Angaben zur Rotationsfähigkeit.

Das von uns ermittelte Außenrotationsvermögen nimmt im Beobachtungszeitraum nur unwesentlich ab und verhält sich seitensymmetrisch. Das Innenrotationsvermögen dagegen zeigt von allen überprüften Bewegungskriterien die stärkste Ausmaßverminderung, und zwar zeit- sowie verhaltensparallel zur Abduktion. Eine auffällige Asymmetrietendenz ist nicht zu beobachten.

Für alle überprüften Bewegungsanteile des Hüftgelenkes findet sich im Alter von 9 Monaten das geringste Bewegungsvermögen. Dieses Alter gilt als Initialphase menschlicher Aufrichtung, welche vorrangig Sicherung der Stabilität in aufrechter Körperhaltung notwendig macht. Höheres Bewegungsausmaß der Hüftgelenke im Alter von 18 Monaten deuten wir als Ausdruck gewachsener körperlicher Bewegungsfreiheit mit gesichertem Bezug auf ausreichend beherrschte aufrechte Stützmotorik.

Als Bezug zum Wirbelsäulenverhalten gilt wiederum für alle überprüften Hüftgelenksbewegungen: Seitensymmetrie der globalen Hüftgelenksbeweglichkeit ist zu allen Untersuchungszeitpunkten überzufällig häufig mit symmetrischer Kopfgelenksbeweglichkeit verbunden. Einseitige Neigebehinderung der oberen Halswirbelsäule, gleichgültig zu welcher Seite, geht einher mit Bewegungseinschränkung des rechten Hüftgelenkes.

Einen gelegentlich behaupteten Geschlechtsdimorphismus der Bewegung finden wir weder für Abduktion noch für Außenrotation. Dagegen sehen wir zu allen Untersuchungszeitpunkten eine für Mädchen größere Innenrotationsfähigkeit als für Jungen. Als Ursache vermuten wir eine beim weiblichen Geschlecht durchschnittlich stärker ausgeprägte Antetorsion des koxalen Femurendes: das Innenrotationsvermögen wird wesentlich durch den Grad dieser Antetorsion bestimmt. Die Weiterverfolgung dieser Überlegung scheint uns im Interesse der klinischen Luxationshüftendiagnostik sinnvoll.

Beim Vergleich der von uns gefundenen Hüftgelenksbewegungsmaße gegen Literaturangaben stellten wir für Abduktion und Außenrotation fest, daß deren Mittelwerte bei uns relativ hoch liegen. Auch wenn dieser Vergleich aus den genannten Gründen nur vorsichtig zu interpretieren ist, sehen wir unsere Werte als Folge der von der DDR-Bevölkerung offensichtlich weitgehend betriebenen Luxationshüften-Prophylaxe: Spreizlagerung von Säuglingen über längere Zeit hinweg führt zu höheren Winkelwerten der Abspreiz- und Außendrehfähigkeit im Hüftgelenk.

Bei der Untersuchung im Alter von 4 Monaten fertigten wir Röntgen-Beckenübersichtsaufnahmen an. Ohne Berücksichtigung der Projektionsbedingungen finden wir für Mädchen durchschnittlich größere Pfannendachwinkel. In der Gesamtpopulation zeigt sich ein links steilerer Anstiegswinkel bei ebenfalls links kürzerer Pfannenlänge.

Eine sichere röntgenologische Beurteilung von anatomischen Einzelheiten am Becken bedarf der Berücksichtigung von Stellungs- und Projektionsbesonderheiten. Diese lassen sich mit Hilfe des auf Tönnis zurückgehenden Drehungsindex, des an diesen angelehnten Darmbeinindex und mittels der Beziehungslokalisation der Kreuzbeinspitze darstellen.

Jedes dieser Kriterien besagt, daß eine Beckendrehung häufiger nach rechts als nach links vorkommt. Diese Aussage differiert aber zahlenmäßig für die einzelnen Bestimmungsarten. Aus diesem Grunde untersuchten wir am Modell den Einfluß unterschiedlicher Beckenpositionen auf dessen Projektion im Röntgenbild. Die Zusammenfassung unserer dabei gewonnenen Erfahrungen lautet: Eine Trennung zwischen Beckendrehung im ganzen und Kippung einer Beckenhälfte in die Sagittalebene, also mit Achse im zugehörigen Iliosakralgelenk, ist nur dann möglich, wenn die Röntgenprojektion der Kreuzbeinspitze in die Beurteilung einbezogen wird. Bei Beckendrehung wandert die Kreuzbeinspitze zur Seite der angehobenen Beckenhälfte, bei Kippung einer Beckenschaufel verbleibt sie in Beckenmitte. Die Kombination einer Beckendrehung mit gleichseitiger Sagittalkippung einer Beckenhälfte imponiert röntgenologisch als ausschließliche Drehung. Beide Vorgänge, ob einzeln oder zusammen, bewirken als Beckenrotation nach rechts oder als Sagittalkippung der linken Beckenschaufel auf dem Röntgenbild eine scheinbare Verkleinerung des rechten und eine ebenso scheinbare Vergrößerung des linken Pfannendachwinkels. Die Winkeldifferenz ist bei ausschließlicher Beckendrehung größer als beim einseitigen Kippvorgang.

Die Auswertung der nach projektionstechnischen Kriterien geordneten Röntgenbefunde führt zu der Schlußfolgerung, daß im Alter von 4 Monaten eine Asymmetrie in der Form beider Hüftgelenkspfannen vorliegt: das linke Pfannendach ist kürzer, sein Anstiegswinkel steiler. Aber nur unter der Bedingung einer Beckendrehung nach rechts, die röntgenologisch verifizierbar ist, erreicht diese Seitendifferenz statistisch faßbare Signifikanz. Die Beckendrehung nach rechts ist ungleich häufiger als die nach links. Sie ist gewöhnlich verbunden mit asymmetrischer Kopfgelenksbeweglichkeit und mit nach links eingeschränkter passiver Seitneigefähigkeit der Gesamtwirbelsäule. Somit ordnet sich die häufige Beckendrehung nach rechts in unser Konzept einer seitendifferenten muskulären Tonuslage am Rumpf ein. Wir bewerten sie als Ausdruck menschlicher Lateralität.

Der Entwicklung von eigener Fortbewegungsfähigkeit galt unser Interesse, damit nicht unbemerkt zentral koordinationsgestörte Kinder in die Untersuchung eingehen und die Aussage zu Bewegungs- und Verhaltensnormativen verfälschen.

In der Einschätzung der Händigkeit mußten wir uns auf Elternaussagen verlassen. Die ermittelte Rechts-Links-Verteilung entspricht dem allgemein angegebenen Grenzbereich. Bei Rechtshändern überwiegt asymmetrische Gesichtsausformung: eine links-konvexe Gesichtsskoliose scheint für Rechtshändigkeit typisch zu sein.

Den aus unseren Untersuchungsergebnissen ableitbaren Aussagen kommt, auf die Population bezogen, eine weitgehend statistisch gesicherte Allgemeingültigkeit zu. Damit sind sie als Befundvergleich für alle Kinder zwischen Geburt und 18. Lebensmonat benutzbar. Das bedeutet jedoch keinesfalls, daß diese Aussagen für das Individuum Gesetzescharakter haben. Im Einzelfall können Bedingungen eine Rolle spielen, die sich dem statistischen Vergleich eines Populationsverhaltens entziehen.

9 Literaturverzeichnis

Abalmasova EA, Kogan AV, Nikitina MP, Chadžaev RR (1970) Semejnye formy skolioza. Ortoped Travmatol 4:22-26
Abels H (1927) Die angeborenen Formabweichungen des menschlichen Schädels und ihre Entstehung. Wien Klin Wochenschr 40:1217-1270
Aberle W (1928) Ätiologisches zum Schiefhals. Z Orthop Chir 49:27-43
Aberle-Horstenegg W (1929) Größere Häufigkeit orthopädischer Erkrankungen an der linken Körperhälfte. Z Orthop Chir 51:489-495
Ackermann HJ, Hofrichter U (1979) Nachuntersuchungsergebnisse bei Abduktionshemmung am Hüftgelenk von Neugeborenen. Beitr Orthop Traumatol 26:693-698
Ackermann JH, Runge H (1971) Die skoliotische Einstellung der Wirbelsäule bei einseitigen angeborenem Bauchmuskeldefekt. Wissensch. Z. E. M. Arndt-Univ. Greifswald. Math Naturwissenschaftl Reihe 20:375
Afifi AK, Bergman RA (1980) Basic neuroscience. Urban & Schwarzenberg, München
Albers D (1954) Eine Studie über die Funktion der Halswirbelsäule bei dorsaler und ventraler Flexion. Fortschr Röntgenstr 81:606-615
Alekseeva AA, Černuchin AA (1978) Narušenie nervno-myšečego ravnovesija-odin iz faktorov razvitija skolioza. Ortoped Travmatol 12:24-26
Alexander MA, Bunch WH, Ebbesson SOE (1972) Can experimental dorsal rhizotomy produce scoliosis? J Bone Joint Surg 54A:1509-1513
Aly M (1985) Manipulative Frühtherapie als Störung bei gesunden und kranken Kindern. Z Krankengymnastik 37:5-10
Anders G (1982) Früherkennung und funktionelle Behandlung der Hüftdysplasie und Hüftluxation. Z Orthop 120:100-104
Andrian-Werburg H von (1977) Beobachtungen an 108 Kindern mit Säuglingsskoliosen. Z Orthop 115:633-634
Arlen A (1978) Meßverfahren zur Erfassung von Statik und Dynamik der Halswirbelsäule in der sagittalen Ebene. Man Med 16:25-35
Arlen A (1979) Biometrische Röntgen-Funktionsdiagnostik der Halswirbelsäule. Verlag für Medizin Dr. Ewald Fischer, Heidelberg
Arlen A (1981) Biometrische Röntgen-Funktionsdiagnostik der Halswirbelsäule. Z Orthop 119:577-582
Asaka Y, Yamauchi Y, Sakata E (1978) Scoliosis associated with abnormal ocular movement-report of 9 cases and analysis of probable mechanism. J Jpn Orthop Ass 52:79-83
Aschner B, Engelmann G (1928) Konstitutionspathologie in der Orthopädie. Erbbiologie des peripheren Bewegungsapparates. Springer, Wien Berlin
Asmussen G (1978) Physiologische Grundlagen von Haltung und Bewegung. Verlag Volk u. Gesundheit, Berlin
Aufschnaiter D, Frenkel A (1986) Die krankengymnastische Behandlung der dysplastischen Hüfte. Z Krankengymnastik 38:270-278
Bahenmann F (1979) Mundatmung als Krankheitsfaktor. Fortschr Kieferorthop 40:117-136, 217-228
Ball F (1979) Fehlermöglichkeiten bei der radiologischen Hüftdysplasiediagnostik. Röntgenpraxis 32:58-74
Balters W (1964) Die Wirbelsäule aus der Sicht des Zahnarztes. Zahnärztl Mitt 54:408-410, 458-459
Bardeleben K von (1909) Über bilaterale Asymmetrie beim Menschen und bei höheren Tieren. Anat Anz 34 [Ergänzungsheft 2-72]

Barlow TG (1962) Early diagnosis and treatment of congenital dislocation of the hip. J Bone Joint Surg [Br] 44:292–301
Basmajian JV (1975) Naturally integrated role of muscles and ligaments. Rehabilitácia [Suppl] 10–11:185–188
Batory I (1982) Ätiologie der pathologischen Veränderungen des kindlichen Hüftgelenkes. Enke, Stuttgart
Batory I (1984) Ätiologie der angeborenen Fehlbildungen. Swiss Med 6/5a:45–47 [Sonderheft]
Bauer A (1913) Der Schiefhals. Ergeb Chir Orthop 5:191–279
Bauer F (1929) Die habituelle Schiefhaltung des Säuglings, eine Ursache der rachitischen Skoliose. Z Orthop Chir 51:295–310
Bauer F (1931) Sitzungsbericht Ges. Kinderheilkunde Wien 17. 12. 1930. Wien Med Wochenschr 81:513
Bauer F (1935) Die fötale Zwangshaltung und ihre Bedeutung für die Entstehung angeborener Mißbildungen. Wien Klin Wochenschr 48:573–574
Bauer F (1936) Die Entstehung der angeborenen Hüftverrenkung durch Zwangshaltung. Z Orthop 65:318–340
Bauer PM (1948) Die normale Bewegungsbreite des Hüftgelenkes in den verschiedenen Lebensaltern. Med Dissertation, Universität Heidelberg
Baumann JU (1975) Die Skoliose beim Spastiker. Z Orthop 113:575–576
Baumann JU (1976) Konservative Skoliosenbehandlung bei zerebralen Bewegungsstörungen. Z Orthop 114:496–498
Baumann JU (1977) Säuglingsskoliose-Wandel in der Behandlung. Z Orthop 115:632
Baume LJ (1962) Die Entwicklungsmechanik des Mittelgesichtes in embryogenetischer Sicht. Dtsch Zahn Mund Kieferheilkd 38:1–18
Baumgartner R (1977) Die orthopädie-technische Behandlung der Säuglingsskoliose. Z Orthop 115:628
Bayer H (1956) Gedanken zu einer funktionellen Skoliosetherapie. Z Orthop 87:452–462
Bayer H (1958) Ätiologie der idiopathischen Skoliose. Beih Z Orthop 90:182–184
Beck O (1928) Die Ursache der Gesichtsasymmetrie beim muskulären Schiefhals und Luxationen. Z Orthop Chir 49:424–449
Becker F (1978) Über Schwindelerscheinungen, besonders aus der Sicht der manuellen Therapie. Man Med 16:95–104
Becker H (1967) Über vegetative Reaktionen bei der manuellen Therapie in der nervenärztlichen Praxis. Man Med 5:34–38
Beckmann HA (1963a) Das Caput obliquum und sein Einfluß auf das übrige Skelettsystem. Dtsch Gesundheitswes 18:326–331
Beckmann HA (1963b) Das Capud obliquum und sein Einfluß auf das übrige Skelettsystem. Antwort auf die Erwiderung von H. Kluge. Dtsch Gesundheitswes 18:1693–1694
Beckmann HA (1973) Die Schräglagedeformitäten des Säuglingsalters unter dem Gesichtspunkt des Caput obliquum und sein Einfluß auf das gesamte Skelettsystem sowie eine Längsschnittuntersuchung nach Anwendung der Bauchlagerung von Säuglingen. Dtsch Gesundheitswes 28:509–514
Belenkij VE (1977) Mechanizm obrazovanija deformacii pozvonočnika pri skolioze. Orthop Travmatol 3:20–27
Bengert O (1962) Die Erkrankungen des Neugeborenen in orthopädischer Sicht. Dtsch Med Wochenschr 87:176–180
Benninghoff A (1938) Über Einheiten und Systembildungen im Organismus. Dtsch Med Wochenschr 64:1377–1382
Benninghoff A (1949) Über funktionelle Systeme. Studium Generale 2:9–13
Benson DR (1983) The spine and neck. In: Gershwin ME, Robbins DL (eds) Musculoskeletal diseases of children. Grune & Stratton, New York
Bergmann G von (1949) Der Begriff der Funktion in der klinischen Medizin. Studium Generale 2:4–9
Bergsmann O, Eder M (1979) Zur Biokybernetik der Wirbelsäule – am Modell thorakaler Funktionsstörungen. In: Neumann HD, Wolff HD (Hrsg) Theoretische Fortschritte und praktische Erfahrungen der Manuellen Medizin. Konkordia, Bühl, S 122–129

Bernau A (1977) Langzeitresultate nach Schiefhalsoperation. Z Orthop 115:875–890
Bernbeck R (1976) Orthopädie der Säuglingsbauchlage. Dtsch Ärztebl 73:639–645
Bernebeck R (1981) Sichere und unsichere Zeichen der Luxation und Dysplasie. In: Fries G, Tönnis G (Hrsg) Hüftluxation und Hüftdysplasie im Kindesalter. Med. Lit. Verlagsanstalt, Uelzen, S 39–41
Bernbeck R, Dahmen G (1983) Kinderorthopädie, 3. Aufl. Thieme, Stuttgart New York
Bernbeck R, Sinios A (1975) Vorsorgeuntersuchungen des Bewegungsapparates im Kindesalter. Orthopädische und neuromotorische Diagnostik. Barth, Leipzig
Berquet KH (1966) Überlegungen zur Erblichkeit der idiopathischen Skoliose. Z Orthop 101:197–209
Bertolini R (1976) Über den entwicklungsabhängigen Strukturwandel beim Menschen. Anat Anz 140:372–378
Bethe A (1925) Zur Statistik der Links- und Rechtshändigkeit und der Vorherrschaft einer Hemisphäre. Dtsch Med Wochenschr 51:681–683
Bethe A (1949) Rhythmik und Periodik in dere belebten Natur. Studium Generale 2:67–73
Beyeler J (1977) Spätresultate bei Säuglingsskoliosen. Z Orthop 115:631
Bjerkreim I (1974) Congenital dislocation of the hip joint in Norway. Acta Orthop Scand [Suppl] 157
Bjerkreim I (1977) Infantile and adolescent idiopathic scoliosis in the some individual. Acta Orthop Scand 48:461–465
Blencke B (1964) Kritische Bemerkungen zur Diagnose Hüftdysplasie. Beitr Orthop Traumatol 11:581–585
Bobath B (1976) Abnorme Haltungsreflexe bei Gehirnschäden, 3. Aufl. Thieme, Stuttgart New York
Bobath B, Bobath K (1977) Die motorische Entwicklung bei Zerebralparesen. Thieme, Stuttgart New York
Bobath K (1964) Die Neuropathologie der zerebralen Kinderlähmung unter besonderer Berücksichtigung der Stellung und Haltung der Wirbelsäule. In: Müller D (Hrsg) Neurologie der Wirbelsäule und des Rückenmarkes im Kindesalter. Fischer, Jena, S 117–132
Bobath K, Bobath B (1964) Grundgedanken zur Behandlung der zerebralen Kinderlähmung. Beitr Orthop Traumatol 11:225–231
Böhm M (1931) Entstehung der angeborenen Hüftverrenkung. Z Orthop Chir 55:566–586
Böhm M (1935) Das menschliche Bein. Enke, Stuttgart
Böhmer D, Nolte B (1972) Biochemischer Beitrag zur Ätiologie der Skoliose. Z Orthop 110:137–140
Boehncke H (1966) Über die sogenannte Säuglingsskoliose. MMW 108:1123–1124
Bösch J (1972) Das Problem der sogenannten Säuglingsskoliose. Wien Med Wochenschr 122:498–500
Bösch J (1977) Zur Bauchliegebehandlung der Säuglingsskoliose. Z Orthop 115:627
Bogduk N, Jull G (1985) Die Pathophysiologie der akuten LWS-Blockierung. Eine Basis zur manipulativen Therapie. Man Med 23:77–81
Bohr N (1936) Kausalität und Komplementarität. Erkenntnis 6:293–303
Boone DC, Azen SP (1979) Normal range of motion of joints in male subjects. J Bone Joint Surg [Am] 61:756–759
Bopp F (1970) Der Strukturbegriff in der Physik. Nova Acta Leopoldina 35:77–97
Brade H, Koebke J (1981) Untersuchungen zur Morphologie und Funktion der oberen Halswirbelsäule. Z Orthop 119:566–567
Bragina NN, Dobrochotova TA (1984) Funktionelle Asymmetrien des Menschen. Thieme, Leipzig
Brandt I (1976) Normwerte für den Kopfumfang vor und nach dem regulären Geburtstermin bis zum Alter von 18 Monaten – absolutes Wachstum und Wachstumsgeschwindigkeit. Monatsschr Kinderheilkd 124:141–150
Brocher JEW (1955) Die Occipito-Cervical-Gegend. Eine diagnostisch-pathogenetische Studie. Thieme, Stuttgart
Browne D (1956) Congenital postural scoliosis. Proc R Soc Med 49:395–398
Browne D (1965) Congenital postural scoliosis. Br Med J 2:565–566

Brügger A (1980) Die Erkrankungen des Bewegungsapparates und seines Nervensystems, 2. Aufl. Fischer, Stuttgart New York
Buchmann J (1979) Motorische Entwicklung und Wirbelsäulenfunktionsstörungen. Z Krankengymnastik 32:12-13
Buchmann J (1984) Manuelle Untersuchung und Behandlung im Kindesalter. In: Buchmann J, Badtke G, Sachse J (Hrsg) Manuelle Therapie. Tagungsbericht. Pädagogische Hochschule, Potsdam, S 12-23
Buchmann J (1986) Stellenwert der manuellen Therapie bei Erkrankungen des Bewegungsapparates. Z Physiother 38:29-32
Buchmann J, Bülow B, Camesasca I (1981) Zum therapeutischen Wert reflexinduzierter Bewegungskomplexe beim Säugling und Kleinkind. Z Ärztl Fortbild 75:1048-1050
Buchmann J, Bülow B (1983) Funktionelle Kopfgelenksstörungen bei Neugeborenen im Zusammenhang mit Lagereaktionsverhalten und Tonusasymmetrie. Man Med 21:59-62
Büchner F (1941) Das Problem der Form in der Pathologie. Beitr Pathol Anat 105:319-335
Büchner F (1959) Allgemeine Pathologie, 3. Aufl. Urban & Schwarzenberg, München Wien Baltimore
Büschelberger H (1964) Ätiologie, Prophylaxe und Frühbehandlung der Luxationshüfte. Beitr Orthop Traumatol 11:535-548
Busse H (1936) Über normale Asymmetrien des Gesichtes und im Körperbau des Menschen. Z Morphol Anthropol 35:412-445
Canale ST, Griffin DW, Hubbard CN (1982) Congenital muscular torticollis. J Bone Joint Surg [Am] 64:810-816
Carter C, Wilkinson J (1964) Persistent joint laxity and congenital dislocation of the hip. J Bone Joint Surg [Br] 46:40-45
Caviezel H (1979) Über die Funktionsdiagnostik bei Irritationen der Kopfgelenke und der oberen HWS. Man Med 17:7-8
Ceballos T, Ferrer-Torrelles F, Castillo F, Fernandez-Paredes E (1980) Prognosis in infantile idiopathic scoliosis. J Bone Joint Surg [Am] 62:863-875
Chlumsky V (1910) Was alles für die Ursache der Skoliose gehalten wurde. Z Orthop Chir 27:419-430
Chlumsky V (1924) Über die Skoliose bei Hausvögeln. Z Orthop Chir 44:470-478
Churchill JA, Rodin EA (1968) Asymmetry of alpha activity in children. Dev Med Child Neurol 10:77-81
Clara M (1953) Das Nervensystem des Menschen, Barth, Leipzig
Clara M (1955) Entwicklungsgeschichte des Menschen, 5. Aufl. Thieme, Leipzig
Cobb JR (1958) Scoliosis - quo vadis? J Bone Joint Surg [Am] 40:507-510
Cobb JR (1960) The problem of the primary curve. J Bone Joint Surg [Am] 42:1413-1425
Conner AN (1969) Development anomalies and prognosis in infantile idiopathic scoliosis. J Bone Joint Surg [Br] 51:711-713
Coon V, Donato G, Houser C, Bleck E (1975) Normal ranges of hip motion in infants six weeks, three months and six months of age. Clin Orthop 110:256-260
Coventry MB, Harris LE (1959) Congenital muscular torticollis in infancy. J Bone Joint Surg [Am] 41:815-822
Cramer A (1956) Funktionelle Merkmale statischer Störungen im Röntgenbild der Wirbelsäule. In: Junghanns H (Hrsg) Röntgenkunde und Klinik vertebragener Krankheiten. Hippokrates, Stuttgart, S 73-82
Cramer A (1965) Iliosacralgelenksmechanik. Asklepios 6:261-262
Cramer A, Ladendorf M (1963) Entwicklungsstörungen am Dens epistrophei. Fortschr Röntgenstr 99:250-251
Crasselt C (1964) Die teratologische Hüftverrenkung. Ein Beitrag zur Ätiologie und Pathogenese der Luxationshüfte. Habilitationsschrift, Med. Akad. Dresden
Cyvin KB (1977) A follow-up study of children with instability of the hip joint at birth. Acta Orthop Scand [Suppl] 166
Dahan J (1968) Die Diagnose der Gesichts- und Schädelasymmetrien. Ein kephalometrisches Problem. Fortschr Kieferorthop 29:289-333
Dahlberg G (1930) Genotypische Asymmetrien. Z Indukt Abstammungs-Vererbungsbl 53:133-148

Dalseth I (1974) Anatomic studies of the osseous craniovertebral joints. Man Med 12:130–141
Danbury R (1971) Functional anatomy and kinesiology of the cervical spine. Man Med 9:97–101
Darwin C (1876) Über die Entstehung der Arten durch natürliche Zuchtwahl oder die Erhaltung der begünstigten Rassen im Kampfe um's Dasein, 6. Aufl. Schweizerbart'sche Verlagshandlung (E. Koch)
Daubenspeck K (1942) Zum Problem des muskulären Schiefhalses. Z Orthop 73:92–100
Debrunner H (1927) Allgemeine Betrachtungen zum Skoliosenproblem. Beih Z Orthop Chir 48:152–157
Debrunner H (1942) Über den Begriff der funktionellen Anpassung. Z Orthop 73:238–262
Debrunner HU (1971) Gelenkmessung, Längenmessung, Umfangsmessung. Bulletin Arbeitsgemeinschaft Osteosynthesefragen, Berlin
Decking D, Ramisch W (1975) Der Atlas im seitlichen Röntgenbild. Rehabilitácia [Suppl] 10–11:202–204
Delov VI (1974) Skolioz-bokovoe iskrivlenie pozvonočnika. Soobsčenie I: Geometrija pozvonočnika. Ortop Travmatol 8:30–36
Dennhardt D, Daum R (1970) Der muskuläre Schiefhals – Nachuntersuchungsergebnisse nach Tenotomie. Arch Orthop Unfallchir 67:367–371
Derbolowsky U (1963) Chirotherapie. Eine psychosomatische Behandlungsmethode. Haug, Ulm
Derbolowsky U (1967) Über das Phänomen der „variablen Beinlängendifferenz". Man Med 5:63–71
Derbolowsky U (1975) Medizinisch-orthopädische Propädeutik für Manuelle Medizin und Chirotherapie. Verlag für Medizin Dr. Ewald Fischer, Heidelberg
Dethloff E (1971) Die Wirbelblockierung als Ursache der Skoliose. Wiss Z EM Arndt-Univ Greifswald, Math-Naturwiss Reihe 20:387
Dickson RA (1983) The pathogenesis of idiopathic scoliosis – asymmetrie on both coronal and median planes. J Jpn Orthop Assoc 57:940–941
Dietrich H (1959) Neuro-Röntgendiagnostik des Schädels, 2. Aufl. Fischer, Jena
Dihlmann W (1973) Gelenke – Wirbelverbindungen. Thieme, Stuttgart New York
Dittmar O (1931) Röntgenstudien zur Mechanologie der Wirbelsäule. Z Orthop Chir 55:321–351, 509–548
Dörr WM (1958) Über die Anatomie der Wirbelgelenke. Arch Orthop Unfallchir 50:222–234
Dörr WM (1962) Nochmals zu den Menisci in den Wirbelbogengelenken. Z Orthop 96:457–461
Dörr WM (1966) Zur Früh- und Frühestdiagnose der sogenannten Hüftluxation. Dtsch Med Wochenschr 91:168–173
Drexler L (1962) Röntgenanatomische Untersuchungen über Form und Krümmung der Halswirbelsäule in den verschiedenen Lebensaltern. Hippokrates, Stuttgart
Dubois M (1925) Prinzipielle Fragen aus der Pathologie und Therapie der sagittalen und frontalen Verkrümmung der Wirbelsäule. Schweiz Med Wochenschr 55:867–873, 890–896
Dunlap JP, Morris M, Thompson RG (1958) Cervical-spine injuries in children. J Bone Joint Surg [Am] 40:681–886
Dunoyer J, de Leobardy L, Valette C, Mechin JF (1979) Les critères pronostiques des scoliosis infantiles. Étude critique d' après 35 cas. Rev Chir Orthop 65:421–431
Dvořák J, Dvořák V (1982) Neurologie der Wirbelbogengelenke. Man Med 20:77–84
Dvořák J, Dvořák V (1983) Manuelle Medizin. Diagnostik. Thieme, Stuttgart New York
Dvořák J, Dvořák V, Schneider W (1984) Manuelle Medizin 1984. Springer, Berlin Heidelberg New York Tokyo
Dvořák J, Panjabi MM, Hayek J (1987) Diagnostik der Hyper- und Hypomobilität der oberen Halswirbelsäule mittels funktioneller Computertomographie. Orthopäde 16:13–19
Ebert D (1986) Physiologische Aspekte des Yoga. Thieme, Leipzig
Eccles JC (1979) Das Gehirn des Menschen, 4. Aufl. Piper, München Zürich
Edelmann P (1975) Untersuchungstechnik der Skoliose. Z Orthop 113:554–557
Edelmann P, Gupta D (1974) Hormonuntersuchungen bei idiopathischen Skoliosen. Z Orthop 112:836–838

Edinger A, Biedermann F (1957) Kurzes Bein - schiefes Becken. Fortschr Röntgenstr 86:754–762

Eichler JH (1981) Manuelle Medizin (Chirotherapie). In: Witt AN, Rettig H, Schlegel KF, Hakkenbroch M, Hupfauer W (Hrsg) Orthopädie in Praxis und Klinik. Allgemeine Orthopädie, Bd II. Thieme, Stuttgart New York 14.1–14.40

Elze C (1924) Rechts und links im „Körperschema". Anat Anz 58:215–217 (Ergänzungsheft)

Elze C (1926) Kann jedermann rechts und links unterscheiden? Dtsch Z Nervenheilkd 90:146–151

Engelhardt W von (1949) Symmetrie. Studium Generale 2:203–212

Engelmann G (1914) Die Rachitis der Wirbelsäule. Z Orthop Chir 34:225–257

Enneking WF, Harrington P (1969) Pathological changes in scoliosis. J Bone Joint Surg [Am] 51:165–184

Erdmann H (1967) Grundzüge einer funktionellen Wirbelsäulen-Betrachtung. Man Med 5:55–63

Erdmann H (1968) Grundzüge einer funktionellen Wirbelsäulen-Betrachtung. Man Med 6:32–37, 78–90

Erlacher P (1959) Muß das Menschenkind auf dem Rücken liegen? Wien Klin Wochenschr 71:937–938

Faber A (1936) Untersuchungen über die Erblichkeit der Skoliose. Arch Orthop Unfallchir 36:217–296

Faber A (1938) Das Röntgenbild des Hüftgelenks beim Säugling. Beilh Z Orthop 67:251–258

Fanghänel J, Timm D (1976) Statik, Wachstum und funktionelle Anpassung. Anat Anz 140:433–436

Farkas A (1927) Skoliosenentstehung und Skoliosentherapie. Beilh Z Orthop Chir 48:137–147

Farkas A (1954) The pathogenesis of idiopathic scoliosis. J Bone Joint Surg [Am] 36:617–654

Feldkamp M (1976) Asymmetrische Hüftfehlstellungen bei Kindern mit infantiler Zerebralparese. Z Orthop 114:317–323

Felsenreich G (1971) Indikation und Technik der Röntgenaufnahme. Österr Ärzteztg 26:304–307

Ferreira JH, James JIP (1972) Progressive and resolving infantile idiopathic scoliosis. The differential diagnosis. J Bone Joint Surg [Br] 54:648–655

Fick R (1904) Handbuch der Anatomie und Mechanik der Gelenke. 1. Teil: Anatomie der Gelenke. Fischer, Jena

Fick R (1910) Handbuch der Anatomie und Mechanik der Gelenke. 2. Teil: Allgemeine Gelenk- und Muskelmechanik. Fischer, Jena

Fielding JW (1981a) The development of the infantile spine. Z Orthop 119:565–566

Fielding JW (1981b) Hangmans fracture (Traumatisches Gleiten des Epistropheus). Z Orthop 119:677–679

Figueiredo UM, James JIP (1981) Juvenile idiopathic scoliosis. J Bone Joint Surg [Br] 63:61–66

Fiščenko VJ (1984) Kliniko-rentgenologičeskie i morfofunkcialnye osnovy displastičeskovo i idiopatičeskovo skoliosov. Ortop Travmatol 3:23–26

Fischer E (1924) Betrachtungen über die Schädelform des Menschen. Z Morphol Anthropol 24:37–45

Flehmig I (1983) Normale Entwicklung des Säuglings und ihre Abweichungen. Früherkennung und Frühbehandlung, 2. Aufl. Thieme, Stuttgart New York

Fleissner HK (1968) Die Ergebnisse der Röntgenreihenuntersuchungen des Beckens im 1. Lebensjahr. Beitr Orthop Traumatol 15:688–690

Francillon MR (1937) Beiträge zur Kenntnis der angeborenen Hüftverrenkung. Beilh Z Orthop 66

Francillon MR (1938) Vererbung und Orthopädie. Schweiz Med Wochenschr 68:1221–1226

Frey D (1949) Zum Problem der Symmetrie in der bildenden Kunst. Studium Generale 2:268–278

Friedebold G (1958) Die Aktivität normaler Rückenstreckmuskulatur im Elektromyogramm unter verschiedenen Haltungsbedingungen; eine Studie zur Skelettmuskelmechanik. Z Orthop 90:1–18, 217

Frisch H (1983) Programmierte Untersuchung des Bewegungsapparates. Springer, Berlin Heidelberg New York Tokyo
Frisch H (Hrsg) (1985) Manuelle Medizin heute. Methoden und Erfahrungen – eine Bilanz. Springer, Berlin Heidelberg New York Tokyo
Frühauf K (1986) Entwicklungsbesonderheiten zerebral-geschädigter Kinder. Hirzel, Leipzig
Fyouzat F, Trebes G (1967) Zusammenfassung der normalen motorischen Entwicklung eines Kindes bis zum freien Gehen. Z Krankengymnastik 19:313–316
Gaupp E (1908) Über die Kopfgelenke der Säuger und des Menschen in morphologischer und funktioneller Beziehung. Anat Anz 32:181–189 (Ergänzungsheft)
Gaupp E (1909–1911a) Über die Rechtshändigkeit des Menschen. In: Gaupp E, Nagel W (Hrsg) Sammlung anatomischer und physiologischer Vorträge und Aufsätze, Bd 1. Fischer, Jena, S 1–36
Gaupp E (1909–1911b) Die normalen Asymmetrien des menschlichen Körpers. In: Gaupp E, Nagel W (Hrsg) Sammlung anatomischer und physiologischer Vorträge und Aufsätze, Bd 1. Fischer, Jena, S 97–155
Gaupp E (1909–1911c) Die äußeren Formen des menschlichen Körpers in ihrem allgemeinen Zustandekommen. In: Gaupp E, Nagel W (Hrsgs) Sammlung anatomischer rund physiologischer Vorträge und Aufsätze, Bd 1. Fischer, Jena, S 543–599
Geiser M (1977) Dysplasie und Pseudodysplasie des kindlichen Hüftgelenkes. Z Orthop 115:1–8
Gelehrter G (1963) Differentialdiagnose der Halswirbelverletzungen im Kindesalter. Fortschr Röntgenstr 99:506–517
Gerlach HG (1968) Asymmetrien im Kiefer-Gesichtsbereich. Fortschr Kieferorthop 29:436–532
Gerstenbrand F, Kotscher E, Tilscher H (1974) Das obere Zervikalsyndrom. Z Orthop 112:1249–1255
Gesell A (1926) The mental growth of the pre-school child. Macmillan, New York, pp 68–88
Gesell A (1950) The first five jears of life. Methuen, London
Gesell A (1960) Säugling und Kleinkind in der Kultur der Gegenwart. Christian-Verlag, Bad Nauheim
Gesell A, Ames LB (1947) The development of handedness. J Genet Psychol 70:155–175
Gestewitz H (1979) Bousseljot W, Mehner R (1979) Physiologie und Klinik des Opto-Vestibulo-Spinalen Systems aus otoneurologischer Sicht. In: Drischel H, Kirme W (Hrsg) Das okulomotorische System, psychologische und klinische Aspekte. Thieme, Leipzig, S 79–146
Gladel W (1963) Die Schräglage-Deformitäten des Säuglingsskeletts. MMW 105:1586–1590
Gladel W (1969) Die Schrägseitenlage des Säuglings als gemeinsame Ursache der Säuglingsskoliose und der Hüftluxation. Monatsschr Kinderheilkd 117:196–197, 198
Gladel W (1972) Atypische Säuglingsskoliose. Z Orthop 110:140–145
Gladel W (1977) Überlegungen zur Spontanheilung der sog. Säuglingsskoliose. Z Orthop 115:633
Gladel W (1978) Die Schlaflage des jungen Säuglings und die Entstehung von Skeletterkrankungen. Z Orthop 116:336–347
Gladel W (1982) Die Schlaflage des jungen Säuglings in ihrer Bedeutung für Säuglingsskoliose und Hüftluxation. Kinderarzt 13:83–87, 256–262
Gladel W (1983) Luxationshüfte und Vorsorgeuntersuchung. Z Orthop 121:613–618
Glauner R, Marquardt W (1956) Röntgendiagnostik des Hüftgelenkes. Thieme, Stuttgart New York
Gleiss J (1969) Die Vor- und Nachteile der Bauchlage bei Neugeborenen und jungen Säuglingen. Dtsch Med Wochenschr 94:2449–2452
Gocht H (1932) Haltung und Stellung. Z Orthop Chir 56:272–275
Goerttler K (1958) Form und Funktion aus der Sicht der Anatomen. Beilh Z Orthop 90:21–33
Gollmitz H (1957) Zur Differentialdiagnose der Hemiatrophia faciei und sonstiger halbseitiger Gesichtsasymmetrien. Med Klin 52:1256–1259
Gotzmann H (1945) Schiefhals, Skoliose und Hüftkontraktur beim Säugling. Z Orthop 75:68–71
Grmek MD (1979) Die Wirbelsäule im Zeitgeschehen. Man Med 17:69–74

Gross D (1984) Die Zerviko-Rota-Metrie (Messung der zervikalen Rotation mit dem Zerviko-Rota-Meter). Orthop Prax 20:195-201

Grünberg H (1976) Quantitative Bestimmung von Transferin-beta-Lipoprotein, Hämopexin und Fibrinogen bei Kindern mit idiopathischer Skoliose. Med Dissertation, Gesamthochschule Essen

Güntz E (1956) Kritische Bemerkungen zum Problem der statischen und funktionellen Störungen der Wirbelsäule mit therapeutischen Rückschlüssen aus der Blickrichtung des Orthopäden sowie Demonstrationen zur Arthrosis deformans der kleinen Wirbelgelenke. In: Junghanns H (Hrsg) Röntgenkunde und Klinik vertebragener Krankheiten. Hippokrates, Stuttgart, S 126-132

Gutmann G (1967) Zur Stellung der Chirotherapie in der Medizin. Man Med 5:83-92

Gutmann G (1968) Das cervical-diencephal-statische Syndrom des Kleinkindes. Man Med 6:112-119

Gutmann G (1970) Klinisch-röntgenologische Untersuchungen zur Statik der Wirbelsäule. In: Wolff HD (Hrsg) Manuelle Medizin und ihre wissenschaftlichen Grundlagen. Verlag für physikalische Medizin, Heidelberg, S 109-127

Gutmann G (1972) Asymmetrie der Gelenke der Halswirbelsäule. Ihre Bedeutung für Klinik, manuelle Therapie und Prognose. Man Med 10:49-59

Gutmann G (1981) Die Halswirbelsäule. Die funktionsanalytische Röntgendiagnostik der Halswirbelsäule und der Kopfgelenke. Fischer, Stuttgart New York

Gutmann G (1987) Das Atlas-Blockierungs-Syndrom des Säuglings und des Kleinkindes. Man Med 25:5-10

Gutmann G, Biedermann H (1984) Die Halswirbelsäule. Allgemeine funktionelle Pathologie und klinische Syndrome. In: Gutmann G (Hrsg) Funktionelle Pathologie und Klinik der Wirbelsäule, Bd 1, Teil 2. Fischer, Stuttgart New York

Gutmann G, Véle F (1970) Die Gelenke der oberen Halswirbelsäule und ihre Einwirkung auf motorische Stereotypien. Kongreßband. Verlag für physikalische Medizin, Heidelberg, S 131-149

Gutzeit K (1956) Der vertebrale Faktor im Krankheitsgeschehen. In: Junghanns H (Hrsg) Röntgenkunde und Klinik vertebragener Krankheiten. Hippokrates, Stuttgart, S 11-21

Haas S, Epps HC, Adams JP (1973) Normal ranges of hip motion in the newborn. Clin Orthop 91:114-118

Haberle G (1945) Neue Erkenntnisse der angeborenen Hüftgelenksverrenkung und ihre Behandlung. Z Orthop 75:38-59

Haeckel E (1924) Natürliche Schöpfungsgeschichte. 13. Vortrag. Gemeinverständliche Werke, Bd 1. Kröner, Leipzig, Henschel, Berlin

Haglund P (1923) Die Prinzipien der Orthopädie. Versuch zu einem Lehrbuch der funktionellen Orthopädie. Fischer, Jena

Hahn von Dorsche H (1983) In: Voss H, Herrlinger R (Hrsg) Taschenbuch der Anatomie, 17. Aufl, Bd 1. Fischer, Jena

Haike H, Schulze H (1965) Über die Berücksichtigung der physiologischen Reflexmechanismen des Säuglings und Kleinkindes bei der Behandlung der Skoliose mit korrigierenden Gipsliegeschalen. Z Orthop 99:512-514

Haike H, Wessels D (1968) Spätergebnisse der Behandlung des muskulären Schiefhalses unter besonderer Berücksichtigung des Schädelwachstums. MMW 110:851-854

Harrenstein RJ (1930) Die Skoliose bei Säuglingen und ihre Behandlung. Z Orthop Chir 52:1-40

Harrenstein RJ (1932) Das Entstehen von Skoliose infolge einseitiger Zwerchfellähmung. Z Orthop Chir 56:92-101

Hasse C (1887) Über Gesichtsasymmetrien. Arch Anat Physiol 119-125

Hassenstein B (1949) Über den Funktionsbegriff des Biologen. Studium Generale 2:21-28

Hassenstein B (1972) Biologische Kybernetik. Eine elementare Einführung, 3. Aufl. Fischer, Jena

Hassler R, Bühler R (1978) Krankengymnastik der infantilen Zerebralparese nach Bobath. In: Cotta H, Heipertz W, Teirich-Leube H (Hrsg) Lehrbuch der Krankengymnastik, 5. Aufl, Bd 4. Thieme, Stuttgart, S 371-407

Hay RL (1971) Some clinical observations on the plasticity of the infant axial skeleton. In: Zorab PA (ed) Scoliosis and growth. Churchill Livingstone, Edinburgh London, pp 29–31

Hecht A (1979) In: Hecht A, Lunzenauer K, Schubert E (Hrsg) Allgemeine Pathologie. Eine Einführung für Studenten, 3. Aufl. Verlag Volk u. Gesundheit, Berlin

Heinrich R, Henig A, Thiel KW (1968) Röntgenologische Untersuchungen zur umwegigen Entwicklung der Femurtorsion bei hüftgesunden Kindern. Z Orthop 104:555–561

Heitner H, Jaster D, Bartolomaeus R (1977) Beitrag zur Diagnostik der Luxationshüfte bei Neugeborenen. Beitr Orthop Traumatol 24:543–549

Hellige R, Tillmann B (1981) Beanspruchung des Atlantookzipitalgelenkes. Z Orthop 119:567–568

Hempel HC (1965) Rücken- oder Bauchlagerung des Neugeborenen? Kinderärztl Prax 33:261–268

Henatsch HD (1964) Muskelspindeln und spinalmotorische Systeme: Periphere und zentrale Aspekte. Nova Acta Leopoldina 28:73–98

Henatsch HD (1968) Steuerungsmechanismen der peripheren Motorik (dargestellt am Beispiel des Eigenreflexes). Beilh Z Orthop 104:35–48

Henke W (1886) Glossen zur Venus von Melos. Z Bild Kunst 21:194–199, 222–227, 257–259

Henssge J (1965) Elektromyographischer Beitrag zum Skoliosenproblem. Z Orthop 99:167–195

Hertle F, Jentschura G (1958) Elektromyographische Beobachtungen bei Säuglingsskoliosen. Arch Orthop Unfallchir 49:635–646

Heuer F (1930) Die physiologische und skoliotische Drehung der Wirbelsäule. Z Orthop Chir 52:513–533

Heuer F (1931) Eine Nachlese zum Skoliosenproblem. Arch Orthop Unfallchir 30:1–19

Heusner L (1902) Über die angeborene Hüftluxation. Z Orthop Chir 10:571–634

Higuchi F, Furuya K, Furuho T (1984) A clinical and genetic study on the congenital dislocation of the hip. J Jpn Orthop Assoc 58:393–404

Hilgenreiner H (1925) Zur Frühdiagnose und Frühbehandlung der angeborenen Hüftverrenkung. Med Klin 21:1385–1388, 1425–1429

Hilgenreiner H (1939) Zur angeborenen Dysplasie der Hüfte. Z Orthop 69:30–51

Hirschfelder U, Hirschfelder H (1983) Auswirkungen der Skoliose auf den Gesichtsschädel. Fortschr Kieferorthop 44:457–467

Hirschfelder U, Hirschfelder H, Schnitzlein B (1981) Veränderungen des Gesichtsschädels beim Schiefhals aus orthopädischer und kieferorthopädischer Sicht. Z Orthop 119:744–745

Hoehne R (1985) Frühe Krankengymnastik – überschätzte Therapie, überforderte Therapeuten? Z Krankengymnastik 37:1–4

Hofer H (1961) Zur gegenwärtigen Situation der Orthopädie innerhalb der Medizin. Z Orthop 94:1–23

Hofmeier G (1977) Krankengymnastische Befunderhebung und Vorschläge zur Behandlung der Säuglingsskoliose. Z Krankengymnastik 29:270–283

Holle G (1967) Lehrbuch der allgemeinen Pathologie. Fischer, Jena

Hooker CW (1983) In: Wilson FC (ed) The musculoskeletal system. Basic processes and disorders, 2. edn. Lippincott, Philadelphia Toronto

Hooper G (1980) Congential dislocation of the hip in infantile idiophatic scoliosis. J Bone Joint Surg [Br] 62:447–449

Hopper WC, Lovell WW (1977) Progressive infantile idiopathic scoliosis. Clin Orthop 126:26–32

Hromada J (1961) Anatomische Bemerkungen zur Frage der Denervation der Gelenke. Z Orthop 94:419–428

Hubenstorf H (1966) Fehlerquellen bei der Röntgendiagnostik der angeborenen Hüftdysplasie. Beitr Orthop Traumatol 13:683–687

Huber EG (1973) Für und wider die Bauchlage. Dtsch Med Wochenschr 98:954–957

Hufschmidt HJ (1970) Propriozeptivität und Steuerung der Rückenmuskulatur. In: Wolff HD (Hrsg) Manuelle Medizin und ihre wissenschaftlichen Grundlagen. Verlag für physikalische Medizin, Heidelberg, S 75–78

Hülse M (1981) Die Gleichgewichtsstörung bei der funktionellen Kopfgelenksstörung. Man Med 19:92–98

Hülse M (1983) Die zervikalen Gleichgewichtsstörungen. Springer, Berlin Heidelberg New York Tokyo

Idelberger K (1959) Orthopädische Erkrankungen des Kindesalters. Springer, Berlin Göttingen Heidelberg

Imhäuser G (1969) Ist der muskuläre Schiefhals angeboren? Z Orthop 106:457–462

Imhäuser G (1982) Irrtümer in der Beurteilung kindlicher Hüftgelenke durch die konventionelle Röntgentechnik. Z Orthop 120:93–99

Imhäuser G, Morscher E (1976) Vorteile und Nachteile von versteifenden Skolioseoperationen. Z Orthop 114:613–615

Isigkeit E (1931) Untersuchungen über die Heredität orthopädischer Leiden. Der angeborene Schiefhals. Arch Orthop Unfallchir 30:459–494

Israel S (1972) Die Problematik traditioneller Normative in der Medizin der Gegenwart. Med Sport 12:114–119

Ivaničev GA, Popeljanskij AJ (1984) Opyt reabilitacij pri vertebrogennych zadne-šejnych simpatičeskych i pelviomembralnych sindromach priemamu manyalnoj mediciny. In: Leningrad: Medicinskie i socialnye aspekty reabilitacii nevrologiceskich bolnych. Leningradskij gosudarstvennych institut usoveršenstvovanija vračej im. S.M.Kirova, S 88–93

Jackson H (1956) Asymmetry and growth of the skull. Br J Radiol 29:521–534

James JIP (1951) Two curve patterns in idiopathic structurel scoliosis. J Bone Joint Surg [Br] 33:399–406

James JIP (1954) Idiopathic scoliosis. The prognosis, diagnosis and operative indications related to curve patterns and the age at onset. J Bone Joint Surg [Br] 36:36–49

James JIP (1969) Scoliosis. Prosthetics Int 3:1–2

James JIP (1970) The etiology of scoliosis. J Bone Joint Surg [Br] 52:410–419

James JIP (1976) Scoliosis 2nd edn. Churchill Livingstone Edinburgh London New York

James JIP, Lloyd-Roberts GC, Pilcher MF (1959) Infantile structural scoliosis. J Bone Joint Surg [Br] 41:719–735

Janda V (1967) Die Motorik als reflektorisches Geschehen und ihre Bedeutung in der Pathogenese vertebragener Störungen. Man Med 5:2–6

Janda V (1970) Muskelfunktion in Beziehung zur Entwicklung vertebragener Störungen. In: Wolff HD (Hrsg) Manuelle Medizin und ihre wissenschaftlichen Grundlagen. Verlag für physikalische Medizin, Heidelberg, S 127–130

Janda V (1975) Muscle and joint correlations. Rehabilitácia [Suppl] 10–11:154–158

Janovec M (1973) Studie über den Einfluß der Lage des Säuglingsbeckens auf das Röntgenbild. Beitr Orthop Traumatol 20:445–452

Jansen M (1910) Der Einfluß der respiratorischen Kräfte auf die Form der Wirbelsäule. Z Orthop Chir 25:734–774

Jansen M (1913) Die physiologische Skoliose und ihre Ursache. Z Orthop Chir 33:1–102

Jansen M (1929) Das Gesetz der Verletzbarkeit schnell wachsender Zellen bei Wachstumsschwäche (Rachitis und Ähnliches) und angeborenem Zwergwuchs. Z Orthop Chir 50:193–303

Jaster D (1986) In: Chapchal G, Jaster D (Hrsg) Orthopädie im Kindes- und Jugendalter. Barth, Leipzig

Jaster D, Buchmann J, Bülow B (1984) Die Skoliose im Säuglings- und Kleinkindalter. Kinderärztl Prax 52:537–547

Jauch G (1977) Iliosacralgelenksblockierung und positives Patricksches Phänomen bei der Dysplasiehüfte. Beitr Orthop Traumatol 24:554–557

Javurek J (1979) Bei: Lewit K (Kongreßbericht). Man Med 17:12–15

Jentschura G (1956a) Zur Frühdiagnose der Säuglingsskoliose. Z Orthop 88:285–304

Jentschura G (1956b) Zur Pathogenese der Säuglingsskoliose. Arch Orthop Unfallchir 48:582–603

Jentschura G (1958a) Erwiderung zu den Bemerkungen von Herrn Prof. Schede zu meinen Arbeiten über die Säuglingsskoliose. Z Orthop 89:399–400

Jentschura G (1958b) Diskussionsbeitrag. Beilh Z Orthop 90:209

Jirout J (1967) Studien der Dynamik der Halswirbelsäule in der frontalen und horizontalen Ebene. Fortschr Röntgenstr 106:236–240

Jirout J (1968) Die Rolle der Axis bei Seitneigung der Halswirbelsäule und die „latente Skoliose". Fortschr Röntgenstr 109:74–81

Jirout J (1969) Röntgenbewegungsdiagnostik der Halswirbelsäule und der Kopfgelenke. Man Med 7:121–128

Jirout J (1978a) Zur Statik der Kopfgelenke. Man Med 16:1–2

Jirout J (1978b) Veränderungen der Beweglichkeit der Halswirbel in der frontalen und horizontalen Ebene nach manueller Beseitigung der Segmentblockierung. Man Med 16:2–5

Jirout J (1980) Einfluß der einseitigen Großhirndominanz auf das Röntgenbild der Halswirbelsäule. Radiologe 20:466–469

Jirout J (1985) Synkinetische kontralaterale Kippung des Atlas und des Kopfes bei Seitneigung. Man Med 23:61–65

Joachimsthal G (1905-1907) Schiefhals. In: Jaochimsthal G (Hrsg) Handbuch der orthopädischen Chirurgie. Fischer, Jena, S 423–486

John HC (1973) Röntgenometrische Relationen am Hüftgelenk des Erwachsenen. Med Dissertation, Universität Hamburg

Jordan H (1984) Zur funktionellen Normalität des Menschen. Akademie-Verlag, Berlin

Jörgens V (1975) Untersuchungen an den von 1961 bis 1972 an der Orthopädischen Universitätsklinik Düsseldorf behandelten Fällen von Säuglingsskoliose. Med Dissertation, Universität Düsseldorf

Jung R (1976) Einführung in die Bewegungsphysiologie. In: Gauer, Kramer, Jung (Hrsg) Physiologie des Menschen, Bd 14: Sensomotorik. Urban & Schwarzenberg, München Wien Baltimore

Jung R (1984) In: Berger W, Dietz V, Hufschmidt A, Jung R, Mauritz KH, Schmidtbleicher D (Hrsg) Haltung und Bewegung beim Menschen. Springer, Berlin Heidelberg New York Tokyo

Junghanns H (1974) Die Bedeutung der Insufficientia intervertebralis für die Wirbelsäulentherapie. Man Med 12:93–102

Junghanns H (1979) Die Wirbelsäule in der Arbeitsmedizin. Biomechanische und biochemische Probleme der Wirbelsäulenbelastung. Hippokrates, Stuttgart

Kaiser G (1956) Die verstärkte Antetorsion des proximalen Femurendes bei der angeborenen Hüftluxation und ihre Behandlung. Arch Orthop Unfallchir 48:17–32

Kaiser G (1958a) Angeborene Hüftluxation. Fischer, Jena

Kaiser G (1958b) Ist die Beckenverdrehung bei der Skoliose Ursache oder Folge der Deformität? Beilh Z Orthop 90:188–192

Kaiser G (1961) Skoliosen. Beitr Orthop Traumatol 8:575–589

Kalbe U (1981) Die Cerebral-Parese im Kindesalter. Thieme, Leipzig

Kallabis M (1964) Die funktionelle Umkrümmungsbehandlung der dorsalen Skoliose bei Säuglingen und Kleinkindern. Z Orthop 98:442–447

Kamieth H (1958) Beckenring und Wirbelsäule. Arch Orthop Unfallchir 50:124–145

Kapandji IA (1974) The physiology of the joints, vol 3: The trunk and the vertebral column. Churchill Livingstone, Edinburgh London New York

Karvé I (1931) Normale Asymmetrie des menschlichen Schädels. Schwarzenberg & Schumann, Leipzig

Kastendieck H (1952) Der muskuläre Schiefhals beim Neugeborenen. Thieme, Leipzig

Kazmin AI, Kon II, Belenkij VE (1978) Klassifikacija skolioza v scete biomechaničeskich faktorov razvitija bolezni. Ortop Travmatol 4:1–8

Keller G (1962) Erwiderung zum Artikel von W. M. Dörr: „Nochmals zu den Mensci in den Wirbelbogengelenken". Z Orthop 96:537

Keller G (1975a) Zum Aspekt der Hüftdysplasie in Klinik und Röntgenologie. Z Orthop 113:77–81

Keller G (1975b) Probleme der kindlichen Hüfte in der orthopädischen Praxis. Kinderarzt 6:771–776

Kemény P, Köteles G (1962) Spalten im Röntgenbild des kindlichen Epistropheus. Fortschr Röntgenstr 96:807–811

Kimberly PE (1980) Bewegung-Bewegungseinschränkung und Anschlag. Man Med 18:53-56
Kitzinger E (1978) Skoliose und Beckenverwringung. Man Med 16:35-37
Klaus E (1969) Die basiläre Impression. Hirzel, Leipzig
Klaus G (1974) In: Klaus G, Buhr M (Hrsg) Philosophisches Wörterbuch. Bibliographisches Institut, Leipzig
Klein H (1965) Morphologische Grundlagen der Hautfalten, insbesondere der Adduktorenfalten. Beitr Orthop Traumatol 12:688
Klein-Vogelbach S (1984) Funktionelle Bewegungslehre, 3. Aufl. Springer, Berlin Heidelberg New York Tokyo
Kluge H (1963) Das Caput obliquum und sein Einfluß auf das übrige Skelettsystem. Dtsch Gesundheitswes 18:1692
Knese KH (1949/50) Kopfgelenk, Kopfhaltung und Kopfbewegung des Menschen. Z Anat Entwicklungsgesch 114:67-107
Koch T (1964) Zur Phylogenie der Wirbelsäule. In: Müller D (Hrsg) Neurologie der Wirbelsäule und des Rückenmarkes im Kindesalter. Fischer, Jena, S 15-25
Komprda J (1977) Influence of oblique position on postnatal development of the hip joints. Acta Chir Orthop Traumatol Cech 44:511-523
Komprda J (1984) Beitrag zur Diagnostik der acetabulären Dysplasie im Säuglingsalter. Z Orthop 122:754-759
Königswieser A (1928) Über die Beugungsluxation des Atlas durch Muskelzug und deren Mechanismus. Z Orthop Chir 49:207-217
Konrád K, Gerencsér F (1979) Elektronystagmographie bei Schwindel. In: Neumann HD, Wolff HD (Hrsg) Theoretische Fortschritte und praktische Erfahrungen der Manuellen Medizin. 6. Internationaler Kongreß der FIMM. Konkordia, Bühl, S 66-67
Korr IM (1979) Überaktivität des sympathischen Nervensystems – ein allgemeiner Krankheitsfaktor. In: Neumann HD, Wolff HD (Hrsg) Theoretische Fortschritte und praktische Erfahrungen der Manuellen Medizin. 6. Internationaler Kongreß der FIMM. Konkordia, Bühl, S 89-98
Kos J, Wolf J (1972) Die „Menisci" der Zwischenwirbelgelenke und ihre mögliche Rolle bei Wirbelblockierung. Man Med 10:105-114
Köster D, Mierzwa J (1984) Das postnatale Kopfwachstum bei Rattus norvegicus Berkenhout nach rechtsseitiger Karotisligatur. Eine tierexperimentelle morphogenetische Studie. Habilitationsschrift, Universität Rostock
Koulalis G (1969) Bedeutung des Musculus scalenus anterior für die Entstehung des Schiefhalses. Z Orthop 105:69-74
Kraft A, Lack W, Lukeschitsch G (1985) Die subcutane Tenotomie des M. sternocleidomastoideus als Therapie des muskulären Schiefhalses. Z Orthop 123:35-37
Krämer J (1978) Bandscheibenbedingte Erkrankungen. Thieme, Stuttgart New York
Krause W (1969) Behandlung der sogenannten Säuglingsskoliose. Enke, Stuttgart (Bücherei des Orthopäden, Bd 4, S 145-151)
Krausová L (1970) Otoneurologische Symptomatologie bei dem Zervikokranialsyndrom vor und nach der Manipulationstherapie. In: Wolff HD (Hrsg) Manuelle Medizin und ihre wissenschaftlichen Grundlagen. Verlag für physikalische Medizin, Heidelberg, S 106-109
Krauspe C (1958) Schädelbildung und -verbildung. Med Klin 53:568-578
Kressin W (1964) Ursachen von Deutungsfehlern bei der Beurteilung von Röntgenbildern kindlicher Hüftgelenke. Beitr Orthop Traumatol 11:551-552
Kressin W (1971) Bemerkungen zur Skoliose bei Spastikern. Wiss Z EM Arndt-Univ Greifswald, Math-Naturwiss Reihe 20:377
Kretzschmar A (1882) Allgemeines Fremdwörterbuch. Gloeckner, Leipzig
Krieghoff R, Koydl P, Hommel HJ (1969) Welche Berechtigung hat die Umkrümmungsbandage bei der Behandlung der Frühskoliose? Beitr Orthop Traumatol 16:650-656
Kristen H (1970) Grenzen der Genauigkeit bei Messungen für Dokumentation. Z Orthop 107:208-213
Kristen H, Dorela W, Zweymüller K (1976) Gefahren der Statistik am Beispiel einer Dysplasieuntersuchung. Arch Orthop Unfallchir 84:169-177
Kröber G (1974) In: Klaus G, Buhr M (Hrsg) Philosophisches Wörterbuch. Bibliographisches Institut, Leipzig

Kröber G, Schramm J (1974) In: Klaus G, Buhr M (Hrsg) Philosophisches Wörterbuch. Bibliographisches Institut, Leipzig
Kröber G, Warnke C (1974) In: Klaus G, Buhr M (Hrsg) Philosophisches Wörterbuch. Bibliographisches Institut, Leipzig
Kubis E (1976) Persönliche Mitteilung
Küchler G (1983) Motorik - Steuerung der Muskeltätigkeit und begleitende Anpassungsprozesse. Thieme, Leipzig
Kühne K (1936) Die Zwillingswirbelsäule. Z Morphol Anthropol 35:1-375
Kummer B (1981) Morphologie und Biomechanik der Halswirbelsäule. Z Orthop 119:554-558
Landgraf FK, Steinbach M (1963) Beitrag zum Rechts-Links-Problem unter besonderer Berücksichtigung des prävalierten Beines. Sportarzt 14:267-272
Lang J (1983) Funktionelle Anatomie der Halswirbelsäule und des benachbarten Nervensystems. In: Homann D, Kügelgen B, Liebig K, Schirmer M (Hrsg) Halswirbelsäulenerkrankungen mit Beteiligung des Nervensystems. Neuroorthopädie 1. Springer, Berlin Heidelberg New York Tokyo, S 1-118
Lange M (1935) Erbbiologie der angeborenen Körperfehler. Beilh Z Orthop Chir 63
Langen D (1970) Körperhaltung und seelische Verfassung. In: Wolff HD (Hrsg) Manuelle Medizin und ihre wissenschaftlichen Grundlagen. Verlag für physikalische Medizin, Heidelberg, S 166-172
Lanz T von (1949) Anatomie und Entwicklung des menschlichen Hüftgelenkes. Verh Dtsch Orthop Ges 37:7-40
Leffmann R (1959) Congenital dysplasia of the hip. J. Bone Joint Surg [Br] 41:689-701
Lesigang C (1971) Die dysplastische Säuglingshüfte - neuromotorischer Aspekt. Österr Ärztez 26:302-305
Lesigang C, Asperger H (1974) Anthropologische Betrachtungen zur Körperlage des Säuglings. Monatsschr Kinderheilkd 122:348-353
Lesigang C, Schwägerl W (1974) Entwicklungsneurologischer Befund und Hüftbefund im Säuglingsalter. Pädiatr Pädol 9:344-351
Lesný I (1965) Entwicklungsdiagnostik in der Kinderneurologie. Verlag Volk & Gesundheit, Berlin
Lesný I (1975) Beiträge zur Entwicklung neurologischer Symptome und Syndrome im Kindesalter. Thieme, Leipzig
Lettow F (1965) Probleme der Ätiologie und Therapie der idiopathischen Skoliose. Beitr Orthop Traumatol 12:385-394
Leuschner H (1967) Kritische Analyse operativ behandelter muskulärer Schiefhälse. Zentralbl Chir 92:81-86
Lewit K (1969) Beitrag zur reversiblen Gelenksblockierung. Z Orthop 105:150-158
Lewit K (1971) Blockierungen von Atlas-Axis und Atlas-Okziput in Röntgenbild und Klinik. Z Orthop 108:43-50
Lewit K (1976) On I. Dalseth's paper: Anatomic studies of the osseous cranio-vertebral joints. Man Med 14:9-11
Lewit K (1983) Manuelle Medizin im Rahmen der medizinischen Rehabilitation, 4. Aufl. Barth, Leipzig
Lewit K (1984) Pathophysiologie und Untersuchung von vertebragenen Gleichgewichtsstörungen. In: Buchmann J, Badtke G, Sachse J (Hrsg) Manuelle Therapie. Tagungsbericht. Pädagogische Hochschule, Potsdam, S 200-202
Lewit K (1987) Chain reactions in disturbed function of the motor system. Man Med (Engl. Ausg.) 3:27-29
Lewit K, Janda V (1964) Die Entwicklung von Gefügestörungen der Wirbelsäule im Kindesalter und die Grundlagen einer Prävention vertebragener Beschwerden. In: Müller D (Hrsg) Neurologie der Wirbelsäule und des Rückenmarkes im Kindesalter. Fischer, Jena, S 371-389
Lewit K, Krausová L (1962) Beitrag zur Flexion der Halswirbelsäule. Fortschr Röntgenstr 97:38-44
Lewit K, Krausová L (1963) Messungen von Vor- und Rückbeuge in den Kopfgelenken. Fortschr Röntgenstr 99:538-543

Lewit K, Krausová L (1964) Mechanismus und Bewegungsausmaß der Seitneigung in den Kopfgelenken. Fortschr Röntgenstr 101:194-201
Lewit K, Krausová L (1967) Mechanismus und Bewegungsausmaß in den Kopfgelenken bei passiven Bewegungen. Z Orthop 103:323-333
Liebreich R (1908) Die Asymmetrie des Gesichtes und ihre Entstehung. Bergmann, Wiesbaden
Lindahl O, Raeder E (1962) Mechanical analysis of forces involved in idiopathic scoliosis. Acta Orthop Scand 32:27-38
Lindemann K (1952) Ergebnisse der Frühbehandlung rachitischer Skoliosen. Z Orthop 81:25-34
Lindemann K (1958) Ätiologie und Pathogenese der Skoliose. Beilh Z Orthop 90:144-164
Lippert H (1963) Grundregeln des relativen Wachstums beim Menschen. Naturwissenschaften 50:366-372
Lippert H (1966) Anatomie der Wirbelsäule unter den Aspekten von Entwicklung und Funktion. Med Klin 61:41-46
Lloyd-Roberts GC, Pilcher MF (1965) Structural idiopathic scoliosis in infancy. A study of the natural history of 100 patients. J Bone Joint Surg [Br] 47:520-523
Loeschcke H, Weinoldt H (1922) Über den Einfluß von Druck und Entspannung auf das Knochenwachstum des Hirnschädels. Beitr Pathol Anat Allg Pathol 70:406-439
Loeweneck H (1977) Entwicklungsgeschichtliche Betrachtungen zur Genese der Skoliose im Säuglings- und Kindesalter. Z Krankengymnastik 29:261-265
Lordkipanidse EF (1973) Die erhöhte Gelenkbeweglichkeit bei der angeborenen Hüftluxation. Beitr Orthop Traumatol 20:91-97
Löther R (1974) In: Klaus G, Buhr M (Hrsg) Philosophisches Wörterbuch. Bibliographisches Institut, Leipzig
Louis R (1985) Die Chirurgie der Wirbelsäule. Chirurgische Anatomie und operative Zugangswege. Springer, Berlin Heidelberg New York Tokyo
Lovett RW (1905) Die Mechanik der normalen Wirbelsäule und ihr Verhältnis zur Skoliose. Z Orthop Chir 14:399-445
Löwe H (1967) Methoden, Probleme und Ergebnisse der Behandlung von Säuglingsskoliosen. Z Orthop 102:505-523
Lübbe C (1963a) Begleiterscheinungen und Verlauf der sogenannten Säuglingsskoliose. Beilh Z Orthop 97:469-471
Lübbe C (1963b) Über die sog. Säuglinsskoliose. MMW 105:1579-1585
Lübbe C (1965a) Über die Säuglingsskoliose. Monatsschr Kinderheilkd 113:326-327
Lübbe C (1965b) Die sogenannte Säuglingsskoliose in neuer Sicht. Z Orthop 100:234-236
Lübbe C (1967) Die Prophylaxe der Säuglingsskoliose und der sog. idiopathischen Skoliose. MMW 109:138-149
Lübbe C (1970) Bemerkenswerte Erfahrungen bei der Behandlung der Säuglingsskoliose. Z Orthop 107:25-36
Lübbe C (1971) Die Säuglingsskoliose - ein heilbarer und vermeidbarer Lageschaden. Lehmann, München
Lübbe C (1974) Orthopädische Bauchlageschäden - Therapie und Prophylaxe. Kinderarzt 5:683-688
Lübbe C (1977) Lagerungsbehandlung der Säuglingsskoliose. Z Orthop 115:627
Ludwig W (1932) Das Rechts-Links-Problem im Tierreich und beim Menschen. Springer, Berlin
Ludwig W (1949) Symmetrieforschung im Tierreich. Studium Generale 2:231-239
Lutz G (1968) Die Entwicklung der kleinen Wirbelgelenke. Z Orthop 104:19-28
MacEwen GD, Cowell HR (1970) Familial incidence of idiopathic scoliosis and its implications in patient treatment. J Bone Joint Surg [Am] 52:405
Magnus R (1924) Körperstellung. Springer, Berlin
Magnus R, de Kleijn A (1912) Die Abhängigkeit des Tonus der Extremitätenmuskeln von der Kopfstellung. Pflügers Arch Gesamte Physiol 145:455-548
Maigne R (1970) Wirbelsäulenbedingte Schmerzen und ihre Behandlung durch Manipulationen. Hippokrates, Stuttgart

Maneke M (1961) Täuschungsmöglichkeiten bei der Frühdiagnose der angeborenen Hüftgelenksverrenkung. Monatsschr Kinderheilkd 109:219–222

Manner G, Parsch K (1981) Gibt es eine Abspreizbehinderung ohne Hüftdysplasie? In: Fries G, Tönnis D (Hrsg) Hüftluxation und Hüftdysplasie im Kindesalter. Med.Lit.Verlagsanstalt, Uelzen

Manner G, Parsch K, Hauke H (1981) Gefügestörungen an der Halswirbelsäule beim Kind. Z Orthop 119:632–634

Martinius J (1977) Dominanz und Lateralität in der Entwicklung und ihre Beziehungen zur Hirnreifung. Z Krankengymnastik 29:652–655

Massie WK, Howorth MB (1950) Congential dislocation of the hip. J Bone Joint Surg [Am] 32:519–531

Matles AL (1965) Alterations in the roentgenogram of the newborn hip as a result of position. Clin Orthop 38:100–105

Mattner HR (1961) Unsere Erfahrungen mit der Säuglingsskoliose. Beitr Orthop Traumatol 8:568–574

Matzdorf H (1956) Röntgenuntersuchungen über die Bedeutung der Atlasregion als Krankheitsfaktor. Z Orthop 87:165–174

Mau C (1925) Die Kyphosis dorsalis adolescentium im Rahmen der Epiphysen- und Epiphysenlinienerkrankungen des Wachstumsalters. Z Orthop Chir 46:145–209

Mau H (1963) Begleiterscheinungen und Verlauf der sog. Säuglingsskoliose. Beilh Z Orthop 97:464–466

Mau H (1965) Zur Entstehung und Bauchliegebehandlung der sogenannten Säuglingsskoliose und der Hüftdysplasie im Rahmen des „Siebener-Syndroms". Z Orthop 100:470–485

Mau H (1968) Ist die sogenannte Säuglingsskoliose behandlungsbedürftig? Dtsch Med Wochenschr 93:2051–2053

Mau H (1969a) Skoliose. Therapiewoche 18:837–840

Mau H (1969b) Säuglinge sollten in Bauchlage großgezogen werden. MMW 111:471–476

Mau H (1969c) Ist die sogenannte Säuglingsskoliose behandlungsbedürftig? Enke, Stuttgart (Bücherei des Orthopäden, Bd 4, S 173–175)

Mau H (1971a) Die sogenannte Säuglingsskoliose aus heutiger Sicht. Wiss Z EM Arndt-Univ Greifswald, Math-Naturwiss Reihe 20:325–329

Mau H (1971b) Prophylaxe, Diagnose und Therapie orthopädischer Erkrankungen im Neugeborenenalter. Gynäkologe 4:173–180

Mau H (1975) Die Säuglingsskoliose und ihre Prognose. Z Orthop 113:561–562

Mau H (1977) Die Behandlung der sog. Säuglingsskoliose (Behandlungsindikationen). Z Orthop 115:634–635

Mau H (1979) Zur Ätiopathogenese von Skoliose, Hüftdysplasie und Schiefhals im Säuglingsalter. Z Orthop 117:784–789

Mau H (1981) Hinweise auf Zusammenhänge und für die Diagnose wichtige Daten. In: Fries G, Tönnis D (Hrsg) Hüftluxation und Hüftdysplasie im Kindesalter. Med. Lit.Verlagsgesellschaft, Uelzen

Mau H (1982) Die Ätiopathogenese der Skoliose. Forschungsergebnisse der letzten 25 Jahre. Enke, Stuttgart

Mau H, Gabe I (1981) Die sogenannte Säuglingskoliose und ihre krankengymnastische Behandlung, 2. Aufl. Thieme, Stuttgart New York

Mau H, Michaelis H (1983) Zur Häufigkeit und Entwicklung auffallender Hüftbefunde (Dysplasie-Komplex) bei Neugeborenen und Kleinkindern. Z Orthop 121:601–607

McCouch GP, Deering ID, Ling TH (1951) Location of receptors for tonic neck reflexes. J Neurophysiol 14:191–195

McKibbin B (1968) The action of the iliopsoas muscel in the newborn. J Bone Joint Surg [Br] 50:161–165

McMaster MJ, Macnicol MF (1979) The management of progressive infantile idiopathic scoliosis. J Bone Joint Surg [Br] 61:36–42

Mehta MH (1972) The rib-vertebra angle in the early diagnosis between resolving and progressive infantile scoliosis. J Bone Joint Surg [Br] 54:230–243

Meinecke R (1971) Genetische Probleme bei der Ätiologie der idiopathischen Skoliose. Wiss Z EM Arndt-Univ Greifswald, Math-Naturwiss Reihe 20:311–312

Meinecke R (1972) Zwillingsuntersuchungen bei der idiopathischen Skoliose. Beitr Orthop Traumatol 19:221-226

Meinecke R (1975) Bewegungs-, Längen- und Umfangsmessungen (Neutral-Null-Durchgangsmethode). VEB Verlagsdruckerei Typodruck, Schaubek

Menegaz A, Fasoli M (1970) Die Innervation der vertebralen interapophysären Gelenke in verschiedenen Abschnitten der Wirbelsäule beim Menschen. In: Wolff HD (Hrsg) Manuelle Medizin und ihre wissenschaftlichen Grundlagen. Verlag für physikalische Medizin, Heidelberg, S 69-75

Mennell JM (1964) Joint pain-diagnosis and treatment using manipulative techniques. Little, Brown, Boston

Metz EG (1986) Rücken- und Kreuzschmerzen, Bewegungssystem oder Nieren? Springer, Berlin Heidelberg New York Tokyo

Meznik F, Pflüger G (1974) Zur Frage der Skolioseentwicklung. Z Orthop 112:1314-1316

Michel GF (1981) Right-handedness: A consequence of infant supine head-orientation preference? Science 212:685-687

Mielke H (1974) In: Klaus G, Buhr M (Hrsg) Philosophisches Wörterbuch. Bibliographisches Institut, Leipzig

Mohr U (1979) Kopfgelenkblockierungen beim Kleinkind. In: Neumann HD, Wolff HD (Hrsg) Theoretische Fortschritte und praktische Erfahrungen der Manuellen Medizin. 6. Internationaler Kongreß der FIMM. Konkordia, Bühl, S 289-292

Moll G, Leutheuser W (1980) Meßtechnische Daten und Untersuchungen am Präparat zur Darstellung der Hüftdysplasie im Röntgenbild. Med. Dissertation, Universität Gießen

Mollenhauer D (1970) Betrachtungen über Bau und Leistung der Organismen. Aufsätze und Reden der Sencken'bergischen Naturforschenden Gesellschaft. Kramer, Frankfurt am Main

Mollison T (1908) Rechts und links in der Primatenreihe. Korrespondenzbl Dtsch Ges Anthropol Ethnol Urgesch 39:112-115

Mowschowitsch IA (1971) Pathogenetische Voraussetzungen für die Behandlungsprinzipien der Skoliose. Wiss Z EM Arndt-Univ Greifswald, Math-Naturwiss Reihe 20:313-314

Mueller ME (1970) Die Untersuchung der unteren Extremität unter besonderer Berücksichtigung der Prüfung der Gelenkbeweglichkeit mit der Null-Durchgangsmethode. Praxis 59:526-530

Müller D (1960) Zur Frage der „kompensatorischen Hypermobilität" beie anatomischem oder funktionellem Block der Wirbelsäule. Radiol Diagn 1:345-350

Müller D (1964) Das Problem der Funktion und der Form des Achsenorganes. In: Müller D (Hrsg) Neurologie der Wirbelsäule und des Rückenmarkes im Kindesalter. Fischer, Jena, S 57-113

Müller D (1968) Neurologische Untersuchung und Diagnostik im Kindesalter. Springer, Wien New York

Müller D (1976) Tagungsbericht. Z Physiother 28:71-73

Müller GH (1974) Statistische Untersuchung von Gesichtsasymmetrien bei Jugendlichen. Fortschr Kieferorthop 35:97-102

Müller H (1970) Beobachtungen zur freien Bewegungsentwicklung des gesunden Säuglings. Z Krankengymnastik 22:270-274

Müller H (1971) Asymmetrien der motorischen Entwicklung bei Säuglingen und Kleinkindern. Z Krankengymnastik 23:278-285

Müller H (1972) Übergänge von Säuglingsfehlhaltungen zu „Idiopathischen" Skoliosen. Z Orthop 110:223-233

Müller-Stephann H (1964) Klinik der Entwicklungsstörungen des Achsenorgans. In: Müller D (Hrsg) Neurologie der Wirbelsäule und des Rückenmarkes im Kindesalter. Fischer, Jena, S 41-56

Müller-Stephann H (1975) Ungestörte und gestörte Motorik im ersten Lebensjahr aus orthopädischer Sicht. Pädiatrie 14:51-62

Neugebauer H (1976) Skoliose, Stoffwechsel und Wirbelsäulenwachstum. Arch Orthop Unfallchir 85:87-99

Neumann HD (1979) Ein didaktisches Denkmodell zur Manuellen Medizin. In: Neumann HD, Wolff HD (Hrsg) Theoretische Fortschritte und praktische Erfahrungen der Manuellen Medizin. 6. Internationaler Kongreß der FIMM. Konkordia, Bühl, S 244-251

Neumann HD (1986) Manuelle Medizin. Eine Einführung in Theorie, Diagnostik und Therapie, 2. Aufl. Springer, Berlin Heidelberg New York Tokyo
Niethard FU (1986) Die konservative Skoliosebehandlung. Z Krankengymnastik 38:92-99
Niggli P (1949) Symmetrieprinzip und Naturwissenschaften. Studium Generale 2:225-231
Nordwall A (1973) Studies in idiopathic scoliosis relevant to etiology, conservative und operative treatment. Acta Orthop Scand [Suppl] 150
Nussbaum J (1926) Über Spätresultate nach Schiefhalsoperationen. Bruns Beitr Klin Chir 136:573-580
Nwuga VC (1976) Manipulation of the spine. Williams & Wilkins, Baltimore
Obholzer A (1966) Seitendominanz und ihre Bedeutung für cerebralparetische Kinder. Z Krankengymnastik 18:397-400
Onimus M, Michel CR (1976) Les scolioses infantiles. Traitement précoce. Rev Chir Orthop 62:111-122
Ostwald W (1926) Gedanken zur Biosphäre. Bd 257 Ostwalds Klassiker der exakten Wissenschaften. Akad. Verlagges. Geest & Portig, Leipzig, Nachdruck 1978
Otte P (1969) Wesen und Behandlung der Säuglingsskoliose. Monatsschr Kinderheilkd 117:648-649
Palmen K (1984) Prevention of congenital dislocation of the hip. Acta Orthop Scand [Suppl] 208
Paterson JK, Burn L (1985) An introduction to medical manipulation. MTR Press, Lancaster Boston The Hague Dordrecht
Paterson JK, Burn L (1986) Examination of the back. An introduction. MTR Press, Lancaster Boston The Hague Dordrecht
Pauwels F (1965) Gesammelte Abhandlungen zur funktionellen Anatomie des Bewegungsapparates. Springer, Berlin Heidelberg New York
Payr E (1934) Gelenksteifen und Gelenkplastik. Springer, Berlin
Peiper A (1949) Die Eigenart der kindlichen Hirntätigkeit. Thieme, Leipzig
Peiper A, Isbert H (1927) Über die Körperstellung des Säuglings. Jahrb Kinderheilkd Phys Erziehung 115:142-176
Penners R (1956) Diagnose und Behandlung der Säuglingsskoliose. Beilh Z Orthop 87:320-322
Penners R (1959) Wirbelsäulenverkrümmung im Säuglings- und Kleinkindesalter. Landarzt 35:37-40
Penning L, Töndury G (1964) Entstehung, Bau und Funktion der meniskoiden Strukturen in den Halswirbelgelenken. Z Orthop 98:1-14
Perey O, Rydman T (1962) Idiopathic scoliosis, a preliminary report. Acta Orthop Scand 32:39-45
Peters A (1908) Über Gesichts- und Schädelasymmetrien und ihr Verhältnis zum Caput obstipum. MMW 55:1781-1782
Pietrogrande V (1971) Forschungsergebnisse über die Ätiologie der Skoliose. Wiss Z EM Arndt Univ Greifswald, Math-Naturwiss Reihe 20:301-304
Pikler E (1985) Soll man das Neugeborene auf den Rücken oder auf den Bauch legen? Z Krankengymnastik 37:11-18
Pilcher MF (1969) Infantile scoliosis. Enke, Stuttgart (Bücherei des Orthopäden, Bd 4, S 115-118)
Pitzen H (1958) Schädelbasisveränderungen beim muskulären Schiefhals, ein Beitrag zur Entstehungstheorie der Schädelasymmetrie. Z Orthop 90:125-150
Polc P (1971) Psychopharmaka und Muskelrelaxation. Man Med 9:134-140
Polster J (1976) Neuere Erkenntnisse zur Skoliosenkorrektur. Z Orthop 114:447-452
Ponseti IV, Pedrini V, Dohrman S (1972) Biochemical analysis of intervertebral discs in idiopathic scoliosis. J Bone Joint Surg [Am] 54:1793
Pooth A (1939) Sippschaftsuntersuchungen beim angeborenen muskulären Schiefhalsleiden. Z Orthop 69:7-30
Port K (1914) Die Behandlung der beginnenden habituellen Skoliose durch die Gymnastik im Streckapparat. Z Orthop Chir 34:528-538
Port K (1928) Die Pathologie und Therapie der Skoliose auf Grund von Röntgenstudien. Arch Orthop Unfallchir 26:379-470

Portmann A (1964) Die Bedeutung des ersten Lebensjahres. Monatsschr Kinderheilkd 112:483–489

Portnoy H, Morin F (1956) Elektromyographic study of postural muscles in various positions and movements. Am J Physiol 186:122–126

Prechtl HFR, Beintema DJ (1968) Die neurologische Untersuchung des reifen Neugeborenen. Thieme, Stuttgart

Prochorova AG (1975) Primenenie metoda rentgenofotometrie dla prognozirovanija tečenija skoliosa u detej. Orthop Travmatol 4:39–41

Pusch G (1924) Grundgedanken zu einer Dynamik von Wirbelsäule und Skoliose. Z Orthop Chir 43:183–201

Pusch G (1933) Ein Weg zur Vereinfachung des Skoliosenproblems. Z Orthop Chir 59:528–544

Putti V (1929) Early treatment of congenital dislocation of the hip. J Bone Joint Surg 11:798–809

Putz R (1981) Funktionelle Anatomie der Wirbelgelenke. Thieme, Stuttgart New York

Putz R, Pomaroli A (1972) Form und Funktion der Articulatio atlanto-axialis lateralis. Acta Anat 83:333–345

Rabl CRH (1929) Welche Beziehung hat die Skoliose zur Rachitis? Arch Orthop Unfallchir 27:31–48

Radev IL (1983) Organičenie otvedenija beder i diagnostika displazii gazobedrennych sustavov u novopoždennych. Ortop Travmatol 3:6–9

Radochay L, Radochay M (1961) Die Frage der Möglichkeit der Skoliosenvorbeugung auf Grund der Schüleruntersuchung in Pécs. Arch Orthop Unfallchir 53:183–186

Rathke FW (1962) Skoliosen. Diagnostik, Beurteilung und Behandlung. Dtsch Med Wochenschr 87:229–236

Ratner AJ, Pristupljuk OV (1984) O nevrologičeskich aspektach problemy skolioza u detej. Ortop Travmatol 3:34–37

Rauber A, Kopsch F (1954) Lehrbuch und Atlas der Anatomie des Menschen, 18. Aufl, Bd 1. Thieme, Leipzig

Rausch W (1956) Zur funktionellen Röntgendiagnostik der Wirbelsäule. In: Junghanns H (Hrsg) Röntgenkunde und Klinik vertebragener Krankheiten. Hippokrates, Stuttgart, S 89–95

Rauterberg E, Tönnis D (1972) Übergänge von Säuglingsfehlhaltungen zu idiopathischen Skoliosen. Z Orthop 110:233–234

Rauterberg E, Tönnis D (1973) Zur Pathogenese und Diagnose der Skoliose im Säuglingsalter. Orthopäde 1:204–209

Reichelt A (1977) Die Behandlung der sog. Säuglinsskoliose. Z orthop 115:626

Reichenbach H (1932) Kausalität und Wahrscheinlichkeit in der Biologie. Klin Wochenschr 11:251–253

Reijs JHO (1922) Das „Skoliosebecken". Z Orthop Chir 42:87–111

Reisetbauer E (1968) Überlegungen zur Normalpflege des Neugeborenen und jungen Säugling. Österr Ärztez 23:2724–2735

Reisetbauer E (1971) Zur Physiologie der Körperlage des Säuglings. Österr Ärztez 26:294–298

Reisetbauer E, Czermak H (1972) Die Körperlage des Säuglings. Pädiatr Prax 11:5–14

Reiter R (1971) Der Aussagewert der klinischen Dysplasie- und Luxationszeichen. Österr Ärztez 26:298–302

Reske W (1961a) Reflexhaltung als Ursache für Skoliosen. Z Orthop 94:586–594

Reske W (1961b) Der muskuläre Schiefhals und seine Behandlungserfolge. Arch Orthop Unfallchir 53:297–306

Richmond FJR, Abrahams VC (1979) What are the propriozeptors of the neck? In: Granit R, Pompeiano O (eds) Progress in brain research, vol 50: Reflex control of posture and movement. Elsevier/North Holland Biomedical Press, Amsterdam New York Oxford, pp 245–254

Riede D, Tomaschewski R (1981) Beiträge zur Ätiologie der idiopathischen Skoliose nach manualtherapeutischen Gesichtspunkten. Beitr Orthop Traumatol 28:421–428

Rippstein J (1967) Die idiopathische Skoliose, therapeutische Betrachtung. Schweiz Med Wochenschr 97:768–769

Riseborough EJ, Wynne-Davies R (1973) A genetic survey of idiopathic scoliosis in Boston, Massachusetts. J Bone Joint Surg [Am] 55:974-982
Risser JC (1964) Scoliosis: Past and present. J Bone Joint Surg [Am] 46:167-199
Rizzi MA, Covelli B (1975) Die Funktion der Nackenmuskulatur biomechanisch berechnet. Man Med 13:101-106
Roaf R (1966) The basic anatomy of scoliosis. J Bone Joint Surg [Br] 48:786-792
Robson P (1968) Persisting head turning in the early months: Some effects in the early years. Dev Med Child Neurol 10:82-92
Rohlederer O (1950) Zur Röntgendiagnostik der Hüftluxation. Beilh Z Orthop 79:95-99
Röhrs M (1959) Neue Ergebnisse und Probleme der Allometrieforschung. Z Wiss Zool 162:1-95
Röhrs M (1986) „Allometrische Betrachtungen" zur Schädelgröße und Gesichtsschädelgröße in der Evolution und Domestikation. Nova Acta Leopoldina 54:319-333
Romich S (1928) Über Asymmetrien des menschlichen Körpers und ihre Bedeutung in der Orthopädie. Z Orthop Chir 49:1-23
Rompe G (1980) Skoliose - vermeidbare Krankheit? Dtsch Med Wochenschr 105:1401-1402
Rompe G, Nitsch R (1977) Folgerungen aus einer Nachuntersuchung von 160 in den Jahren 1936 bis 1965 behandelter sog. Säuglingsskoliosen. Z Orthop 115:629-630
Rössler H (1967) Die Biologie der Gelenke aus der Sicht des Klinikers. Beilh Z Orthop 103:23-35
Rössler H, Thomas G (1969) Untersuchungen über die Biomechanik der idiopathischen Skoliose. Enke, Stuttgart (Bücherei des Orthopäden, Bd 4, S 118-131)
Roux W (1905) Die Entwicklungsmechanik, ein neuer Zweig der biologischen Wissenschaft. In: Vorträge und Aufsätze über Entwicklungsmechanik der Organismen, Bd 1. Engelmann, Leipzig
Ruckelshausen D (1978) In: Heipertz W, Schmitt E (Hrsg) Wirbelsäulenerkrankungen. Diagnostik und Therapie. Springer, Berlin Heidelberg New York
Rumberger E (1970) Über den Muskeltonus. Z Krankengymnastik 22:170-175
Rüppell F, Dahmen G, Horst M (1977a) Wertung der Behandlungsergebnisse der Säuglingsskoliose. Z Orthop 115:630-631
Rüppell F, Dahmen G, Horst M, Michaelis M (1977b) Wertung der Behandlungsergebnisse der Säuglingsskoliose. Med Monatsschr 31:493-496
Rychliková E (1979) Die klinische Bedeutung der Blockierung der Wirbelsäule bei Hypertonie. In: Neumann HD, Wolff HD (Hrsg) Theoretische Fortschritte und praktische Erfahrungen der Manuellen Medizin. 6. Internationaler Kongreß der FIMM. Konkordia, Bühl, S 104-109
Sachse J (1983) Manuelle Untersuchung und Mobilisationsbehandlung der Extremitätengelenke, 3. Aufl. Verlag Volk & Gesundheit, Berlin
Sakano N (1982) Latent left-handedness. Its relation tot hemispheric and psychological funtions. Fischer, Jena
Savinych VI, Kogan OG, Šmidt IR et al. (1986) Manualnaja terapija pri vertebrogennoj patologii. Tezisy oblastnoj naučno-praktičesvoj konferencii, Novokuzneck
Schaefer KP (1966) Neurophysiologische Grundlagen der Haltungs- und Bewegungserziehung. Z Krankengymnastik 18:69-72
Scharf JH (1970) Funktionsformen der Morphokinese. Nova Acta Leopoldina 35:239-288
Scharf JH (1974a) Was ist Wachstum? Nova Acta Leopoldina 40: 9-75
Scharf JH (1974b) Über Wachstumsmechanik. Biomed Z 16:383-399
Schede F (1928) Der Skoliosenkeim. Z Orthop Chir 49:74-91
Schede F (1932) Die Frühbehandlung der Skoliose. Z Orthop Chir 56:569-583
Schede F (1954) Die Skoliose. Schweiz Med Wochenschr 84:1012-1015
Schede F (1958) Bemerkungen zu den Arbeiten von Jentschura. Z Orthop 89:397-399
Schede F (1967a) Die konservative Behandlung der Skoliose. Ein Arbeitsbericht. Z Orthop 102:1-15
Schede F (1967b) Beitrag zur Diskussion Mau/Lübbe über die Säuglingsskoliose. Z Orthop 103:104-105
Scheier H (1967) Prognose und Behandlung der Skoliose. Thieme, Stuttgart

Scheier H (1975) Überblick über die verschiedenen Skolioseformen nach ätiologischen Gesichtspunkten mit prognostischen Hinweisen. Z Orthop 113:558–560
Scheikov N (1982) Leben und Symmetrie. Urania Leipzig Jena Berlin
Schiffer KH, Strubel H (1969) Über Störungen der Entwicklungsmechanik des Gehirnschädels beim Mongolismus und anderen Konstitutionsanomalien. Nervenarzt 31:340–351
Schildt K (1975) Untersuchungen zum Entwicklungsstand der Motorik bei Kindergartenkindern. Rehabilitácia [Suppl] 10–11:166–170
Schildt K (1986) Funktionsstörungen der Muskulatur und der Wirbelsäule in Verlaufsuntersuchungen von Kindern im 1. und 2. Gestaltswandel. Z Physiother 38:79–83
Schimmel H (1956) Die Behandlung der Frühskoliose. Z Krankengymnastik 8:69–77
Schlegel KF (1971) Wert und Wertlosigkeit der krankengymnastischen Behandlung der Skoliose. Wiss Z EM Arndt-Univ Greifswald, Math-Naturwiss Reihe 20:321–323
Schmelzer J (1979) Röntgenologische Untersuchungen zur Prognose der sog. Säuglingsskoliose. Med. Dissertation, Universität Würzburg
Schmidt H, Fischer E (1962) Über die Bedeutung knöcherner Varianten des okzipitio-zervikalen Überganges. Fortschr Röntgenstr 96:479–488
Schmidt RF (1985) Motorische Systeme. In: Schmidt RF, Thews G (Hrsg) Physiologie des Menschen, 22. Aufl. Springer, Berlin Heidelberg New York Tokyo
Schmidt W, Jahn K (1976) Über die Dokumentation der Gelenkbeweglichkeit. Anat Anz 140:451–457
Schmitt O (1983) Die Bedeutung der Intercostalmuskulatur für die Stabilisierung und Deformation der Brustwirbelsäule. In: Hackenbroch MH, Refior HJ, Jäger M (Hrsg) Biomechanik der Wirbelsäule. Thieme, Stuttgart New York, S 31–35
Schmorl G, Junghanns H (1953) Die gesunde und die kranke Wirbelsäule in Röntgenbild und Klinik, 3. Aufl. Thieme, Stuttgart
Schneider H (1943) Die Pathogenese der angeborenen Hüftverrenkung, vom Standpunkt der funtionellen Anatomie gesehen. Z Orthop 74:201–234
Schneider WHE (1960) Asymmetrie der Oberschenkel- und Gesäßfalten und ihre diagnostische Bedeutung. Z Orthop 93:508–514
Schoberth H (1962) Sitzhaltung, Sitzschäden, Sitzmöbel. Springer, Berlin Göttingen Heidelberg
Scholbach M (1969) Zur physiologischen Streckhemmung Neugeborener. Z Orthop 105:89–96
Schönbauer R, Polt D, Grill F (1979) Orthopädie. Methodische Diagnostik und Therapie. Springer, Wien New York
Schramm G (1965) Zur Übungsbehandlung der Säuglingsskoliose. Verh Dtsch Orthop Ges 52:75
Schreiner A (1923) Zur Erblichkeit der Kopfform. Genetica. Ned Tijdschr Erfelijkheidsen Afstammingsleer 5:385–454
Schulthess W (1905–1907) Die Pathologie und Therapie der Rückgratskrümmungen. In: Joachimsthal G (Hrsg) Handbuch der orthopädischen Chirurgie. Fischer, Jena, S 487–1224
Schulthess W (1906) Über eine häufigere Form der rachitischen Skoliose. Z Orthop Chir 16:1–11
Schulze H (1977) Die krankengymnastische Behandlung der Säuglingsskoliose unter Berücksichtigung des Reflexgeschehens. Z Orthop 115:632
Schulze KJ (1983) Die Wirbelrotation bei der Skoliose – eine pathologisch-anatomische Studie. Beitr Orthop Traumatol 30:1–12
Schulze KH, Kotte U, Leipold D (1972) Zur Therapie der sogenannten Säuglingsskoliose. Beitr Orthop Traumatol 19:635–643
Schumacher GH (1964) Funktionelle Morphologie des Hüftgelenkes. Beitr Orthop Traumatol 11:524–534
Schumacher GH (1983) Embryonale Entwicklung des Menschen, 6. Aufl. Verlag Volk & Gesundheit, Berlin
Schumacher GH (1984) Kompendium und Atlas der allgemeinen Anatomie mit Zytologie und Histologie. Thieme, Leipzig
Schumacher GH (1985) Topographische Anatomie des Menschen, 4. Aufl. Thieme, Leipzig

Schwägerl W, Krepler P, Flamm C (1975) Vergleichende klinische und röntgenologische Untersuchungen zur Erfassung von Hüftdysplasien im Säuglingsalter. Z Orthop 113:19-28
Scott JC (1956) Differential diagnosis of infantile scoliosis. Proc R Soc Med 49:398-401
Scott JC (1959) Resolving scoliosis. J Bone Joint Surg [Br] 41:105-113
Scott JC, Morgan TH (1955) The natural history and prognosis of infantile idiopathic scoliosis. J Bone Joint Surg [Br] 37:400-413
Seifert I (1974) Funktionelle Aspekte bei der C-Skoliose der Säuglinge. Beitr Orthop Traumatol 21:265-271
Seifert I (1975) Kopfgelenksblockierung bei Neugeborenen. Rehabilitácia [Suppl] 10-11:53-57
Seifert I (1981) Manultherapeutische Aspekte der Hüftdysplasie - Untersuchungen am Neugeborenen. Beitr Orthop Traumatol 28:161-164
Serga VV (1985) Manualnaja terapija pri lečenii nevrologičeskich sindromov šejnogo osteochondroza. Orthop Travmatol 3:37-39
Seyfarth H (1974) Die Prinzipien der Neutral-Null-Durchgangsmethode. Beitr Orthop Traumatol 21:276-285
Seyfarth H, Bülow B, Buchmann J (1973) Praktische Erfahrungen mit der Neutral-Null-Durchgangsmethode. Beitr Orthop Traumatol 20:228-231
Siguda P (1976) Skoliose des Säuglings selten progredient. Ärztl Prax 28:3418
Simon H, Moser M, Holzer M (1975) Der Cervical-Nystagmus - ein Weg zur Objektivierung von cervicalem Schwindel und von chirotherapeutischen Eingriffen an der Halswirbelsäule. Rehabilitácia [Suppl] 10-11:132-138
Sinios A (1969) Aussprache zu: Gladel W: Die Schrägseitenlage des Säuglings als gemeinsame Ursache der Säuglingsskoliose und der Hüftluxation. Monatsschr Kinderheilkd 117:197-198
Smola E (1972) Die Präskoliosen. Z Orthop 110:381-388
Solonen KA (1957) The sacroiliac joint in the light of anatomical roentgenological and clinical studies. Acta Orthop Scand [Suppl] 27
Sommer J (1968) Congenital functional scoliosis. Acta Orthop Scand 39:447-455
Spitzy H (1905) Rachitis und Frühskoliose. Z Orthop Chir 14:581-593
Spitzy H, Lange F (1930) Orthopädie im Kindesalter. In: Pfaundler M von, Schlossmann A (Hrsg) Handbuch der Kinderheilkunde, 3. Aufl, Bd 8. Vogel, Leipzig
Starck D (1965) Embryologie. Ein Lehrbuch auf allgemeinbiologischer Grundlage, 2. Aufl. Thieme, Stuttgart
Starý O, Obrda K, Pfeiter I (1964) Polyelektromyographische Untersuchungen der propriozeptiven Analysestörungen bei beginnenden Bandscheibenschäden im Kindesalter. In: Müller D (Hrsg) Neurologie der Wirbelsäule und des Rückenmarkes im Kindesalter. Fischer, Jena, S 311-323
Steinbrück K, Rompe G (1981) Zur Genese des muskulären Schiefhalses. Z Orthop 119:742-743
Steiner G (1913) Über die Physiologie und Pathologie der Linkshändigkeit. MMW 60:1098-1103
Stejskal L (1972) Postural reflexes in theory und motor reeducation. Academia nakladatelstvi Československé Akademie věd, Praha
Stejskal L (1975) Five suggestions for manipulative treatment based upon a study of postural reflexes. Rehabilitácia [Suppl] 10-11:171-176
Stephani U, Hanefeld F (1981) Muskuläre Hypotonie im Kindesalter - Pathophysiologie und Klinik. In: Neuropädiatrie. Springer, Berlin Heidelberg New York, S 40-84
Stevens A (1986) Concepts of biomechanics, movement patterns and the importance of the joint capsule in manual medicine. Med Phys (Belg) 9:195-202
Stier E (1911) Untersuchungen über Linkshändigkeit und die funtionellen Differenzen der Hirnhälften. Fischer, Jena
Stoboy H (1982) Physiologische Grundlagen des aktiven Bewegungsapparates. Man Med 19:105-111
Stoddard A (1961) Lehrbuch der osteopathischen Technik an Wirbelsäule und Becken. Hippokrates, Stuttgart
Stofft E (1970) Die menschliche Halswirbelsäule. Eine Analyse der Bandstrukturen und der Intervertebralgelenkflächen. Man Med 8:133-139

Stofft E (1978) Zur Morphologie und Funktion der zerviko-okzipitalen Übergangsregion. In: Junghanns H (Hrsg) Pathologie und Klinik der Okzipito-Zervikalregion. Hippokrates, Stuttgart, S 9-17
Stofft E (1979) Bau und Funktion der Iliosakralgelenke. In: Neumann HD, Wolff HD (Hrsg) Theoretische Fortschritte und praktische Erfahrungen der Manuellen Medizin. 6. Internationaler Kongreß der FIMM. Konkordia, Bühl, S 318-324
Stotz S (1977) Klinik und Therapie der Skoliose im Säuglings- und Kindesalter. Z Krankengymnastik 29:266-269
Stotz S (1978) Orthopädie im Säuglingsalter. MMW 120:1153-1158
Stratz CH (1923) Der Körper des Kindes und seine Pflege, 10. Aufl. Enke, Stuttgart
Strecker C (1887) Über die Condylen des Hinterhauptes. Arch Anat Physiol 301-338
Strecker F (1955/56) Der Segmenteffekt. Grundlage des Bewegungssystems. Wiss Z Univ Rostock Math-Naturwiss Reihe 5:125-132
Strohal R (1963) Leitfaden der Chiropraktik für Studierende und Ärzte. Urban & Schwarzenberg, Wien Innsbruck
Struppler A (1972) Zur Physiologie und Pathophysiologie des Skelettmuskeltonus. In: Birkmayer W (Hrsg) Aspekte der Muskelspastik. Huber, Bern Stuttgart Wien, S 9-20
Suchenwirth R (1969) Bedingungen der Händigkeit und ihre Bedeutung für die Klinik der Hemisphärenprozesse. Nervenarzt 40:509-517
Süssová J, Beránková M, Pfeiffer J (1975) Vliv dominance na asymetrickou svalavou činnost. Rehabilitácia [Suppl] 10-11:193-194
Swoboda W (1956) Das Skelett des Kindes. Entwicklung, Bildungsfehler und Erkrankung. Thieme, Stuttgart
Tanner JM (1962) Wachstum und Reifung des Menschen. Thieme, Stuttgart
Thom H (1961) Über die Beziehungen zwischen Schädelasymmetrie und Säuglingsskoliose. Arch Orthop Unfallchir 53:250-263
Thoma R (1911) Untersuchungen über das Schädelwachstum und seine Störungen. Virchows Arch Pathol Anat 206:201-271
Thompson SK, Bentley G (1980) Prognosis in infantile idiopathic scoliosis. J Bone Joint Surg [Br] 62:151-154
Tichonenkov ES (1979) Vozrastnye osobennosti razvitija i stroenija tazobedrennogo sustava. Orthop Travmatol 10:13-18
Tilscher H (1981) Orthopädische und manualmedizinische Untersuchungstechniken an der Halswirbelsäule. Z Orthop 119:569-574
Tittel K (1985) Beschreibende und funktionelle Anatomie des Menschen, 10. Aufl. Fischer, Jena
Tolo VT, Gillespie R (1978) The charakteristics of juvenile idiopathic scoliosis and results of its treatment. J Bone Joint Surg [Br] 60:181-188
Töndury G (1958) Entwicklungsgeschichte und Fehlbildungen der Wirbelsäule. Hippokrates, Stuttgart
Tomaschewski R (1984) Manuelle Therapie im Rahmen konservativer Skoliosebehandlung. In: Buchmann J, Badtke G, Sachse J (Hrsg) Manuelle Therapie. Tagungsbericht. Pädagogische Hochschule, Potsdam, S 25-40
Tonak E (1984) Untersuchungen zur Aussagefähigkeit der Myotonometrie. Med Sport 24:79-82
Tönnis D (1962) Über die Änderungen des Pfannendachwinkels der Hüftgelenke bei Dreh- und Kippstellung des kindlichen Beckens. Z Orthop 96:462-478
Tönnis D (1968) Aus: Tönnis D, Brunken D: Eine Abgrenzung normaler und pathologischer Hüftpfannendachwinkel zur Diagnose der Hüftdysplasie. Arch Orthop Unfallchir 64:197-228
Tönnis D (1969) Die Ursache von Schräglagedeformitäten und Säuglingsskoliosen. Enke, Stuttgart (Bücherei des Orthopäden, Bd 4, S 165-168)
Tönnis D (1974) Der AC-Winkel. Orthop Prax 1:29-32
Torklus D von, Gehle W (1975) Die obere Halswirbelsäule, 2. Aufl. Thieme, Stuttgart
Treuenfels H von (1981) Die Relation der Atlasposition bei prognather und progener Kieferanomalie. Fortschr Kieferorthop 42:482-491
Troll W (1949) Symmetriebetrachtung in der Biologie. Studium Generale 2:240-259

Trontelj JV, Pečak F, Dimitrijevič MR (1979) Segmental neurophysiological mechanism in scoliosis. J Bone Joint Surg [Br] 61:310–313

Uden A, Nilsson IM, Wollner S (1980) Collagen changes in congenital and idiopathic scoliosis. Acta Orthop Scand 51:271–274

Uexküll T von (1949) Der Begriff der „Funktion" und seine Bedeutung für unsere Vorstellung von der Wirklichkeit des Lebensvorganges. Studium Generale 2:13–21

Vasileva LF (1984) Opyt primenija manipuljacionnoj refleksoterapii pri reflektornych sindromach šejnogo osteochondrosa v poliklinčeskich uslovijach. In: Medicinskie i socialnye aspekty reabilitacii nevrologičeskich bolnych Leningradskij gosudarstvennych institut usoveršenstvovanija vračej im. S.M.Kirova, Leningrad, S 85–88

Véle F (1968) Wirbelgelenk und Bewegungssegment innerhalb des Steuerungssystems der Haltemuskulatur. Man Med 6:94–96

Véle F (1970) Die propriozeptive Informationsentstehung im Wirbelbogengelenk und die Verarbeitung dieser Afferenz. In: Wolff HD (Hrsg) Manuelle Medizin und ihre wissenschaftlichen Grundlagen. Verlag für physikalische Medizin, Heidelberg, S 78–83

Vele F (1979) Bei: Lewit K: Tagungsbericht. Man Med 17:12–15

Veleanu C (1972) Remarques sur les caractéristiques morphologiques des vertèbres cervicales. Acta Anat 81:148–157

Verbout AJ (1981) Die Entwicklung der embryonalen Wirbelsäule. Z Orthop 119:559–564

Verschuer O von (1930) Zur Frage der Asymmetrie des menschlichen Körpers. Z Morphol Anthropol 27:171–178

Vester F (1984a) Neuland des Denkens. Vom technokratischen zum kybernetischen Zeitalter. Deutscher Taschenbuch-Verlag, München

Vester F (1984b) Phänomen Stress, 6. Aufl. Deutscher Taschenbuch-Verlag, München

Viol M (1985) Grundlagen zur Einschätzung des Muskeltonus. Med Sport 25:78–81

Virchow H (1914) Der Zustand der Rückenmuskulatur bei Skoliose und Kyphoskoliose. Z Orthop Chir 34:1–91

Virchow R (1857) Untersuchungen über die Entwicklung des Schädelgrundes im gesunden und krankhaften Zustande und über den Einfluß derselben auf Schädelform, Gesichtsbildung und Gehirnbau. Reimer, Berlin

Visser ID (1984) Functional treatment of congenital dislocation of the hip. Acta Orthop Scand [Suppl] 206

Voelkel G (1913) Untersuchungen über Rechtshändigkeit beim Säugling. Z Kinderheilkd 8:351–357

Vogel F (1979) Probleme der Genetik morphologischer Merkmale. Fortschr Kieferorthop 40:181–185

Vogralik MV, Čopovskij VM (1975) Poljarografičeskoe issledovanie soderžanija svobodnogo kisloroda v dlinnych myšcach skiny u detej s idiopatičeskim i displastičeskim skoliozom. Ortop Travmatol 4:14–16

Vojta V (1984) Die zerebralen Bewegungsstörungen im Säuglingsalter. Frühdiagnose und Frühtherapie, 4. Aufl. Enke, Stuttgart

Völcker F (1902) Das Caput obstipum, eine intrauterine Belastungsdeformität. Beitr Klin Chir 33:1–71

Voss H (1958) Zahl und Anordnugn der Muskelspindeln in den unteren Zungenbeinmuskeln, dem M.sternocleidomastoideus und den Bauch- und tiefen Nackenmuskeln. Anat Anz 105:265–275

Vyncke G, Stevens A, Rosselle N, de Neve M (1986) Manuele geneeskunde: haar neurofysiologische basis en enkele algemeenheden over onderzoek, therapeutische aanpak, indicaties en contraindicaties. Med Phys (Belg) 9:173–182

Walch H, Kühn R, Paschold J (1972) Zur Behandlung der Säuglingsskoliose. Beitr Orthop Traumatol 19:586–592

Walker GF (1965) An evaluation of an external splint for idiopathic structural scoliosis in infancy. J Bone Joint Surg [Br] 47:524–525

Walter H (1928) Die Entstehung der Gesichtsskoliose bei menschlichem Schiefhals. Beilh Z Orthop Chir 49:414–416

Walter H (1929a) Diskussionsbeitrag. Beilh Z Orthop Chir 51:177–178

Walter H (1929b) Über Form und Ursache der sogenannten Gesichtsskoliose beim muskulären und beim Schiefhals aus anderer Ursache. Arch Klin Chir 154:32-65
Watson GH (1971) Relation between side of plagiocephaly, dislocation of hip, scoliosis, bat ears and sternomastoid tumours. Arch Dis Child 46:203-210
Weber E (1980) Grundriß der biologischen Statistik, 8. Aufl. Fischer, Jena
Weidenreich F (1924) Die Sonderform des Menschenschädels als Anpassung an den aufrechten Gang. Z Morphol Anthropol 24:157-189
Weiss S (1924) Über angeborene, reguläre Asymmetrie im Kindesalter. Wien Klin Wochenschr 37:1288-1289
Weiss S (1926) Die Kinderheilkunde im Dienste der Familienforschung und der Vererbungswissenschaft. Wien Klin Wochenschr 39:107-109
Weissman SL (1964) Congential pelvic obliquity. Clin Orthop 36:118-127
Went H (1961) Zur Manifestation eines Proatlas. Fortschr Röntgenstr 95:370-374
Werne S (1957) Studies in spontaneous atlas dislocation. Acta Orthop Scand [Suppl] 23
Werne S (1960) Über normale Atlasbewegungen und Atlasfehlstellungen. Z Orthop 93:205-213
White A, Panjabi MM (1978) Clinical biomechanics of the spine. Lippincot, Philadelphia
Wilhelm W (1966) Über die sogenannte Säuglingsskoliose. MMW 108:1127-1128
Willner S (1974) Growth in height of children with scoliosis. Acta Orthop Scand 45:854-866
Willner S, Johnell O (1981) Study of biochemical and hormonal data in idiopathic scoliosis in girls. Arch Orthop Traumatol Surg 98:251-255
Wolff HD (1968) Die Rotation des Wirbels. Man Med 6:37-39
Wolff HD (1974) Wandlungen theoretischer Vorstellungen über manuelle Medizin. Man Med 12:121-129
Wolff HD (1976) Vorschlag zur Änderung der anatomischen Namen der tiefen, dorsalen Muskel-Schicht im Subokzipital-Bereich. Man Med 14:92-93
Wolff HD (1978) Abstand und Haftung. Man Med 16:89-92
Wolff HD (1981) Die Sonderstellung des Kopfgelenkbereiches aus gelenkmechanischer, muskulärer und neurophysiologischer Sicht. Z Orthop 119:684-686
Wolff HD (1982) Die Sonderstellung des Kopfgelenkbereiches. Z Allg Med 58:503-508
Wolff HD (1983a) Manual-medizinische Erfahrungen bei Weichteilverletzungen der Halswirbelsäule. In: Hohmann D, Krügelgen B, Liebig K, Schirmer M (Hrsg) Halswirbelsäulenerkrankungen mit Beteiligung des Nervensystems. Springer, Berlin Heidelberg New York Tokyo, S 284-291
Wolff HD (1983b) Neurophysiologische Aspekte der manuellen Medizin, 2. Aufl. Springer, Berlin Heidelberg New York Tokyo
Wyke BD (1967) The neurology of joints. Ann R Coll Surg 41:25-50
Wyke BD (1979a) Neurology of the cervical spine joints. Physiotherapy 65:72-76
Wyke BD (1979b) Reflexsysteme in der Brustwirbelsäule. In: Neumann HD, Wolff HD (Hrsg) Theoretische Fortschritte und praktische Erfahrungen der Manuellen Medizin. 6. Internationaler Kongreß der FIMM. Konkordia, Bühl, S 99-100
Wynne-Davies R (1968) Familial (idiopathic) scoliosis. A family survey. J Bone Joint Surg [Br] 50:24-30
Wynne-Davies R (1969) The genetic aspects of scoliosis. Enke, Stuttgart (Bücherei des Orthopäden, Bd 4. S 168-173)
Wynne-Davies R (1975) Infantile idiopathic scoliosis. Causative factors, particularly in the first six months of life. J Bone Joint Surg [Br] 57:138-141
Zeitler E, Markuske H (1962) Röntgenologische Bewegungsanalysen der Halswirbelsäule bei gesunden Kindern und Jugendlichen. Fortschr Röntgenstr 96:87-93
Zippel H (1971) Untersuchungen zur Normalentwicklung der Formelemente am Hüftgelenk im Wachstumsalter. Beitr Orthop Traumatol 18:255-269
Zuk T (1965) Ätiologie und Pathogenese der idiopathischen Skoliose aus der Sicht elektromyographischer Untersuchungen. Beitr Orthop Traumatol 12:138-141
Zukschwerdt L, Emminger E, Biedermann F, Zettel H (1960) Wirbelgelenk und Bandscheibe, 2. Aufl. Hippokrates, Stuttgart

10 Tabellarischer Anhang

Tabelle 1. Mittlere Hüftgelenksabduktion in Abhängigkeit vom Alter bei Jungen

Untersuchungs-alter	Abduktion rechts x̄	s	links x̄	s	n
1–4 Tage	89,3°	3,05	89,4°	2,66	180
1 Monat	84,9°	5,91	86,1°	5,09	180
2 Monate	82,7°	6,48	84,6°	5,55	180
3 Monate	82,7°	6,06	84,6°	5,08	180
4 Monate	81,2°	6,21	83,2°	5,49	180
9 Monate	79,2°	8,80	81,2°	7,64	160
18 Monate	79,9°	8,07	81,6°	7,02	145

Tabelle 2. Mittlere Hüftgelenksabduktion in Abhängigkeit vom Alter bei Mädchen

Untersuchungs-alter	Abduktion rechts x̄	s	links x̄	s	n
1–4 Tage	89,4°	2,88	89,6°	2,63	170
1 Monat	86,2°	5,28	86,7°	4,83	170
2 Monate	84,0°	6,75	85,2°	5,65	170
3 Monate	83,7°	6,49	85,3°	5,63	170
4 Monate	82,5°	6,76	84,4°	6,12	170
9 Monate	80,8°	9,10	83,1°	6,79	138
18 Monate	81,6°	8,86	82,9°	7,27	122

Tabelle 3. Mittlere Hüftgelenksaußenrotation in Abhängigkeit vom Alter bei Jungen

Untersuchungs-alter	Außenrotation rechts x̄	s	links x̄	s	n
1–4 Tage	90,0°	0,37	90,0°	0,37	180
1 Monat	89,4°	2,64	89,4°	2,32	180
2 Monate	88,8°	3,41	88,8°	3,41	180
3 Monate	88,0°	4,24	88,4°	3,84	180
4 Monate	87,2°	4,46	87,1°	4,42	180
9 Monate	86,3°	6,33	86,2°	6,31	160
18 Monate	81,5°	7,12	81,7°	6,73	145

Tabelle 4. Mittlere Hüftgelenksaußenrotation in Abhängigkeit vom Alter bei Mädchen

Untersuchungs-alter	Außenrotation rechts $\bar{x}$	s	links $\bar{x}$	s	n
1–4 Tage	90,0°	0,38	90,0°	0,38	170
1 Monat	89,9°	1,08	89,9°	1,08	170
2 Monate	89,5°	2,08	89,5°	2,08	170
3 Monate	88,4°	3,58	88,4°	3,58	170
4 Monate	87,8°	4,14	87,8°	4,14	170
9 Monate	86,8°	5,16	86,9°	5,13	138
18 Monate	82,3°	6,62	82,5°	6,50	122

Tabelle 5. Mittlere Hüftgelenksinnenrotation in Abhängigkeit vom Alter bei Jungen

Untersuchungs-alter	Innenrotation rechts $\bar{x}$	s	links $\bar{x}$	s	n
1–4 Tage	82,1°	6,27	82,6°	6,04	180
1 Monat	75,1°	7,45	76,2°	7,43	180
2 Monate	69,9°	9,17	71,8°	8,78	180
3 Monate	64,7°	10,81	67,0°	11,02	180
4 Monate	57,7°	12,81	61,2°	12,17	180
9 Monate	54,3°	17,29	56,4°	16,53	160
18 Monate	59,1°	16,47	60,3°	15,90	145

Tabelle 6. Mittlere Hüftgelenksinnenrotation in Abhängigkeit vom Alter bei Mädchen

Untersuchungs-alter	Innenrotation rechts $\bar{x}$	s	links $\bar{x}$	s	n
1–4 Tage	84,6°	5,88	85,2°	5,44	170
1 Monat	79,3°	7,06	80,1°	6,69	170
2 Monate	74,8°	7,32	76,0°	7,26	170
3 Monate	70,5°	8,86	71,9°	8,79	170
4 Monate	63,6°	11,75	65,8°	11,50	170
9 Monate	61,2°	15,70	62,1°	14,81	138
18 Monate	65,1°	13,68	66,2°	12,97	122

Tabelle 7. Schädelform in Abhängigkeit vom Alter bei Jungen

Untersuchungs-alter	Schädelform symmetrisch		rechts dorsal flacher		links dorsal flacher		n
1–4 Tage	172	95,5%	5	2,8%	3	1,7%	180
1 Monat	173	96,1%	6	3,3%	1	0,6%	180
2 Monate	171	95,0%	8	4,4%	1	0,6%	180
3 Monate	164	91,1%	12	6,7%	4	2,2%	180
4 Monate	163	90,5%	14	7,8%	3	1,7%	180
9 Monate	141	88,1%	11	6,9%	8	5,0%	160
18 Monate	136	93,8%	8	5,5%	1	0,7%	145

Tabelle 8. Schädelform in Abhängigkeit vom Alter bei Mädchen

Untersuchungs-alter	Schädelform symmetrisch		rechts dorsal flacher		links dorsal flacher		n
1–4 Tage	162	95,3%	5	2,9%	3	1,8%	170
1 Monat	166	97,6%	3	1,8%	1	0,6%	170
2 Monate	162	95,3%	5	2,9%	3	1,8%	170
3 Monate	159	93,6%	5	2,9%	6	3,5%	170
4 Monate	155	91,2%	10	5,9%	5	2,9%	170
9 Monate	126	91,4%	6	4,3%	6	4,3%	138
18 Monate	118	96,7%	3	2,5%	1	0,8%	122

Tabelle 9. Wirbelsäulenverlauf bei passiver Vorbeuge in Abhängigkeit vom Alter bei Jungen

Untersuchungs-alter	Wirbelsäulenverlauf in passiver Vorbeuge gerade		rechtskonvex		linkskonvex		n
1–4 Tage	170	94,3%	5	2,8%	5	2,8%	180
1 Monat	163	90,6%	6	3,3%	11	6,1%	180
2 Monate	156	86,6%	10	5,6%	14	7,8%	180
3 Monate	147	81,7%	9	5,0%	24	13,3%	180
4 Monate	126	70,0%	25	13,9%	29	16,1%	180
9 Monate	145	90,6%	6	3,8%	9	5,6%	160
18 Monate	139	95,8%	2	1,4%	4	2,8%	145

Tabelle 10. Wirbelsäulenverlauf bei passiver Vorbeuge in Abhängigkeit vom Alter bei Mädchen

Untersuchungs-alter	Wirbelsäulenverlauf in passiver Vorbeuge gerade		rechtskonvex		linkskonvex		n
1–4 Tage	160	94,1%	2	1,2%	8	4,7%	170
1 Monat	160	94,1%	4	2,4%	6	3,5%	170
2 Monate	155	91,2%	3	1,8%	12	7,0%	170
3 Monate	144	84,7%	8	4,7%	18	10,6%	170
4 Monate	114	67,1%	22	12,9%	34	20,0%	170
9 Monate	125	90,6%	6	4,3%	7	5,1%	138
18 Monate	117	95,9%	2	1,6%	3	2,5%	122

Tabelle 11. Passive Seitneigung der oberen Halswirbelsäule in Abhängigkeit vom Alter bei Jungen

Untersuchungs-alter	Passive Seitneigung der oberen Halswirbelsäule symmetrisch		rechts > links		links > rechts		n
1–4 Tage	107	59,4%	61	33,9%	12	6,7%	180
1 Monat	61	33,9%	91	50,5%	28	15,6%	180
2 Monate	50	27,8%	103	57,2%	27	15,0%	180
3 Monate	44	24,4%	108	60,0%	28	15,6%	180
4 Monate	40	22,2%	121	67,2%	19	10,6%	180
9 Monate	45	28,1%	107	66,9%	8	5,0%	160
18 Monate	47	32,4%	96	66,2%	2	1,4%	145

Tabelle 12. Passive Seitneigung der oberen Halswirbelsäule in Abhängigkeit vom Alter bei Mädchen

Untersuchungs-alter	Passive Seitneigung der oberen Halswirbelsäule symmetrisch		rechts > links		links > rechts		n
1–4 Tage	101	59,4%	55	32,4%	14	8,2%	170
1 Monat	67	39,4%	88	51,8%	15	8,8%	170
2 Monate	60	35,3%	84	49,4%	26	15,3%	170
3 Monate	37	21,8%	104	61,2%	29	17,0%	170
4 Monate	39	22,9%	120	70,6%	11	6,5%	170
9 Monate	56	40,6%	78	56,5%	4	2,9%	138
18 Monate	38	31,1%	81	66,4%	3	2,5%	122

Tabelle 13. Verhalten der Glutealfalten in Abhängigkeit vom Alter bei Jungen

Untersuchungs-alter	Glutealfalten symmetrisch		rechts höherstehend		links höherstehend		n
1–4 Tage	0	0%	0	0%	0	0%	0
1 Monat	159	88,3%	12	6,7%	9	5,0%	180
2 Monate	141	78,3%	22	12,2%	17	9,5%	180
3 Monate	122	67,8%	36	20,0%	22	12,2%	180
4 Monate	97	53,9%	46	25,5%	37	20,6%	180
9 Monate	111	69,4%	31	19,4%	18	11,2%	160
18 Monate	111	76,5%	21	14,5%	13	9,0%	145

Tabelle 14. Verhalten der Glutealfalten in Abhängigkeit vom Alter bei Mädchen

Untersuchungs-alter	Glutealfalten symmetrisch		rechts höherstehend		links höherstehend		n
1–4 Tage	0	0%	0	0%	0	0%	0
1 Monat	160	94,1%	8	4,7%	2	1,2%	170
2 Monate	142	83,5%	19	11,2%	9	5,3%	170
3 Monate	115	67,7%	41	24,1%	14	8,2%	170
4 Monate	89	52,3%	54	31,8%	27	15,9%	170
9 Monate	102	73,9%	23	16,7%	13	9,4%	138
18 Monate	96	78,7%	25	20,5%	1	0,8%	122

Tabelle 15. Passive Seitneigung der Wirbelsäule in Abhängigkeit vom Alter bei Jungen

Untersuchungs-alter	Passive Seitneigung der Wirbelsäule symmetrisch		rechts > links		links > rechts		n
4 Monate	54	30,0%	86	47,8%	40	22,2%	180
9 Monate	113	70,6%	36	22,5%	11	6,9%	160
18 Monate	130	89,7%	8	5,5%	7	4,8%	145

Tabelle 16. Passive Seitneigung der Wirbelsäule in Abhängigkeit vom Alter bei Mädchen

Untersuchungs-alter	Passive Seitneigung der Wirbelsäule symmetrisch		rechts > links		links > rechts		n
4 Monate	68	40,0%	68	40,0%	34	20,0%	170
9 Monate	95	68,9%	26	18,8%	17	12,3%	138
18 Monate	110	90,2%	7	5,7%	5	4,1%	122

Tabelle 17. Wirbelsäulenverlauf im Vertikalhang bei Jungen

Untersuchungs-alter	Wirbelsäulenverlauf im Vertikalhang						n
	gerade		rechtskonvex		linkskonvex		
4 Monate	150	83,3%	11	6,1%	19	10,6%	180

Tabelle 18. Wirbelsäulenverlauf im Vertikalhang bei Mädchen

Untersuchungs-alter	Wirbelsäulenverlauf im Vertikalhang						n
	gerade		rechtskonvex		linkskonvex		
4 Monate	141	82,9%	10	5,9%	19	11,2%	170

Tabelle 19. Wirbelsäulenverlauf in gehaltener Horizontallage nach rechts bei Jungen

Untersuchungs-alter	Wirbelsäulenverlauf in frei gehaltener Horizontallage nach rechts						n
	gerade		rechtskonvex		linkskonvex		
4 Monate	86	47,8%	68	37,8%	26	14,4%	180

Tabelle 20. Wirbelsäulenverlauf in gehaltener Horizontallage nach rechts bei Mädchen

Untersuchungs-alter	Wirbelsäulenverlauf in frei gehaltener Horizontallage nach rechts						n
	gerade		rechtskonvex		linkskonvex		
4 Monate	76	44,7%	57	33,5%	37	21,8%	170

Tabelle 21. Wirbelsäulenverlauf in gehaltener Horizontallage nach links bei Jungen

Untersuchungs-alter	Wirbelsäulenverlauf in frei gehaltener Horizontallage nach links						n
	gerade		rechtskonvex		linkskonvex		
4 Monate	59	32,8%	35	19,4%	86	47,8%	180

Tabelle 22. Wirbelsäulenverlauf in gehaltener Horizontallage nach links bei Mädchen

Untersuchungs-alter	Wirbelsäulenverlauf in frei gehaltener Horizontallage nach links						n
	gerade		rechtskonvex		linkskonvex		
4 Monate	60	35,3%	40	23,5%	70	41,2%	170

Tabelle 23. Gesichtsform bei Jungen in Abhängigkeit vom Alter

Untersuchungs-alter	Gesichtsform symmetrisch		rechtskonvex		linkskonvex		n
4 Monate	178	98,9%	0	0%	2	1,1%	180
9 Monate	99	61,9%	4	2,5%	57	35,6%	160
18 Monate	66	45,5%	4	2,8%	75	51,7%	145

Tabelle 24. Gesichtsform bei Mädchen in Abhängigkeit vom Alter

Untersuchungs-alter	Gesichtsform symmetrisch		rechtskonvex		linkskonvex		n
4 Monate	166	97,6%	1	0,6%	3	1,8%	170
9 Monate	85	61,6%	2	1,4%	51	36,9%	138
18 Monate	51	41,8%	2	1,6%	69	56,6%	122

Sachverzeichnis

Asymmetrie 3, 4, 6, 13
-, fluktuierende 3
-, kollektive 3, 6
-, primäre 4
-, sekundäre 4, 6, 8

Becken 18-21
-, Drehung 100, 120-122, 123
-, Entwicklung 18-19
-, Kippung 100, 120-122
-, Röntgendarstellung 36, 52-53, 55, 67-74, 91-99, 100, 119-124

Entwicklung, motorische 24-25, 54, 75, 125

Geburtslage 57-58, 84, 101, 105
Gelenkblockierung 27-29, 103, 104
Gesichtsschädel 21-22, 50, 76-77, 83, 90-91, 111-114
-, Asymmetrie 37-39
Glutealfalten 34-35, 49, 64-65, 82-83, 86-88, 93, 99, 110-111

Händigkeit 8-10, 55, 75-76, 91, 125-126
Hirnschädel 21-22, 47, 62, 78, 85-86, 95, 99, 111-114
-, Asymmetrie 37-39, 47, 62, 79, 85, 96, 111, 127, 131
Hüftgelenk 20-21
-, Abduktion 20, 35-36, 46, 59, 78, 94-95, 99, 114-119
-, Außenrotation 47, 54, 60, 78, 114-119
-, Innenrotation 47, 61, 78, 114-119
Hypermobilität 118

Iliosakralgelenk 19, 36, 55, 122, 133

Kopfvorzugshaltung 14, 101, 114, 129

Lateralität 8-10, 13, 102, 103
Luxationshüfte 36, 115
-, Prophylaxe 115

Nackenreflexe, tonische 10, 14, 24-25, 103, 104, 108
Nozizeption 15, 22, 26

Pfannendachlänge 53, 69-74, 119, 122-124, 133
Pfannendachwinkel 53, 69-74, 91-96, 115, 119, 122-124, 133
Propriozeption 15, 22-25, 103, 105, 109

Reifung 11-13

Säuglingsskoliose 32-34, 108, 109, 110
Schiefhals, muskulärer 37-38
Schräglagedeformität 14, 29-30, 33, 35, 116
Schräglagehüfte 34-36
Seitigkeit s. Lateralität
Skoliose 30-34
Symmetrie 3, 6
-, bilaterale 5
-, radiäre 5
-, sphärische 5

Wachstum, allometrisches 11, 13
-, isometrisches 11
Wirbelsäule, Bewegung 47, 50-52, 62-63, 65-67, 79-82, 84-90, 92-93, 97-99, 105-110, 112
-, Entwicklung 15
-, Funktionsasymmetrie 25-29
-, Kopfgelenke 17, 24-26, 48-49, 63-64, 77-83, 91-92, 96-97, 101-104
-, Krümmungen 16
-, segmentale Metamerie 16-17, 25-26

Zwangslage, intrauterine 35, 105

MIX
Papier aus verantwortungsvollen Quellen
Paper from responsible sources
FSC® C105338

If you have any concerns about our products,
you can contact us on
ProductSafety@springernature.com

In case Publisher is established outside the EU,
the EU authorized representative is:
**Springer Nature Customer Service Center GmbH
Europaplatz 3, 69115 Heidelberg, Germany**

Printed by Libri Plureos GmbH
in Hamburg, Germany